ologie zu strukturieren und mit den Erwerb von biologischem Übersichtswissen zu erleichtern.

- Stoff und Energie
- Information
- Vielfalt und Angepasstheit
- Zeit
- Reflexion zum Menschenbild

Typische **Denk- und Arbeitsweisen** der Biologie sind unter dem Stichwort **Methode** auf speziellen Seiten dargestellt. Das soll helfen, an die Lösung von Aufgaben und Problemen methodenbewusst heranzugehen.

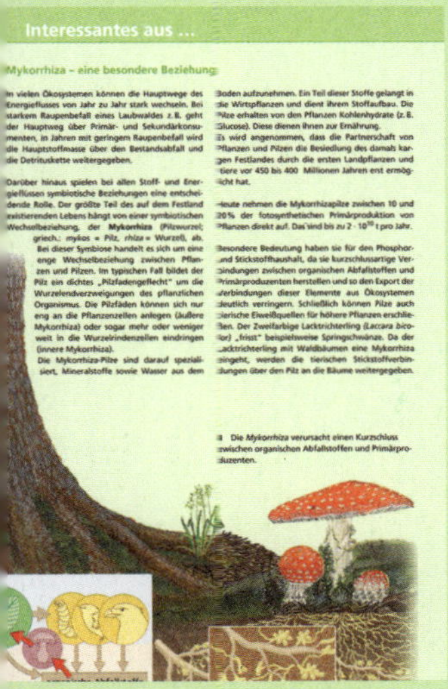

Unter dem Stichwort **Interessantes aus ...** sind auf farbig unterlegten Seiten ergänzende und vertiefende Informationen zu Sachverhalten aus Natur, Technik, Alltag und Geschichte zu finden.

Die **Internetseiten** geben zusätzliche Informationen und orientieren zugleich auf ein umfangreiches Angebot für Schüler, das kostenlos genutzt werden kann.

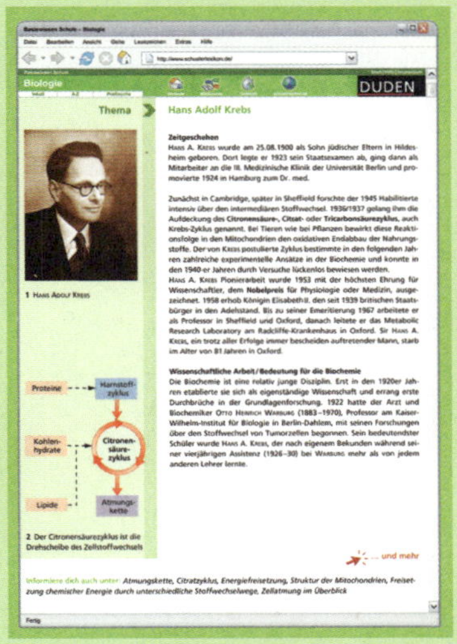

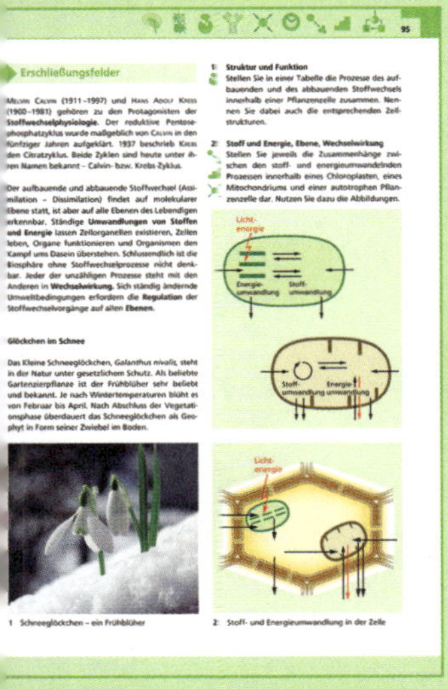

Anhand von speziellen **Aufgaben** können die komplexen Zusammenhänge innerhalb der einzelnen Stoffgebiete mithilfe der **Erschließungsfelder** erarbeitet und vertieft werden.

Praktikumsseiten üben und festigen in praktischen Anwendungen das Verständnis biologischer Zusammenhänge.

Die **Wahlbereiche** stellen ein Angebot dar, aus dem ausgewählt werden kann.

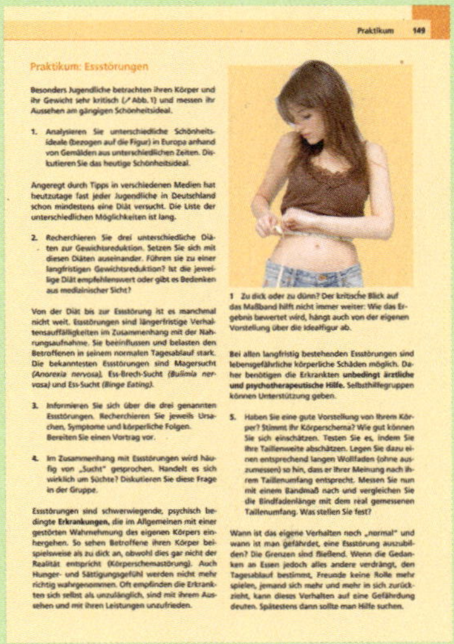

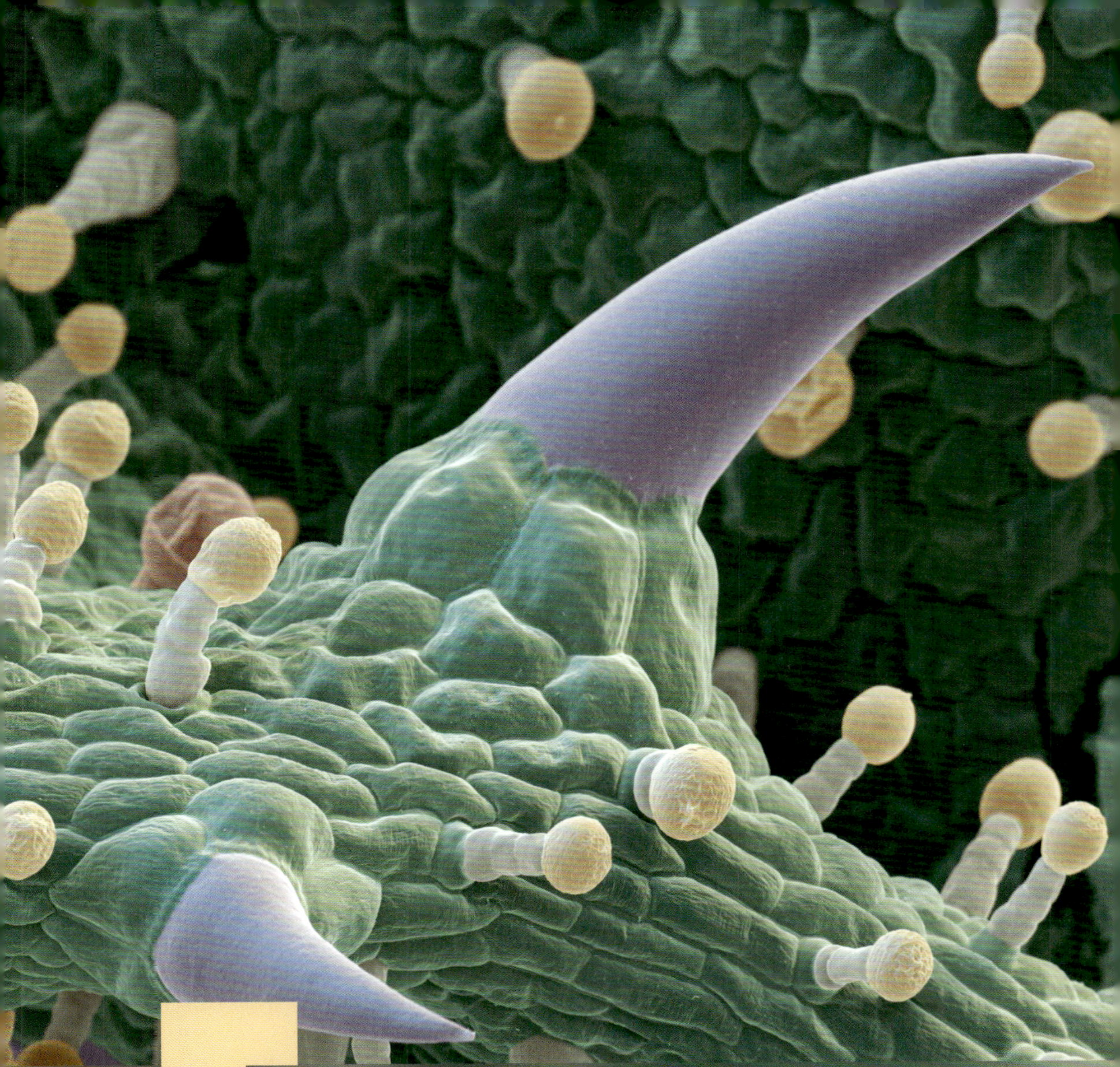

1 Zellen, Gewebe und Organe

1.1 Kennzeichen und Organisation des Lebendigen

Leben ist stets an Lebewesen gebunden, die uns in großer Vielfalt begegnen und die sich in *morphologischen, anatomischen, physiologischen* und *biochemischen* Merkmalen unterscheiden.

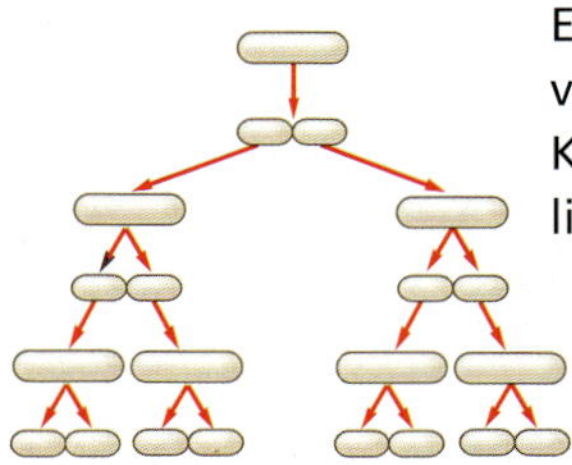

Da viele Einzeller ohne äußere Einwirkung nicht sterben, sondern sich teilen, spricht man auch von „potenzieller Unsterblichkeit".

Eine Elementaranalyse zeigt, dass in Organismen vor allem jene Elemente vorkommen, die auch in der unbelebten Natur besonders häufig sind: Kohlenstoff, Sauerstoff, Wasserstoff, Stickstoff, Phosphor, Schwefel, Kalium, Calcium und Magnesium. Dies sind die wichtigsten Baustoffe für organische Verbindungen, die für Lebewesen charakteristisch sind: Proteine (Eiweiße), Kohlenhydrate, Lipide (Fette) und Nucleinsäuren. Diese organischen Verbindungen bilden die Grundlage für die verschiedenartigen Strukturen und Ausprägungen der Lebewesen.

Trotz der großen Vielfalt der Lebewesen gibt es einige übereinstimmende Merkmale, die man als **„Kennzeichen des Lebendigen"** werten kann.

Stoff- und Energiewechsel

- Organismen sind offene Systeme, die im ständigen Stoff- und Energieaustausch mit ihrer Umgebung stehen und in denen vielfältige Stoffwechselreaktionen ablaufen.

Wachstum und Individualentwicklung

- Leben ist immer mit Wachstum verbunden. Bei Vielzellern beginnt es meist mit der Verschmelzung von Ei- und Samenzelle. Das individuelle Leben der Einzeller endet mit der Zellteilung.

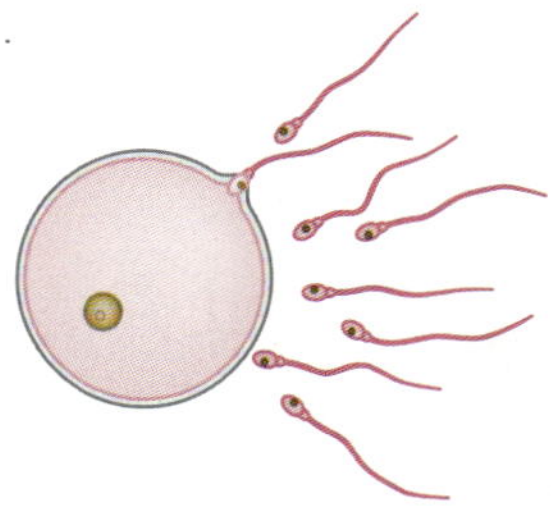

Fortpflanzung und Vermehrung

- Alle Lebewesen sind zur identischen Replikation fähig. Besondere Erbanlagen steuern die Vorgänge im Organismus.

Reizbarkeit und Selbstregulation

- Durch die Fähigkeit, Reize aufzunehmen, zu verarbeiten und darauf zu reagieren, steht ein Lebewesen in ständiger Beziehung zur Umwelt.

Motilität:
lat.: *motus* = bewegt; Bewegungsfähigkeit von Zellorganellen und Organismen

Bewegung

- Es geht nicht nur um aktiven Ortswechsel, auch die Änderung der Blattstellung an einer Pflanze, Krümmungsbewegungen und Verlagerungen von Organellen in einer Zelle sind Motilitätserscheinungen.

Evolution

- Lebewesen haben die Fähigkeit, innerhalb der Generationenfolge durch genetische Veränderungen an die Umweltbedingungen angepasst zu werden.

Die Vielfalt der Lebewesen wird in unterschiedlichen **Organisationsformen** und auf verschiedenen **Organisationsebenen** deutlich. Die unterste Ebene ist die einzelne Zelle, die bereits als eigenständiges Lebewesen fungieren kann. In vielzelligen Organismen können Zellen zu Geweben und Organen und schließlich zu Organsystemen zusammengeschlossen sein. Ein wichtiger Aspekt des Lebens sind die Wechselwirkungen der Lebewesen mit ihrer Umgebung. Ein Individuum gehört zu einer Population. Diese steht im Lebensraum mit anderen Populationen (Biozönose) und der abiotischen Umwelt (Biotop) in vielfältiger Beziehung. Biozönose und Biotop bilden das Ökosystem (↗ S. 111).

Vom Einzeller zum Vielzeller

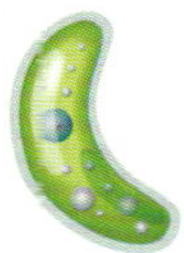

einzellige Alge der Gattung *Bumilleriopsis*

vierzelliger Zellverband (*Scenedesmus acutus*)

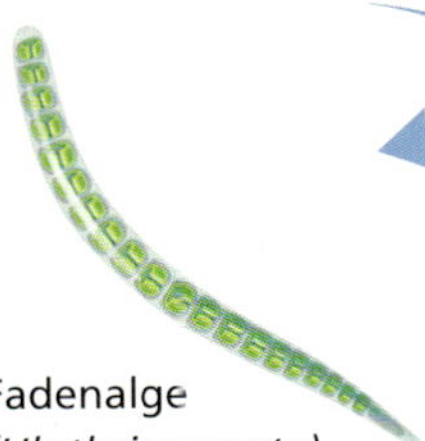

Fadenalge (*Ulothrix zonata*)

vielzelliger Thallus des Meersalats (*Ulva lactuca*)

Von der Zelle zum Organismus

Knorpelzelle

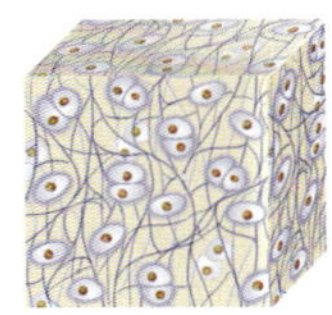

elastisches Knorpelgewebe

Organismus

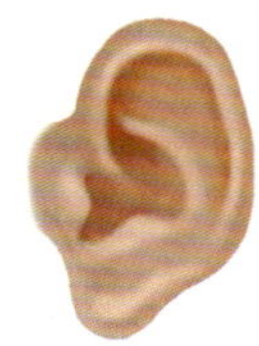

Ohrmuschel als Teil des Hörorgans

Vom Individuum zum Ökosystem

Methode: Erschließungsfelder in der Biologie – in Zusammenhängen denken

In den „Einheitlichen Prüfungsanforderungen in der Abiturprüfung Biologie“ (Beschluss der Kultusministerkonferenz vom 05.02.2004) werden die für die Abiturprüfungen geforderten und im Lehrplan umgesetzten fachlichen Inhalte gegliedert in *Themenbereiche (1), Basiskonzepte (2)* und *Reflexionselemente zum Menschenbild (3).*

Bei den **Themenbereichen (1)** wird unterschieden in die Darstellung von Funktionszusammenhängen (Bau und Funktion von Zellen, Informationsverarbeitung, molekulare Genetik usw.), vernetzte Systeme (insbesondere Ökologie und Nachhaltigkeit) und Entwicklungsprozesse (insbesondere Evolution und Zukunftsfragen).

Diesen verschiedenen Themenbereichen liegen bestimmte **Basiskonzepte (2)** zugrunde, die helfen, Gegenstände der Biologie zu erfassen und einzuordnen. In Sachsen wurden sie als Lernhilfe in Form der **Erschließungsfelder** im Unterricht ab der fünften Klasse sukzessive eingeführt und beim Bearbeiten und Lösen von Aufgaben verwendet. Den in den Prüfungsanforderungen genannten Basiskonzepten können Erschließungsfelder zugeordnet werden:

Basiskonzepte	**Erschließungsfelder**
Struktur und Funktion	Struktur und Funktion, Wechselwirkung
Reproduktion	Fortpflanzung
Kompartimentierung	Struktur, Ebene
Steuerung und Regelung	Regulation, Wechselwirkung
Stoff- und Energieumwandlung	Stoff und Energie, Wechselwirkung
Information und Kommunikation	Information, Wechselwirkung
Variabilität und Angepasstheit	Vielfalt und Angepasstheit, Wechselwirkung
Geschichte und Verwandtschaft	Zeit

Folgende **Erschließungsfelder** werden unterschieden:

Struktur und Funktion

Struktur und Funktion beschreiben die Wechselwirkung zwischen der stofflichen Basis des Lebendigen (Aufbau) und ihrer Leistungsfähigkeit (Aufgabe). Die funktionelle Betrachtung von Strukturen dient der Erklärung von Zusammenhängen auf verschiedenen Ebenen. Diese Zusammenhänge können häufig auf der Grundlage allgemeiner biologischer Prinzipien dargestellt werden, z. B. dem *Schlüssel-Schloss-Prinzip* oder dem *Prinzip der Oberflächenvergrößerung,* und tragen so beispielsweise zum *Verständnis des Baus von Biomolekülen, der Funktion von Enzymen, Organen und Ökosystemen* bei.

Wechselwirkung

Wechselwirkungen spiegeln sich auf allen Ebenen lebender Systeme, der molekularen und zellulären sowie im Organismus, in der Population, dem Ökosystem und der Biosphäre, wider. Sie drücken sich immer durch den Zusammenhang zwischen Ursache – Wirkung und Rückwirkung aus. Wechselwirkungen treten beispielsweise zwischen *Assimilation und Dissimilation* oder zwischen der *Speicherung, Realisierung und Veränderung von Erbanlagen* auf. Ökosysteme werden auf der Basis der Wechselwirkung zwischen *Biotop (Lebensraum)* und *Biozönose (Lebensgemeinschaft)* beschrieben. Die *Wirkung von Evolutionsfaktoren auf Populationen* führt zur *Anpassung,* was den Einfluss der Evolutionsfaktoren verändert.

Fortpflanzung

Die Fortpflanzung als grundlegendes Merkmal des Lebens ist immer mit der Weitergabe der Erbinformation verbunden. Damit besitzen Lebewesen im Gegensatz zur unbelebten Natur die Fähigkeit zur Selbstvervielfältigung. Dieses Erschließungsfeld hilft, die *identische Replikation der DNA,* die *Vermehrung der Viren,* die *Zellteitungsprozesse (Mitose, Meiose)* sowie unterschiedliche *Fortpflanzungsstrategien* zu verstehen.

Ebene

Komplexe biologische Strukturen sind immer aus kleineren und einfacheren Strukturen aufgebaut. Durch die Abgrenzung der Strukturen von ihrer Umgebung (Umwelt) entstehen Räume, in denen unterschiedlichste Prozesse ablaufen, die den Stoffaustausch beeinflussen und Energieverluste minimieren. Diese Reaktionsräume finden sich auf den verschiedenen Ebenen lebender Systeme, z. B. *Zellorganell, Zelle, Organ, Organismus, Ökosystem, Biosphäre.*

Regulation

Durch Steuerungs- und Regelungsprozesse reagieren Organismen und Lebensgemeinschaften auf Änderungen innerer oder äußerer Faktoren. Damit sind sie in der Lage, bestimmte Zustände aufrechtzuerhalten. Dieses Erschließungsfeld wird zur Erklärung von *Regulationsvorgängen im Körper,* z. B. bei der *hormonellen Regulation,* bei der *Steuerung der Enzym- und Genaktivität (Proteinbiosynthese)* und der *gegenseitigen Beeinflussung von Populationsgrößen,* genutzt.

Stoff und Energie

Lebewesen sind offene Systeme, die mit ihrer Umwelt in einem ständigen Stoff- und Energieaustausch stehen. Durch *Assimilations- und Dissimilationsprozesse (Fotosynthese, Atmung)* entstehen natürliche *Stoffkreisläufe* in Ökosystemen, in die der Mensch maßgeblich eingreift. Das *Prinzip der Nachhaltigkeit* ist anhaftender (immanenter) Bestandteil dieses Erschließungsfeldes.

Information

Lebewesen sind in der Lage, Informationen aufzunehmen, zu verarbeiten, zu speichern und weiterzugeben. Kommunikation ist eine wechselseitige Informationsübertragung, sowohl innerhalb eines Organismus, zwischen Organismen als auch zwischen Organismus und seiner Umwelt. Dieses Erschließungsfeld hilft beim Verständnis der *Verschlüsselung der Information* auf der *Ebene der Makromoleküle, neuronaler Vorgänge im Körper (Erregungsleitung),* des *Lernens* und des *Sozialverhaltens.*

Vielfalt und Angepasstheit

Die Angepasstheit der Lebewesen an ihre Lebensweise und Umwelt zeigt sich in Struktur und Funktion ihrer Organe. Sie wird durch Variabilität der Individuen einer Art (Grundlage dafür sind Mutation, Rekombination und Modifikation) ermöglicht und durch Selektion bewirkt. Als Resultat können neue Arten entstehen, die Mannigfaltigkeit erhöht sich. *Einnischung (ökologische Nische), Artbildung und Spezialisierung* können mithilfe dieser Erschließungsfelder erklärt werden.

Zeit

Alle Lebensprozesse, Lebewesen und Lebensräume unterliegen zeitlichen Veränderungen. Diese können nach linearen oder zyklischen Zeitmustern im Bereich von Nanosekunden bis zu Jahrmilliarden auf allen Ebenen ablaufen (z. B. die *Fotosynthese,* die *Mitose,* die *Individualentwicklung, Tag-Nacht-Rhythmen,* das *Populationswachstum,* die *Sukzession eines Ökosystems* oder die *stammesgeschichtliche Entwicklung*). Ergebnisse dieser Prozesse, wie ein neues Protein, zwei neue Zellen oder neue Arten, müssen immer im Kontext des zeitlichen Verlaufs ihrer Entstehung betrachtet werden.

Reflexion zum Menschenbild (3)

Viele Fragen, mit denen sich das Fach Biologie beschäftigt, haben Einfluss auf das Menschenbild. Deshalb sollen Reflexionselemente zum Menschenbild Bestandteile des Biologieunterrichts sein. Dies betrifft z. B. die besondere *Stellung des Menschen im biologischen System* und *seine Beziehungen zur Umwelt* aus naturwissenschaftlicher, ethischer, wirtschaftlicher und philosophischer Perspektive.

Inhalte bzw. Themenkomplexe, die in besonderer Weise die genannten Erschließungsfelder verdeutlichen bzw. Reflexionen zum Menschenbild ermöglichen, sind in der Randspalte mit den hier verwendeten Icons im gesamten Lehrbuch ausgewiesen.

1.2 Die Zelle: Grundbaustein der Lebewesen und offenes System

Mikroskop von ROBERT HOOKE um 1660

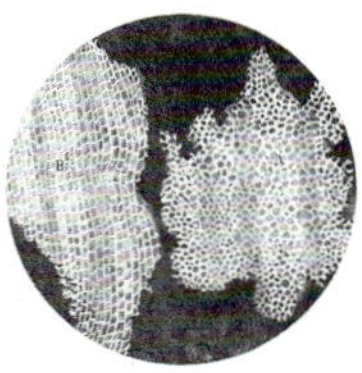
Zellen aus dem Flaschenkork

Zellen sind die Struktur- und Funktionseinheiten fast aller Lebewesen. Alle komplexeren Strukturen, wie Gewebe und Organe, sind aus Zellen aufgebaut. Die Zellen zeigen alle wesentlichen Funktionen des Lebens, während ihre Bestandteile – Organellen und Makromoleküle – nicht eigenständig lebensfähig sind. Die **Zellenlehre (Cytologie)** ist deshalb eine Schlüsselwissenschaft der Biologie. Es gibt kaum einen Teilbereich, der von ihr nicht berührt wird. Viele der spektakulären Erkenntnisse und der sich daraus ergebenden Möglichkeiten werden öffentlich diskutiert: künstlich hervorgerufene Befruchtungsvorgänge außerhalb des Organismus, gentechnische Veränderungen von Zellen und Lebewesen oder die Entwicklung von Medikamenten, die gezielt in den Zellstoffwechsel von Krankheitserregern oder ihre Wechselwirkungen mit dem befallenen Organismus eingreifen.

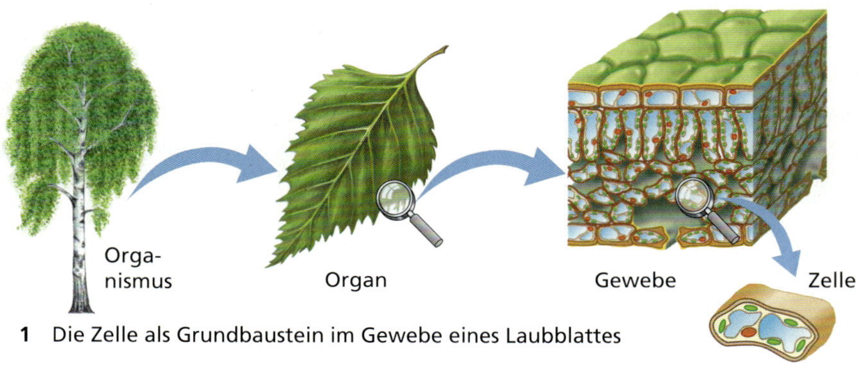

1 Die Zelle als Grundbaustein im Gewebe eines Laubblattes

Bereits 500 v. Chr. benutzten die Griechen Brenngläser als Lupen. Aber erst um 1550 begann mit der Entwicklung der ersten Mikroskope durch die Niederländer HANS und ZACHARIAS JANSSEN die Geschichte der Mikroskopie.

Zellformen, Zellgröße und die Lebensdauer von Zellen können sehr variieren. Während ein *Coli*-Bakterium eine Länge von ca. 5 µm aufweist, kann eine menschliche Eizelle das 50-Fache an Größe erreichen und eine pflanzliche Faserzelle sogar mehrere Zentimeter lang sein.

Nachdem ROBERT HOOKE (1635–1703) die ersten Zellen aus dem Flaschenkork darstellte, vergingen noch fast 200 Jahre, bis MATTHIAS SCHLEIDEN (1804 bis 1881) und THEODOR SCHWANN (1810–1881) für Pflanzen und für Tiere nachwiesen, dass grundsätzlich alle Organismen aus Zellen aufgebaut sind. MAX SCHULTZE definierte 1861 die Zelle als ein *„mit allen Eigenschaften des Lebens begabtes Klümpchen Protoplasma"* und RUDOLF VIRCHOW (1821–1902) formulierte 1855 den heute noch gültigen Satz *„Omnis cellula e cellula"* (jede Zelle entstammt einer Zelle, d. h. nicht aus irgendeinem Substrat im Sinne einer Urzeugung).

In den Zellen laufen wichtige Prozesse des Stoff- und Energiewechsels, wie Zellatmung und Fotosynthese, ab. Zellen wachsen und differenzieren sich. In ihnen werden Stoffe auf- und umgebaut und schließlich auch wieder abgebaut. Zellen sind bewegungsfähig, können Umweltreize aufnehmen und darauf reagieren und sie können sich identisch replizieren.
Dabei stellt dieser Grundbaustein aller Lebewesen ein offenes System dar, d. h., dass jede Einzelzelle auf ständigen Stoff- und Energieaustausch mit der Umgebung und den angrenzenden Zellen angewiesen ist. Unterschreiten diese Austauschvorgänge einen bestimmten Wert, so ist die Zelle nicht mehr lebensfähig.

Entdeckungsgeschichte der Zelle und Entwicklung der Cytologie

Jahr	Zellforscher	Entdeckung
1665	ROBERT HOOKE (1635–1703)	zelluläre Struktur des Flaschenkorks, Einführung des Begriffs *„Cellula"* (Zelle)
um 1680	ANTONY VAN LEEUWENHOEK (1632–1723)	Einzeller, Bakterien, Blutkörperchen und Säugerspermien
1831	ROBERT BROWN (1773–1858)	Zellkern der Dreimasterblume *(Tradescantia)*
1835	HUGO VON MOHL (1805–1872)	Zellen vermehren sich durch Teilung
1838/1839	THEODOR SCHWANN (1810–1881), MATTHIAS SCHLEIDEN (1804–1881)	SCHWANN und SCHLEIDEN sind die Begründer der Zelltheorie, die besagt, dass alle Lebewesen aus Zellen aufgebaut sind.
1855	RUDOLF VIRCHOW (1821–1902)	formulierte den noch heute gültigen Satz: *„Omnis cellula e cellula."* (Jede Zelle entstammt einer Zelle.)
1861	MAX SCHULTZE (1825–1874)	*„Die Zelle ist ein mit allen Eigenschaften des Lebens begabtes Klümpchen Protoplasma."*
ab 1869	FRIEDRICH MIESCHER (1844–1895)	Nucleinsäuren werden innerhalb von drei Jahren entdeckt.
1875	EDUARD STRASBURGER (1844–1912)	pflanzliche Kernteilung, Kernverschmelzung bei der Befruchtung von Blütenpflanzen
1877	WILHELM PFEFFER (1845–1920) HUGO DE VRIES (1848–1935)	Beschreibung der Plasmolyse
1878	ERNST ABBÉ (1840–1905)	wesentliche Verbesserung von Lichtmikroskopen, durch die Firma ZEISS gebaut
1904	THEODOR BOVERI (1862–1915) WALTER SUTTON (1877–1916)	Begründung der Chromosomentheorie der Vererbung
1924	THEODOR SVEDBERG (1884–1971)	Entwicklung der Ultrazentrifuge (>40 000 Umdrehungen/min) zur Trennung von Zellbestandteilen zur experimentellen Untersuchung von Zellbestandteilen
1931	MAX KNOLL (1897–1969) ERNST RUSKA (1906–1988)	Bau des ersten Elektronenmikroskops
1936	J. F. DANIELLI, H. DAVSON	Klassisches Modell des Aufbaus der Biomembran
ab 1942	ALBERT CLAUDE (1899–1983)	Strukturaufklärung der Zelle mit dem Elektronenmikroskop, z. B. Entdeckung des ER
1944	OSWALD AVERY (1877–1955)	Die Nucleinsäuren können als Erbsubstanz nachgewiesen werden.
1953	JAMES WATSON (geb. 1928) FRANCIS CRICK (1916–2004)	Strukturaufklärung der DNA (Doppelhelix)
1970	LYNN MARGULIS (geb. 1938)	Formulierung der Endosymbiotentheorie
1972	S. J. SINGER (geb. 1924) G. L. NICOLSON	Entwicklung des Flüssig-Mosaik-Modells für Zellmembranen
1981	GERD BINNING (geb. 1947) HEINRICH ROHRER (geb. 1933)	Entwicklung des Rastertunnel-Elektronenmikroskops

Der Eucyt – die Zelle der Eukaryoten

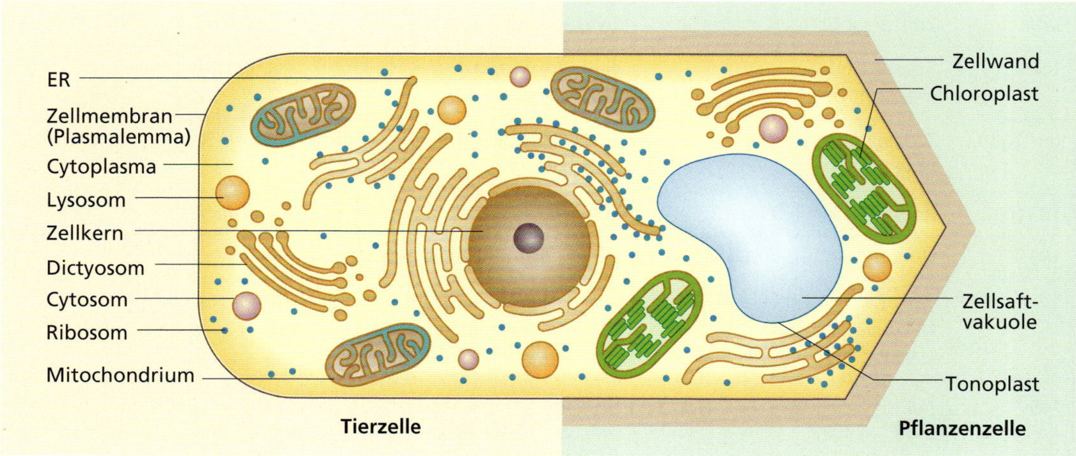

1 Schematischer Bau eines Eucyten

Procyten werden durch das Fehlen eines membranumschlossenen Zellkerns charakterisiert. Sie sind der Organisationstyp der Prokaryota.

Der zelluläre Baustein aller **Eukaryoten,** gleichgültig ob Ein- oder Vielzeller, Pflanzen, Pilze oder Tiere, ist der **Eucyt.** Dieser Zelltyp zeichnet sich in erster Linie durch folgende Baueigenheiten aus:
- Er besitzt einen membranumgebenen Zellkern mit Chromosomen, der sich bei der Zellvermehrung zuerst teilt (Mitose).
- Er weist ein ausgeprägtes Membransystem und eine starke innere Kompartimentierung auf.
- Als Zellorganellen treten unter anderem Mitochondrien oder Plastiden auf.
- Er besitzt im Cytoplasma Ribosomen vom 80-S-Typ (↗ S. 19).

Das **Cytoplasma** ist die „Grundsubstanz" der lebenden Zelle. Es umgibt die Zellorganellen und wird auch definiert als der Bereich zwischen dem Zellkern und der die Zelle umgebenden Membran. Es besteht zu einem beachtlichen Teil aus Wasser und enthält Proteine, Kohlenhydrate, organische Säuren und Ionen. Je nach der genauen Zusammensetzung kann es flüssiger (Cytosol) oder zähflüssig-gelartig sein. Durch Membransysteme wie ER und Golgi-Apparat (↗ S. 17) ist es stark kompartimentiert. Viele Stoffwechselreaktionen wie Glykolyse finden im Cytoplasma statt. Reservestoffe wie Fette und Glykogen können im Cytoplasma gespeichert werden.

Eukaryota besitzen einen echten, membranumgebenen Zellkern und sind im Inneren reich kompartimentiert.

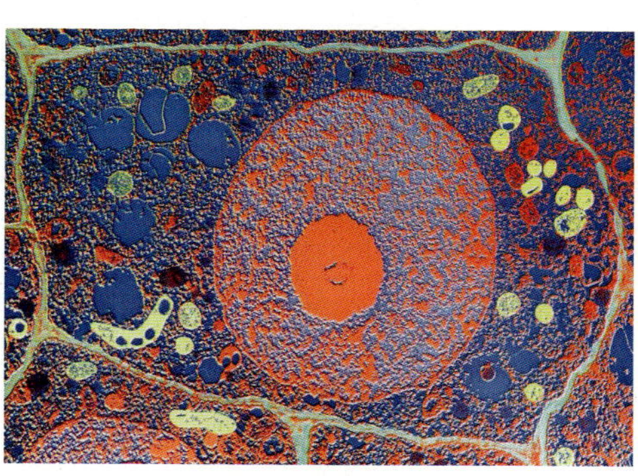

Das Cytoplasma wird von einem fädigen Proteinnetzwerk, dem Cytoskelett, durchzogen. Dieses hat formgebende Funktion und ist für Bewegungsvorgänge verantwortlich.

Praktikum: Räumliche Bilder mit der Gefrierätztechnik

Durch eine bestimmte Präparationstechnik lassen sich auch mit dem Transmissionselektronenmikroskop (TEM) räumliche Bilder von Oberflächen gewinnen.
Eine spezielle Technik zur Erzeugung plastischer TEM-Bilder ist die **Gefrierbruch-** oder **Gefrierätztechnik.** Damit die Strukturen der Zelle möglichst gut erhalten bleiben, wird das Präparat bei −196 °C schockgefroren (3a) und anschließend mithilfe eines tiefgekühlten Messers im Vakuum aufgebrochen.
Es entstehen Bruchkanten, bevorzugt an den Grenzen der unterschiedlichen Zellorganellen (3b).
Durch das Abdampfen oder „Ätzen" der oberen Eisschicht wird eine reliefartige Oberfläche erzeugt. Durch Schrägbedampfung im möglichst flachen Winkel (3c) entsteht eine feinkörnige Platin-Kohle-Schicht, die als dünner Abdruck abgelöst werden kann (3d). Dieser Abdruck kann im Elektronenmikroskop (EM) betrachtet werden. Herausragende Stellen weisen eine stärkere Beschichtung auf und erscheinen durch ihre geringere Elektronendurchlässigkeit dunkler, sie werfen im EM-Bild Schatten. Die Platin-Kohle-Schicht wird vom ursprünglichen Präparat abgelöst, mit Säuren und Enzymen gereinigt und als Abdruck der aufgebrochenen Oberfläche betrachtet (3d). Bei dieser Methode wird also nicht das Objekt selbst, sondern der **Negativabdruck des Oberflächenreliefs** betrachtet.

Aufgaben:

1. Inwieweit könnte die Abbildung mit einer „Nagelmaschine" (↗ Abb. 1) ein Modell für diese Methode darstellen? Wo liegen die Stärken, wo die Schwächen des Modells?
2. Entwickeln und erproben Sie ein makroskopisches Modell für diese Präparationsmethode.

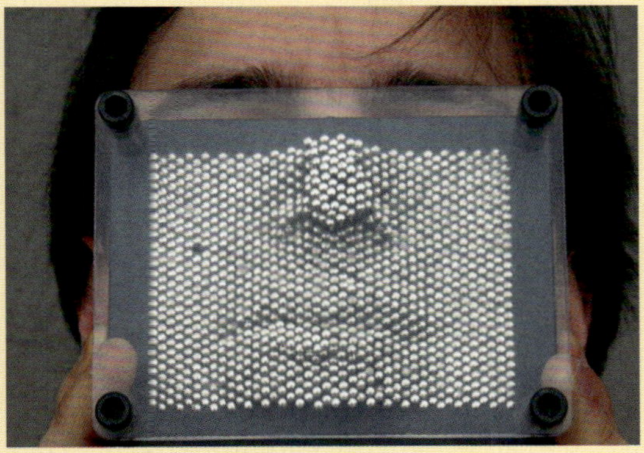

1 Nagelbild

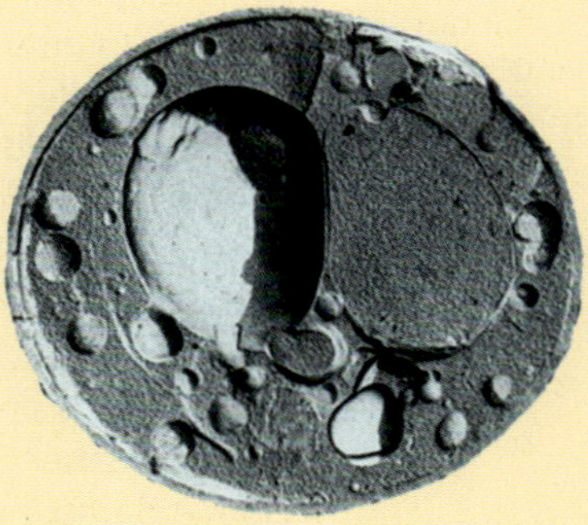

2 Gefrierbruchpräparat einer Hefezelle

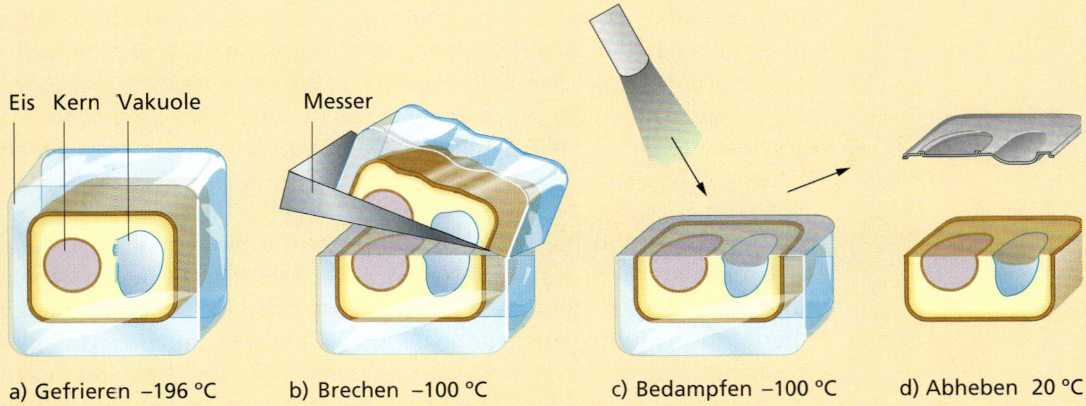

3 Gefrierbruchverfahren

Zellbestandteile und ihre Funktion

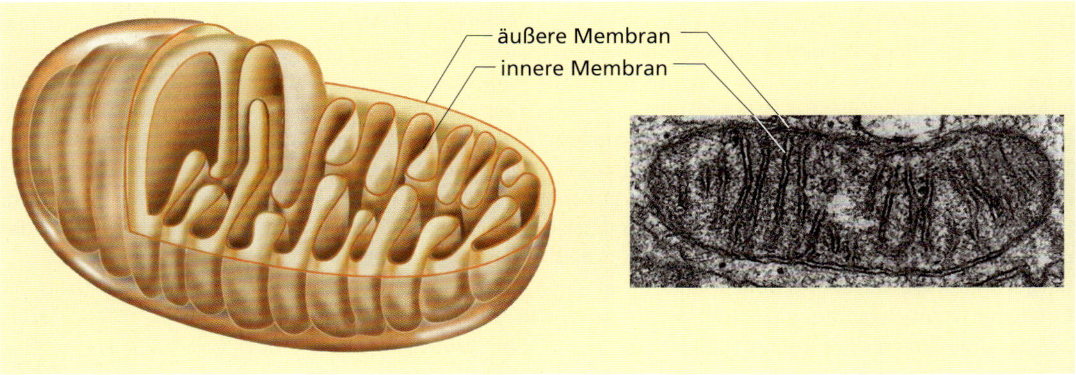

1 Bau eines Mitochondriums

Die starke Einfaltung der inneren Membranen von Mitochondrien und Chloroplasten ist ein Beispiel für das Prinzip der Oberflächenvergrößerung.

Wie bei vielen anderen Zellorganellen und Zellstrukturen zeigt die innere Mitochondrienmembran eine sehr starke **Oberflächenvergrößerung,** die durch Einfaltungen oder bläschen- bzw. röhrenförmige Einstülpungen erreicht wird. Oberflächenvergrößerung ist ein wichtiges Prinzip der Effektivitätssteigerung in lebenden Organismen. Sie ist wichtig für alle Strukturen, die in intensivem Stoff- und Energieaustausch mit ihrer Umgebung stehen. In Zellen sind dies neben den Innenmembranen von Mitochondrien und Plastiden vor allem die Membransysteme von Golgi-Apparat und endoplasmatischem Retikulum (↗ S. 17), in Organen der Tiere und des Menschen innere Oberflächen wie etwa die Schleimhaut des Magens bzw. Darms (↗ S. 146) oder die Lungenbläschen.

Mitochondrien sind die „Kraftwerke" der Zelle. In ihnen findet die Oxidation organischer Stoffe mit molekularem Sauerstoff statt, wobei Energie freigesetzt und in Form von chemischer Energie (als ATP) gespeichert wird. Sie sind also v. a. am Stoffabbau und an der Energiebereitstellung der Zelle beteiligt und ein typisches Zellorganell der Eukaryoten.
Durch die Doppelmembran entstehen zwei Kompartimente: der **Intermembranraum** und die **Matrix.** Die innere Membran ist vielfach gefaltet und eingestülpt. An dieser großen Oberfläche können zahlreiche Stoffwechselvorgänge gleichzeitig ablaufen. Transportproteine regeln den Stoffaustausch durch die Innenmembran. Sie ist der Sitz der Enzyme für die Atmungskette und die ATP-Synthese (↗ S. 88). Die Außenmembran gilt als relativ durchlässig.

Die Matrix der **Mitochondrien** enthält zahlreiche Ribosomen, DNA und Enzyme des Kohlenhydrat- und Lipidstoffwechsels. Eine Reihe der Reaktionsschritte der Zellatmung – der Citronensäurezyklus (↗ S. 87) – finden in der Mitochondrienmatrix statt. Die Anzahl der Mitochondrien in einer Zelle hängt von der Zellgröße und der Zellaktivität ab. Während Zellen der Säugerleber bis zu 1 500 Mitochondrien enthalten, sind es in manchen Eizellen etwa 100 000 und in einzelligen Amöben um die 50 000.

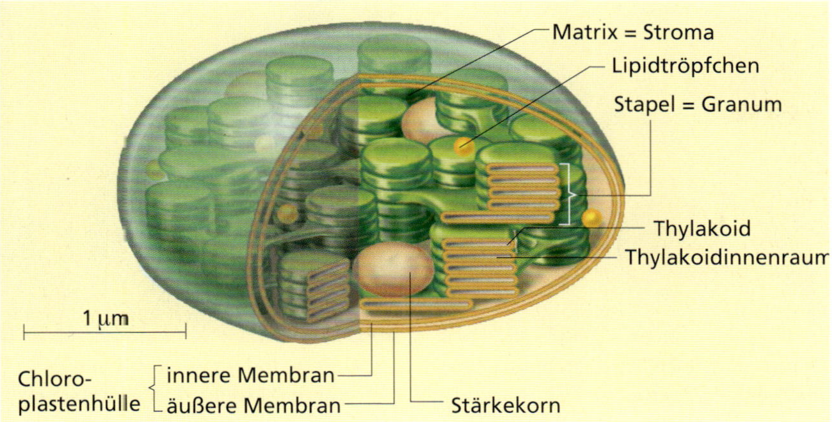

1 Bau eines Chloroplasten

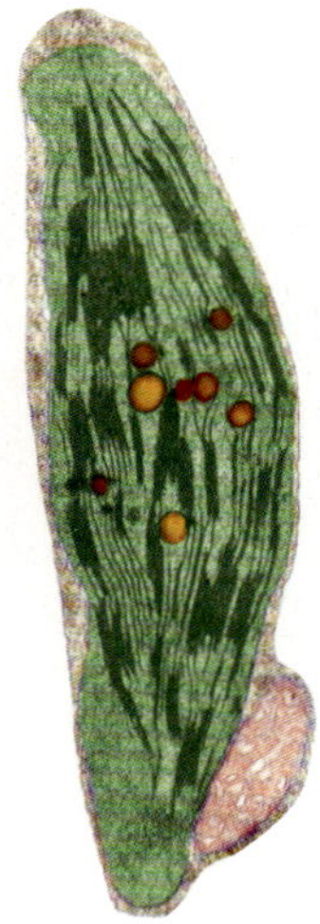

EM-Aufnahme: Chloroplast

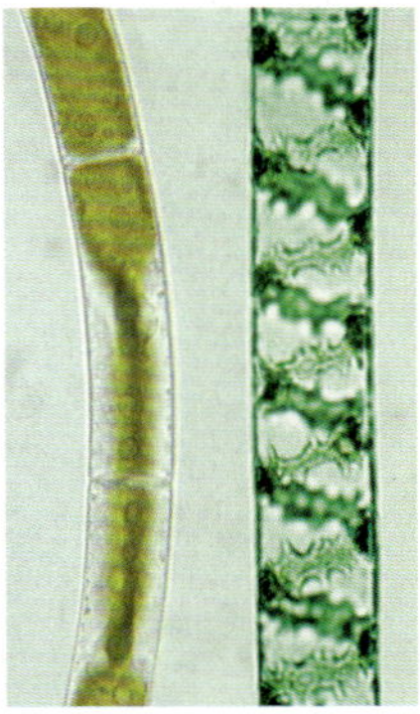

Die fädigen Grünalgen *Mougeotia* und *Spirogyra* haben meist nur einen Chloroplasten pro Zelle, der auch Chromtophor genannt wird. Bei *Mougeotia* ist er plattenförmig und kann sich zum Licht drehen, *Spirogyra* heißt wegen des schraubenförmigen Chloroplasten auch Schraubenalge.

Plastiden sind typische Organellen von Algen und Pflanzen. Auch bei diesen Zellorganellen ist die innere Oberfläche sehr stark vergrößert. Als grüne **Chloroplasten** ermöglichen sie ihren Trägern eine autotrophe Lebensweise. Mithilfe von Assimilationsfarbstoffen, wie z.B. des grünen Farbstoffes **Chlorophyll** kann in den Chloroplasten ein Teil der Lichtenergie in chemische Energie umgewandelt werden. Die Energie wird in den Chloroplasten zum Aufbau organischer Verbindungen genutzt.

Fotosynthetisch aktive Zellen der Pflanzen besitzen durchschnittlich 50 bis 100 Chloroplasten von linsenförmiger Gestalt und etwa 5 µm Durchmesser. Besonders in Grünen Algen kommen auch anders geformte Chloroplasten vor. Die bereits lichtmikroskopisch sichtbaren Chloroplasten sind von einer Doppelmembran umgeben. Die Außenmembran grenzt sie gegen das Cytoplasma ab. Von der Innenmembran geht ein weitverzweigtes, geordnetes Membransystem, das Thylakoidsystem, aus. Die Thylakoide können geordnete Stapel von Doppelmembranen bilden. Diese als dunkelgrüne Areale im Chloroplasten erscheinenden Lamellenstapel enthalten reichlich Fotosynthesepigmente und alle für die lichtabhängige Reaktion der Fotosynthese erforderlichen Enzyme. Das Thylakoidsystem ist in die Grundsubstanz des Chloroplasten, die Matrix (Stroma), eingebettet. In der Matrix befinden sich auch die Enzyme für die lichtunabhängige Reaktion der Fotosynthese. Während der Alterung, etwa im Zuge der Herbstfärbung, degeneriert das Membransystem bei gleichzeitigem Abbau des Chlorophylls (↗ S. 75).

Entsprechend der Funktion der unterschiedlichen Pflanzengewebe können die Plastiden sehr unterschiedlich gestaltet sein. Farblose Plastiden chlorophyllfreier Gewebe nennt man **Leukoplasten,** in Speichergeweben wie der Kartoffelknolle können sie Stärke speichern. **Chromoplasten** enthalten gelbe oder rote Carotinoide und dienen z.B. der Färbung von Blüten und Früchten (Tomate, Rindengewebe der Möhre).

Mitochondrien und Plastiden verfügen über eigene DNA. Da sie auch Ribosomen des 70-S-Typs (↗ S. 19) enthalten, sind sie in der Lage, einige Enzyme selbst herzustellen und sich durch einfache Teilung zu vermehren.

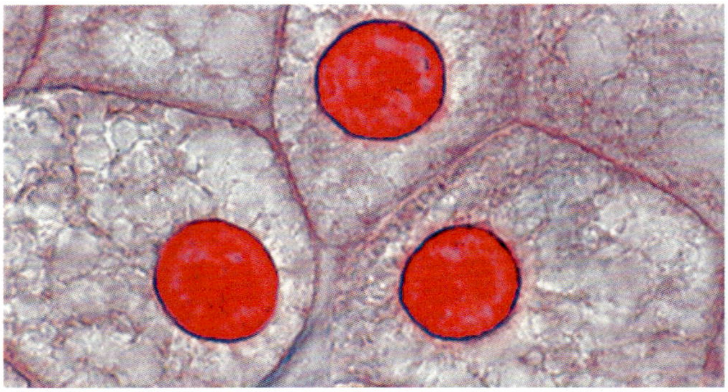

1 Angefärbte Zellkerne in den Zellen der Zwiebelepidermis

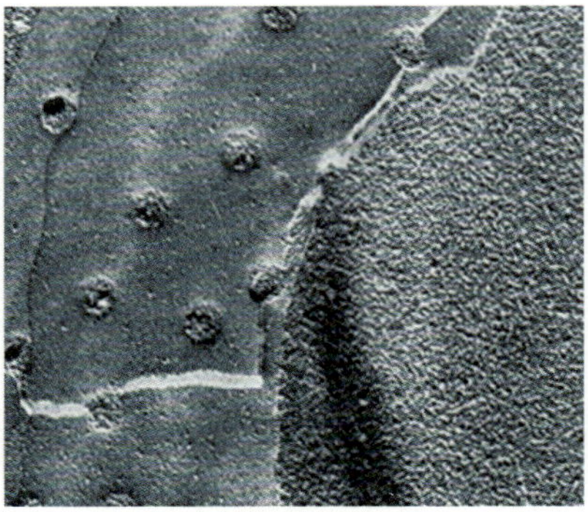

2 Äußere und innere Kernhülle mit Kernporen (EM-Bild, Gefrierätztechnik)

Der **Zellkern** (*Nucleus,* Karyon) gehört zu den größten Zellorganellen. Er ist meist von kugelförmiger Gestalt und bereits im Lichtmikroskop gut zu sehen. Der Kern wird von einer Doppelmembran mit Poren umgeben. Diese Poren lassen Makromoleküle passieren. Die Kerndoppelmembran hat direkte Verbindung zum endoplasmatischen Retikulum (ER, ↗ S. 17).
Im Kerninneren befindet sich das Kernplasma. Mit geeigneter Färbetechnik lässt sich im Kern ein nucleinsäurehaltiges Netzwerk, das **Chromatin,** nachweisen. Es besteht aus Proteinen und den entspiralisierten **Chromosomen** und enthält den größten Teil der **Erbinformation** einer Zelle. Im Zellkern findet man außerdem meist zwei Kernkörperchen *(Nucleoli)*. Sie bestehen vorwiegend aus RNA und wirken bei der Bildung der Ribosomen mit (↗ S. 19).
Während der Kernteilung löst sich die Kernmembran auf und die Chromosomen werden sichtbar. Zum Ende der Teilung bildet sich die Kernmembran vom ER aus wieder neu.

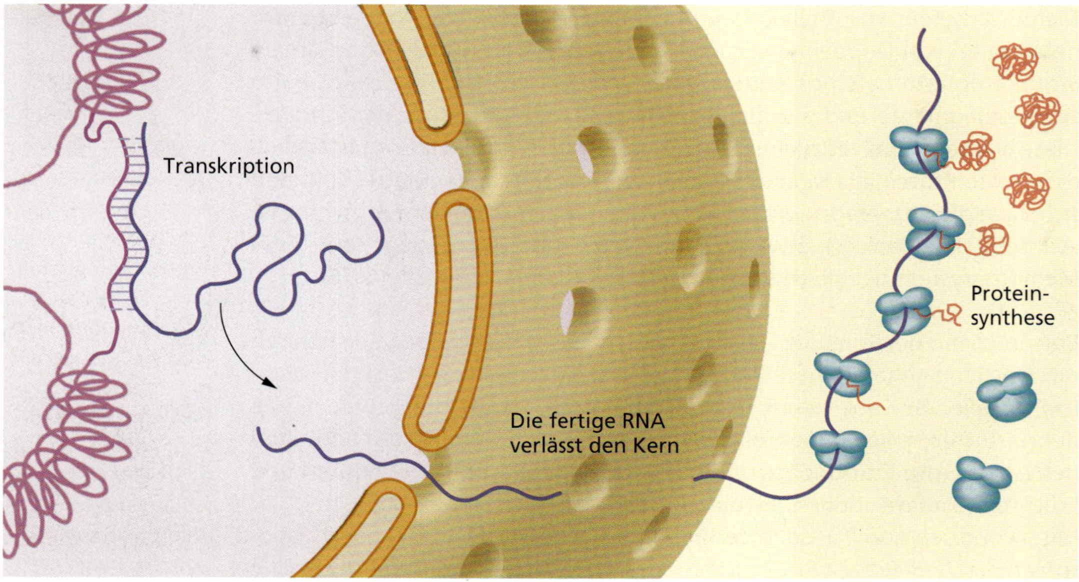

3 Informationsfluss zwischen Kern und Cytoplasma

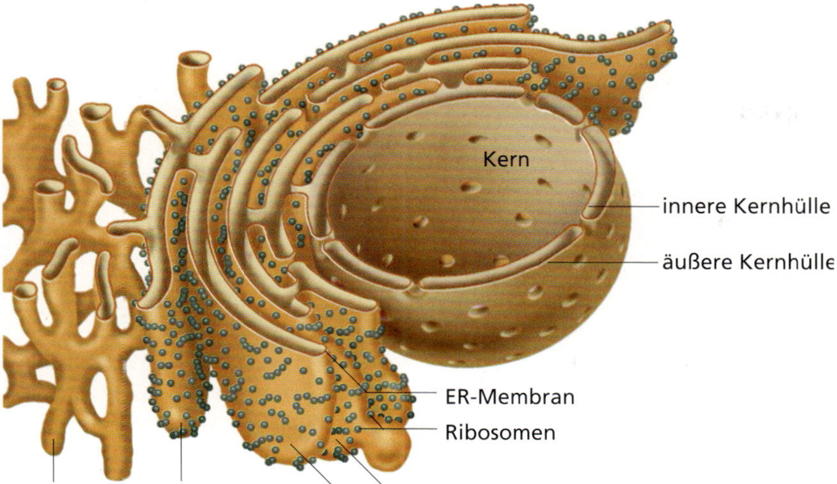

1 Bau eines endoplasmatischen Retikulums

CAMILLO GOLGI (1844 bis 1926) entdeckte 1898 das plasmatische Zisternensystem, den Golgi-Apparat in der Zelle.

Das Endomembransystem der Zelle besteht aus **endoplasmatischem Retikulum (ER), Golgi-Apparat (Dictyosomen)** und **Lysosomen**. Das ER durchzieht in ausgewachsenen Zellen als reich gegliedertes Membransystem das Cytoplasma. Es kompartimentiert das Zellinnere.
Die Hohlräume zwischen den beiden Membranen werden **Zisternen** genannt. Sie sind intrazelluläre Speicherorte und Transportkanäle, an deren Ende **Vesikel** (Bläschen) abgeschnürt werden. Die Außenseiten der **ER-Membranen** können frei oder mit Ribosomen besetzt sein. Entsprechend unterscheidet man glattes von rauem ER. Das raue ER ist der Syntheseort zahlreicher Proteine, vor allem der Speicher- und Membranproteine. Das glatte ER wirkt bei sehr unterschiedlichen Stoffwechselvorgängen mit.

Der Golgi-Apparat als die Gesamtheit der **Dictyosomen** in einer Zelle kann als Membranstapel mit besonders aktiven Zisternen aufgefasst werden. In Dictyosomen sammeln sich Polysaccharide oder Proteine, die nach Vesikelabschnürung in andere Zellorganellen gelangen oder die Zelle verlassen. In Zellen mit sekretorischer Funktion (z. B. Drüsen) ist der Golgi-Apparat besonders stark ausgeprägt. In Pflanzenzellen produzieren Dictyosomen beispielsweise Stoffe für die Zellwandbildung oder in tierischen Zellen Verdauungsenzyme.

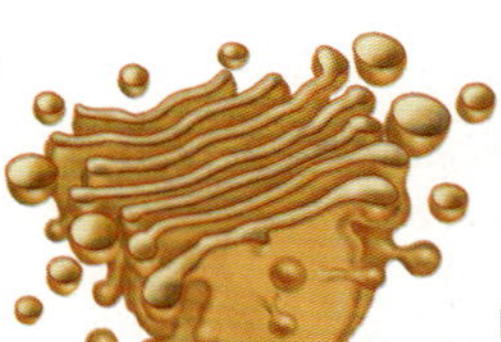

Dictyosom mit Vesikelbildung

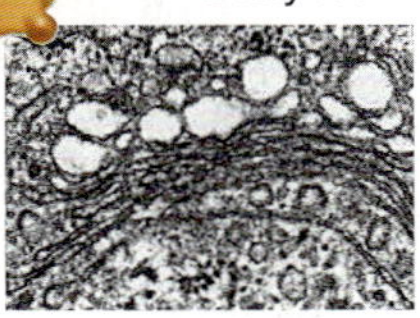

Dictyosom

Lysosomen sind von einer einfachen Membran umgeben und enthalten Enzyme. Gebildet werden diese Organellen vom Golgi-Apparat. Aufgabe der Lysosomen in der Zelle ist die zellinnere Verdauung. Mehr als 60 verschiedene Enzyme sind hier bekannt. Lysosomen sind auch beim Absterben von Zellen und ihrer Auflösung beteiligt.
Infolge von Defekten an Lysosomen können beim Menschen genetisch bedingte Krankheiten auftreten, mehr als 30 derartige sind bekannt.

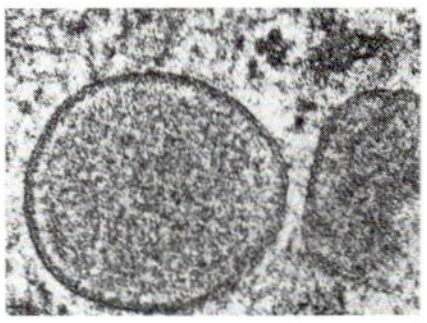

Lyosomen der Leberzelle (Ratte)

Vakuole (V) einer embryonalen Pflanzenzelle aus der Sprossknospe des Blumenkohls (Gefrierbruchpräparat)

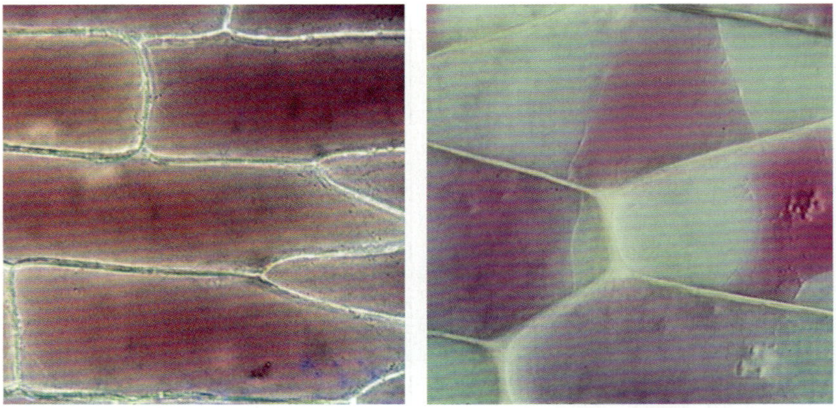

1 Plasmolyse in den Epidermiszellen der Küchenzwiebel (rot gefärbte Vakuolen)

Sowohl bei tierischen als auch bei pflanzlichen Zellen treten **Vakuolen** auf. In tierischen Zellen sind es nur kleine, mit Flüssigkeit angefüllte Räume. In älteren Pflanzenzellen erreichen sie ein beachtliches Volumen. In den meisten Pflanzenzellen entsteht aus einzelnen Vakuolen eine mächtige **Zentralvakuole.** Die einfache Membran, die den Vakuoleninhalt zum Cytoplasma hin abgrenzt, wird als **Tonoplast** bezeichnet. Vakuolen können osmotisch Wasser aufnehmen und abgeben. Der davon abhängige Zellinnendruck (Turgor) einer Pflanzenzelle hat Bedeutung für die Stabilität des Pflanzengewebes. Vakuolen dienen auch als Deponieraum für überflüssige, oft toxische Stoffe. Sie ersetzen und ergänzen die ansonsten spärlichen Ausscheidungsmöglichkeiten der Pflanze. Bedeutsam können Vakuolen auch für die Speicherung von Stoffen sein.

Gelangen Pflanzenzellen in eine im Vergleich zu ihrer Zellflüssigkeit hypertonische Außenlösung, so strömt das Wasser aus der Vakuole ins Außenmedium. Diesen Vorgang bezeichnet man als **Plasmolyse,** weil sich das Plasma von der Zellwand löst (↗S. 26).

Sowohl verschiedene Zucker als auch Proteine und Lipide erreichen in den Vakuolen zum Teil beachtliche Konzentrationen. Sie sind zunächst dem aktuellen Stoffwechselgeschehen entzogen. Bei Bedarf werden diese Reservestoffe wieder mobilisiert. Vakuolen spielen auch eine entscheidende Rolle bei der Aufrechterhaltung des **Zellinnendrucks (Turgeszenz)** von Pflanzenzellen. Der Zellsaft enthält gelöste, osmotisch wirksame Verbindungen. Sie machen den osmotischen Wert des Vakuoleninhalts aus. Dieser bestimmt im Wesentlichen die Intensität und Richtung des Wasserstromes in die oder aus der Zelle.

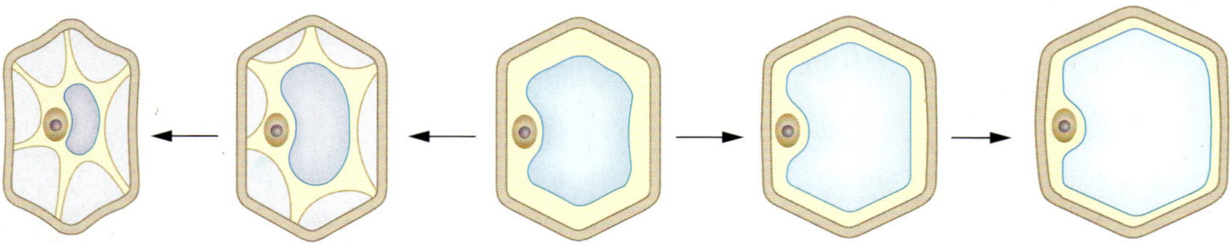

2 Osmotische Verhältnisse zwischen Zellsaft und Außenmedium

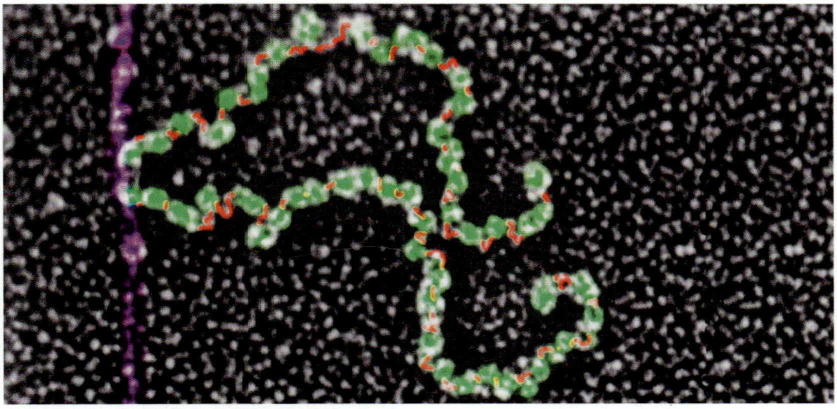

1 Ribosomen (grün) in einer Polysomenkette (rot: mRNA) während der Transkription (pink: DNA)

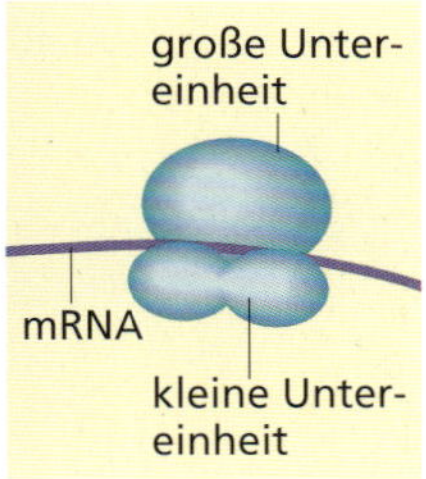

Ribosomen können entlang der mRNA zu langen Polysomen verkettet werden.

Ribosomen sind die Orte der Proteinbiosynthese in der Zelle. Sie stellen Organellen ohne Membranhülle dar (↗ S. 53). Zwei Ribosomen-Grundtypen werden unterschieden: die 80-S-Ribosomen im Cytoplasma der Eucyten und die Ribosomen 70-S der Plastiden, Mitochondrien und der Procyten. Gemeinsam ist beiden Typen, dass das komplette Ribosom aus zwei Untereinheiten aufgebaut ist. Während der Proteinbiosynthese (Translation, ↗ S. 53) reihen sich 5 bis 40 Ribosomen an der mRNA zu einer Polysomenkette auf (↗ Abb. 1).

In Procyten, wie Bakterien, hat man um die 10 000 Ribosomen pro Zelle, in stoffwechselaktiven Säugerzellen ein Vielfaches davon gefunden. Die Lebensdauer der Ribosomen kann relativ kurz sein. Deshalb müssen sie ständig neu gebildet werden. Bis zu 100 Ribosomen pro Sekunde können es in einer Wirbeltierzelle sein. Funktionsfähige Ribosomen bestehen aus Proteinen und RNA in einem Mengenverhältnis von 1 : 1. Im Zellkern wird die ribosomale RNA synthetisiert und mit Proteinen beladen. Vorstufen der Ribosomen-Untereinheiten passieren die Poren der Kernmembran und gelangen so in das Cytoplasma. Dort erhalten sie ihre endgültige Ausprägung.

Den Ribosomen und ihren Untereinheiten werden entsprechend ihrem Sedimentationskoeffizienten bei der Ultrazentrifugation Svedberg-Einheiten (S) zugeordnet.

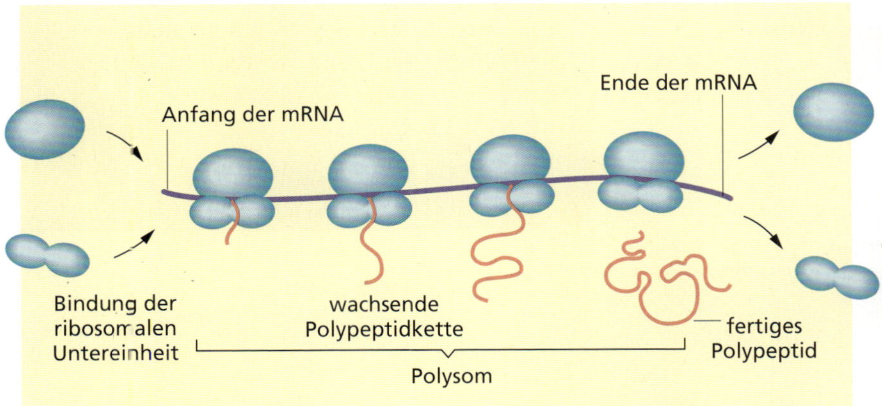

2 Ribosomenzyklus

THEODOR SVEDBERG (1884–1971)

In der Zellwand gibt es kleine Aussparungen, die Tüpfel, durch die das Cytoplasma der verschiedenen Zellen über Plasmodesmen verbunden ist.

Die Cellulosefibrillen liegen immer parallel zur Zellmembran, sie können in Form der Parallel- oder Streutextur angeordnet sein.

Die **Zellwand** umgibt den pflanzlichen Eucyten mit einer festen, formgebenden Hülle. Während des Lebens einer Zelle durchläuft die Wandbildung verschiedene Phasen.

1. Nach erfolgter Kernteilung entsteht zwischen den beiden Tochterzellen von innen heraus eine neue Trennschicht. Protopectin- und Hemicellulosemoleküle ergeben eine Mittellamelle.
2. Während des folgenden Zellstreckungswachstums lagern sich zunächst ungeordnet beidseitig Mikrofibrillen aus Cellulose ein. Die **Primärwand** entsteht.
3. Sobald das Streckungswachstum abgeschlossen ist, verstärkt sich die Wand durch schichtweise Auflagerung weiterer Cellulosefibrillen **(Sekundärwand).**
4. Ein- und Auflagerungen von Wachs, Holzstoff (Lignin) und Korkstoff (Suberin) imprägnieren die Wand und verleihen ihr Festigkeit und Widerstandsfähigkeit **(Tertiärwand).**

1 Mooszellen mit Chloroplasten und Zellwänden

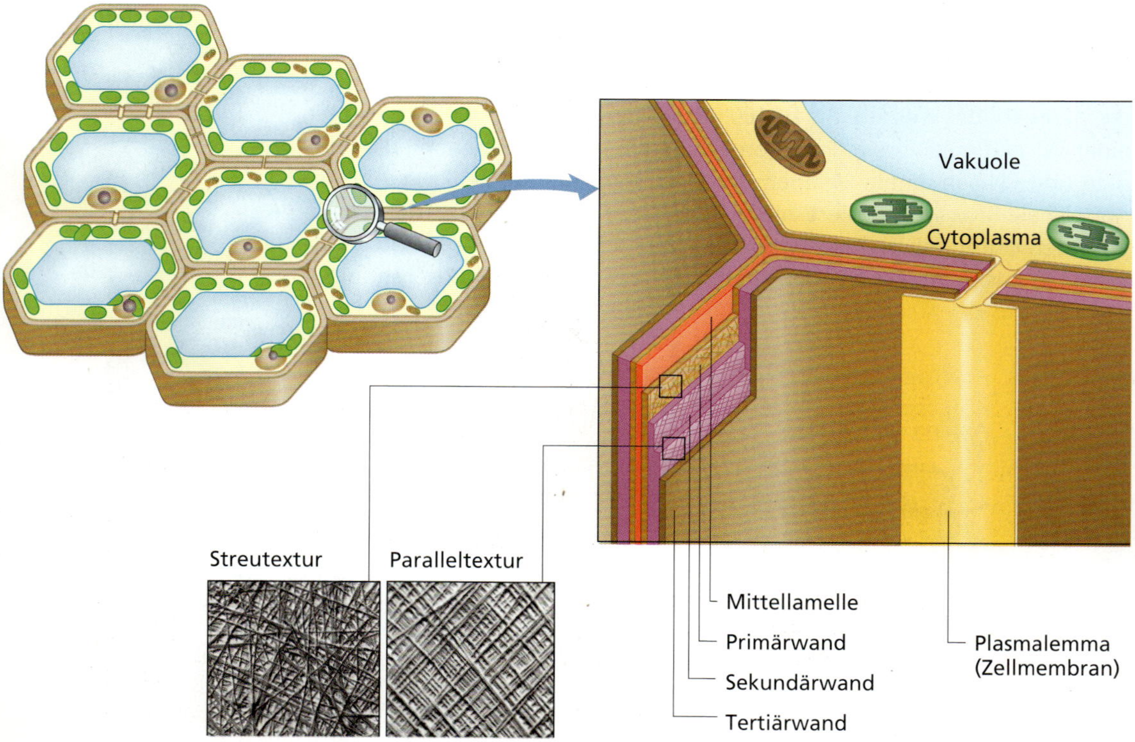

2 Schematischer Aufbau der Zellwand einer ausgewachsenen Pflanzenzelle

Grundsubstanz/ Zellorganell	Bedeutung für das System „Zelle“
Membran	– kontrolliert den Stoffaustausch zwischen der einen und der anderen Seite der Membran, z. B. zwischen der Zelle und ihrer Außenwelt oder zwischen Organellen und dem Cytoplasma – trennt das Zellinnere in verschiedene Reaktionsräume (Kompartimente) auf, in denen unterschiedliche Stoffwechselprozesse ablaufen – bewirkt Oberflächenvergrößerung, die den Stoffaustausch und damit auch viele Stoffwechselprozesse erleichtert – spezifische Membranproteine dienen der Aufnahme von Signalmolekülen und setzen Reaktionsketten in Gang
Cytoplasma	– dient als Transportmedium – ermöglicht enzymatisch katalysierte Reaktionen, z. B. die Proteinbiosynthese an freien Ribosomen (Translation), die Glykolyse – speichert Reservestoffe wie Fette und Glykogen
Mitochondrium	– wichtig für viele Stoffwechselreaktionen, Innenmembran beherbergt Enzyme für die Atmungskette und die ATP-Synthese
Dictyosomen/ Golgi-Apparat	– ist die zentrale Versand- und Lagerabteilung der Zelle, wo die zuvor im ER hergestellten Makromoleküle (z. B. Lipide, Proteine) weiterverarbeitet und zu den Verbrauchsorten transportiert werden
Zellkern	– Ort der DNA-Replikation und Transkription (das Erstellen einer mRNA-Kopie eines gegebenen DNA-Abschnitts) – Steuerzentrum der Zelle – Bildungsort der Ribosomen-Untereinheiten
endoplasmatisches Retikulum (ER)	– Membransystem für Translation, Proteinfaltung und -transport – raues ER: an seiner Membran sind außen Ribosomen verankert, die Proteine produzieren; speichert und transportiert diese Proteine – glattes ER: ohne Ribosomen; Ort für Synthese und Metabolismus von Fettsäuren und Phosholipiden
Plastiden	– farblose Plastiden (Leukoplasten) speichern Stärke – die mit gelben oder roten Carotinoiden ausgestatteten Chromoplasten sind für die Farben von Früchten und Blüten verantwortlich – die chlorophyllhaltigen Chloroplasten verleihen vielen Pflanzen ihre grüne Färbung und befähigen sie zur Fotosynthese
Lysosomen	– enthalten viele verschiedene Enzyme; ihre Hauptfunktion besteht darin, aufgenommene Fremdstoffe zu verdauen (Verdauungsapparat der Zelle) – Verwertung von zellfremdem und zelleigenem Material (Zerlegung und Wiederverwertung von Organellen oder Teilen des Cytosols)
Vakuolen	– Aufrechterhaltung des Zellinnendrucks (Turgor) – sind Lager für toxische Stoffe – können Farbstoffe enthalten – Abbau von Makromolekülen – dienen der Wasserausscheidung (kontraktile Vakuolen)
Ribosomen	– als Anheftungsstelle für die mRNA und tRNA dienen sie der Realisierung der Proteinbiosynthese

Die Zelle: Grundbaustein der Lebewesen und offenes System

Die Zelle ist der Grundbaustein aller Lebewesen, in ihr fügen sich die Biomoleküle zu komplexen Strukturen und Organellen zusammen.
Die Membranen bestehen aus Proteinen und Lipiden, sie unterteilen das Zellinnere und grenzen die Zelle nach außen ab. Damit sorgen sie einmal für die Bildung von relativ abgeschlossenen Reaktionsräumen, z. B. **Mitochondrien** und **Chloroplasten,** zum anderen sind sie für spezifische Transportvorgänge verantwortlich. Außerdem dienen **Membranen und Membransysteme** als Träger von Enzymen, die wichtige Stoffwechselreaktionen, wie Fotosynthese oder Zellatmung, katalysieren. Von einfachen Membranen umschlossene Zellkompartimente sind z. B. **Lysosomen.**
Wichtige granuläre Strukturen sind die **Ribosomen.** Sie sind vorwiegend aus Ribonucleinsäuremolekülen aufgebaut. An ihnen findet die Proteinbiosynthese statt, hier wird der genetische Code in die Funktionsmoleküle der Zelle „übersetzt" (Translation).

Zellen besitzen bereits alle **Kennzeichen des Lebendigen:**
- Stoff- und Energiewechsel,
- Wachstum und Differenzierung,
- Bewegung (Motilität),
- Reizbarkeit,
- Fortpflanzung, Vererbung und Vermehrung,
- Evolution.

Pflanzenzelle
(Eucyt)

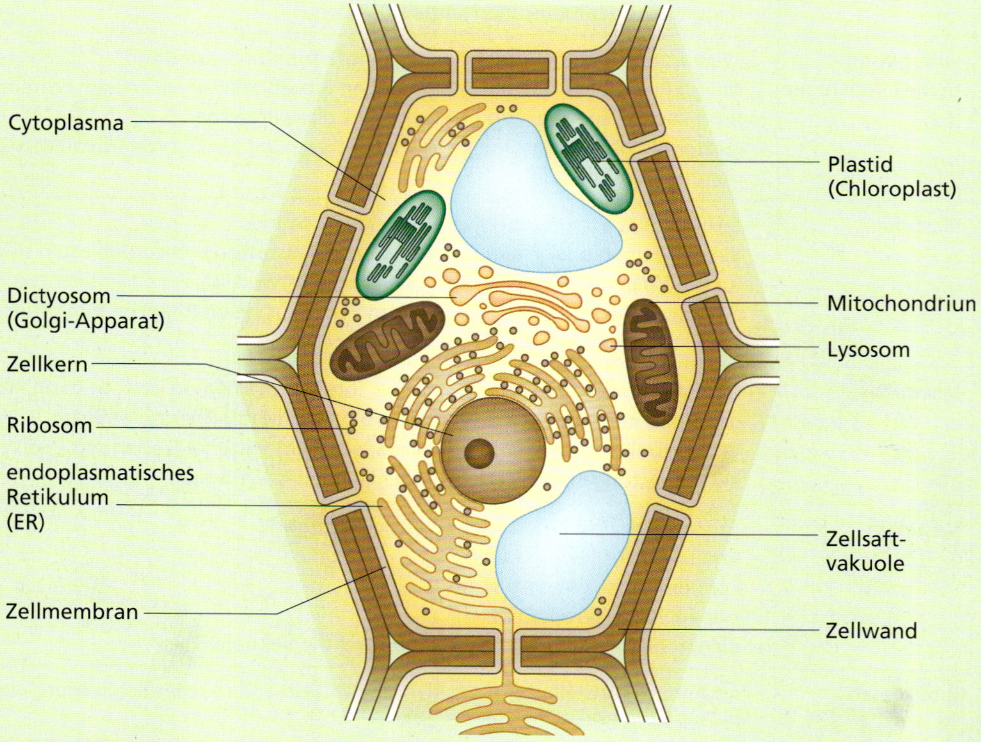

1.3 Stoffaustausch durch Biomembranen

Bau der Biomembranen

Durch lichtmikroskopische, molekularbiologische und biochemische Untersuchungen verstehen wir heute den Bau und die Funktion von biologischen **Membranen** recht gut. Membranen dürfen nicht als statische, feste und dauerhafte Strukturen aufgefasst werden. Ihre molekularen Bausteine sind vielmehr in ständiger Bewegung. Sie „fließen", was SEYMOUR JONATHAN SINGER und GARTH L. NICOLSON mit dem von ihnen entwickelten **„Flüssig-Mosaik-Modell"** (engl.: *fluid-mosaic-model,* ↗S. 27) zum Ausdruck gebracht haben. Membranen bestehen aus Proteinen, Membranlipiden (dabei handelt es sich vorwiegend um Phospholipide) und Kohlenhydraten von beachtlicher chemischer und struktureller Vielfalt. Aufgrund des vielfältigen Aufgabenspektrums der Zellbestandteile besitzen Membranen unterschiedliche Eigenschaften. Sie umhüllen Zellen oder Organellen und trennen das Zellinnere in verschiedene Reaktionsräume (Kompartimente) auf, in denen jeweils unterschiedliche Stoffwechselprozesse ablaufen. Erst diese Reaktionsräume machen es möglich, dass in der Zelle gegenläufige Prozesse zur gleichen Zeit ablaufen können.

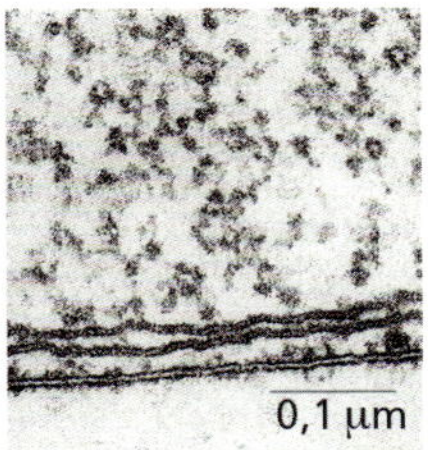

Bild von Biomembranen im Transmissionselektronenmikroskop (TEM)

Membranen schaffen verschiedene Reaktionsräume (Kompartimente) in der Zelle.

Phospholipid-Moleküle, die wichtigsten Membranbausteine, sind trotz ihrer Vielfältigkeit einheitlich gebaut. Sie setzen sich aus zwei Teilen zusammen: Einem wasseranziehenden, hydrophilen, (polaren) Kopf (Glycerol, Phosphorsäurerest und Rest) und einem wasserabweisenden, hydrophoben, Schwanz (Fettsäureanteil). Die **Phospholipide** bilden als Membran eine flüssig-kristalline Doppelschicht, auf der beidseitig Proteine aufgelagert sind. Die Proteine ragen mehr oder weniger in die Lipidschicht hinein (periphere Proteine) oder gar durch sie hindurch (integrale Proteine, Tunnelproteine, ↗S. 27, Abb. 1). Die Phospholipide stellen die Grundsubstanz einer Membran dar. Sie sind für deren grundsätzliche Eigenschaften wie Stabilität, Flexibilität und Semipermeabilität verantwortlich.

Die **Membranproteine** erfüllen stets spezielle Funktionen (z. B. Transport, Signalübertragung, Katalyse). Sie sind spezifisch für einen bestimmten Membrantyp. Damit erklärt sich, dass in ein und derselben Zelle verschiedene Membranen – etwa die der Kernhülle und die des Plasmalemmas (Zellmembran, die das Cytoplasma nach außen begrenzt) – unterschiedliche Funktionen erfüllen.

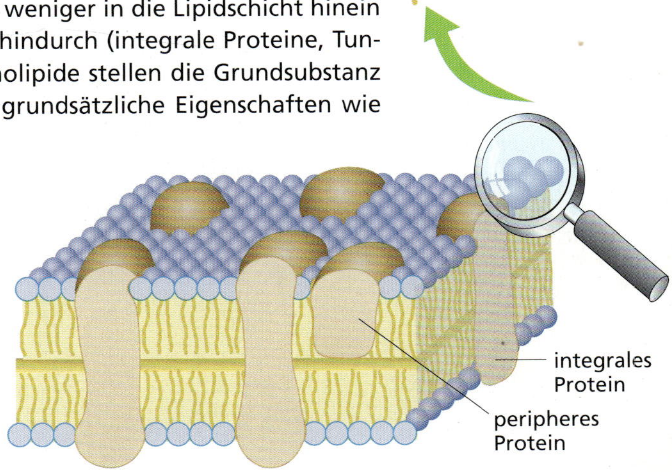

1 Flüssig-Mosaik-Modell nach SINGER und NICOLSON (1972)

Transport – aktiv und passiv

Bei den Membranlipiden handelt es sich vorwiegend um Phospholipide (↗ S. 23). Ihre Moleküle richten sich gegenüber Wassermolekülen aus. Der Phosphorsäurerest orientiert sich zum Wasser hin. Die Fettsäurereste hingegen verhalten sich hydrophob.

Biomembranen sind selektiv durchlässig, das heißt, einige Stoffe können sie leichter durchdringen als andere. Neben der Größe der Ionen oder Moleküle spielen dabei ihre speziellen Merkmale eine Rolle, z. B. ihre Polarität und die damit verbundene *hydrophile* Eigenschaft oder ihre elektrische Ladung. Wassermoleküle können Biomembranen relativ leicht durchdringen, gelöste Salzionen oder Zuckermoleküle wesentlich schwerer. Auf dieser **Semipermeabilität** beruhen alle osmotischen Vorgänge in einer Zelle. Enthält das Außenmedium mehr gelöste Teilchen als das Innenmedium, ist es hypertonisch, so treten mehr Wassermoleküle nach außen. Ist das Innenmedium hypertonisch gegenüber dem Außenmedium, nimmt die Zelle Wasser auf.

aktiver Transport

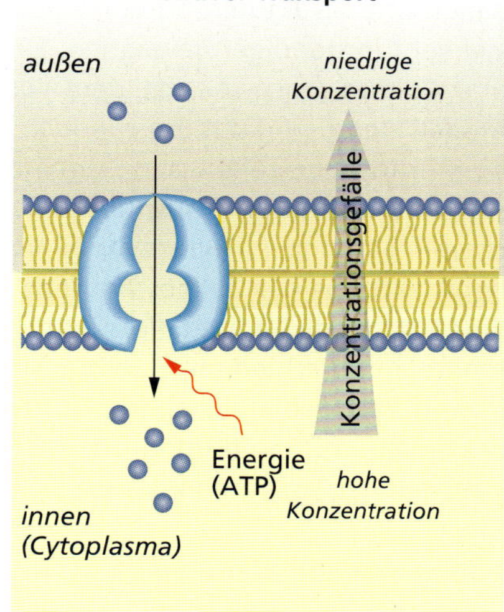

1 Aktiver Transport durch Membranen

Die speziellen Durchlassproteine für Wassermoleküle heißen Aquaporine (↗ S. 25).

Der osmotische Transport wird zu den **passiven Transportmechanismen** (↗ Abb. 2) zugerechnet. Sie benötigen keine Energiezufuhr, da sie infolge eines Konzentrationsgefälles ablaufen.

Der Transport gegen ein chemisches oder elektrisches Potenzial ist nur unter Einsatz von Stoffwechselenergie möglich. Er wird deshalb als **aktiver Transport** (↗ Abb. 1) bezeichnet.

Proteine der Membran binden die Moleküle oder Ionen reversibel und transportieren sie als „Carrier" durch die Membran.

passiver Transport

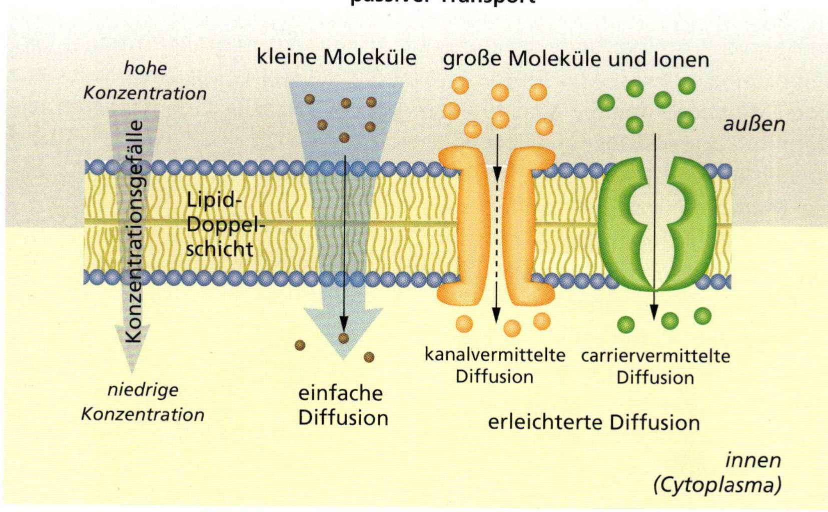

2 Passiver Transport durch Membranen

Diffusion und Osmose

Diffusion

Wenn man den Inhalt einer Zelle bei starker Vergrößerung mikroskopiert, kann man beobachten, dass die enthaltenen kleinsten Teilchen im Zellplasma nicht still liegen, sondern eine zitterige Bewegung ausführen. Diese Bewegung wurde vom schottischen Botaniker ROBERT BROWN (1773–1858) 1828 zum ersten Mal beobachtet und gedeutet: Die Moleküle der Flüssigkeit sind in ständiger Bewegung. Je höher die Temperatur, desto schneller bewegen sie sich. Ihr Aufprall führt dazu, dass sehr kleine, mit dem Lichtmikroskop gerade noch sichtbare Teilchen „zittern“. Nach ihrem Entdecker nennt man dieses Phänomen „Brownsche Molekularbewegung“.

So verursacht die Wärmebewegung bei gelösten Stoffen, dass sie sich im gesamten Lösungsmittel gleichmäßig verteilen **(Diffusion)**.

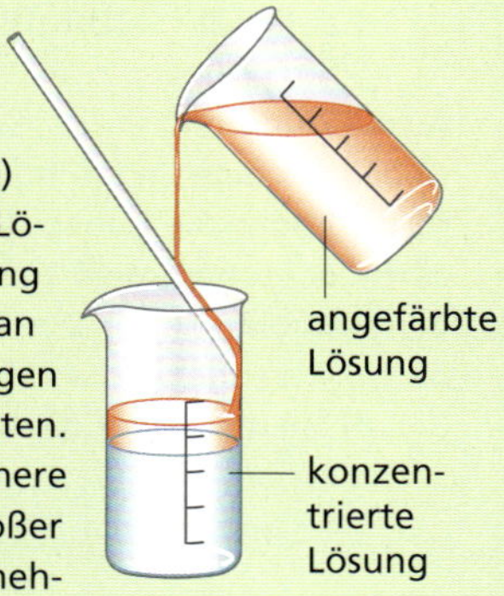

Schichtet man in einem Glaszylinder eine angefärbte Lösung (z. B. Wasser mit Lebensmittelfarbe) über eine konzentrierte Lösung (z. B. Kochsalzlösung oder Sirup), so kann man die Ausbreitung der farbigen Substanz direkt beobachten. Die Diffusion über kleinere Strecken erfolgt mit großer Geschwindigkeit, mit zunehmender Entfernung breitet sich der Farbstoff jedoch immer langsamer aus.

Wenn ein Molekül für die Wegstrecke von 10 µm eine Sekunde benötigt, benötigt es für einen Millimeter bereits 100 x 100 s = 10^4 Sekunden, für einen Meter 10^{10} Sekunden. Der Diffusionsweg ist proportional zur Wurzel aus der Diffusionszeit. Die Anzahl der durch einen bestimmten Querschnitt einer Lösung durchtretenden Teilchen ist der Fläche dieses Querschnitts und dem Konzentrationsgefälle proportional. Der Proportionalitätskoeffizient D (Diffusionskoeffizient) ist von der Temperatur und von dem Molekulargewicht des gelösten Stoffes abhängig. Man kann also sagen, die Diffusion erfolgt umso schneller,

- je kleiner die diffundierenden Moleküle,
- je höher die Temperatur,
- je größer das Konzentrationsgefälle und
- je größer die Grenzfläche ist, durch die der Stoff diffundiert.

Osmose

Auch die Diffusion durch eine Membran lässt sich im Prinzip durch die gleichen Gesetzmäßigkeiten beschreiben. In diesem Falle ersetzt der Permeabilitätskoeffizient P den Diffusionskoeffizienten. P hängt außer von den Eigenschaften des durchtretenden Stoffes auch noch von denen der Membran ab. Werden zwei Lösungen unterschiedlicher Konzentration von einer Membran getrennt, die für das Lösungsmittel durchlässig, aber für den gelösten Stoff undurchlässig ist (semipermeable Membran), so überwiegt die Diffusion des Lösungsmittels in Richtung der höheren Konzentration. Da die Teilchen des Lösungsmittels teilweise mit den gelösten Teilchen in Wechselwirkung treten, diffundieren im Mittel weniger gelöste Teilchen von der hypertonischen Lösung (höhere Konzentration, A) in die hypotonische (niedrigere Konzentration, B) als umgekehrt.

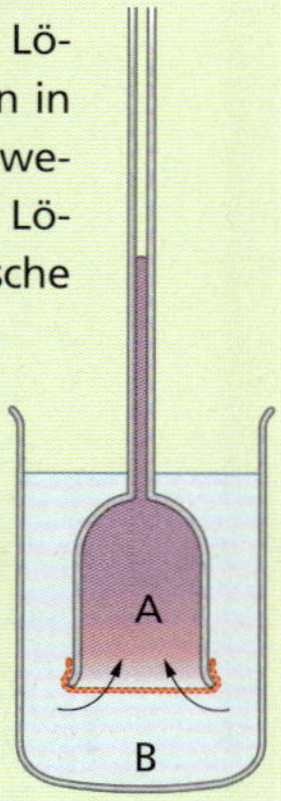

Lösungen gleicher Konzentration sind isotonisch.

Durch einen entsprechenden mechanischen oder hydrostatischen Druck kann ein Diffusionsunterschied ausgeglichen werden. Der Druck, der bei einem bestimmten Konzentrationsunterschied hierfür notwendig ist, wird als **osmotischer Druck** bezeichnet.

Durchlässigkeit von Zellmembranen

Zellmembranen sind in der Regel für in Wasser gelöste Ionen mehr oder weniger undurchlässig, da diese die Lipidschicht nicht passieren können. Wassermoleküle können die Membran jedoch durch spezielle Tunnelproteine, sogenannte **Aquaporine,** durchdringen.

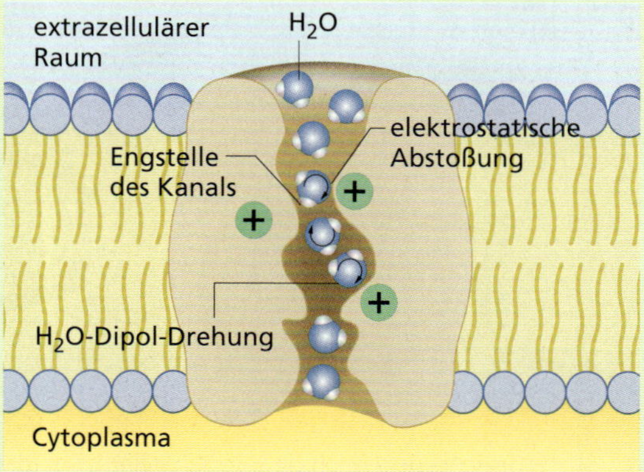

1 Schemazeichnung eines Aquaporin-Kanals

Praktikum: Stofftransport durch Membranen

S Experiment 1

Zellen können Wasser aufnehmen und abgeben (Plasmolyse)

Vorbereitung:
Rote Küchenzwiebel, Mikroskop und Zubehör, Messzylinder, Filtrierpapierstreifen, 1-molare Kaliumnitrat-Lösung (10,1 g Kaliumnitrat auf 100 ml Wasser)

Durchführung:
1. Stellen Sie ein mikroskopisches Präparat von der rot gefärbten unteren Epidermis einer Zwiebelschuppe her (↗ S. 38). Achten Sie darauf, dass beim Ablösen der Epidermis möglichst wenig Zellen des darunterliegenden Schuppenblattgewebes mitgerissen werden. Zeichnen oder fotografieren Sie eine Zelle.
2. Bringen Sie nun an den Rand des Deckgläschens einen Tropfen der Kaliumnitrat-Lösung und saugen Sie ihn mithilfe eines Filtrierpapierstreifens unter dem Deckgläschen durch.
3. Beobachten Sie die Veränderung des Protoplasten und zeichnen oder fotografieren Sie den Endzustand.
4. Saugen Sie danach einen Tropfen Leitungswasser durch das Präparat und beobachten Sie.

Auswertung:
1. Erklären Sie die Veränderungen, die zuerst nach dem Durchsaugen der Salzlösung und dann nach dem Durchsaugen des reinen Leitungswassers zu beobachten sind.
2. Überlegen Sie, wie man auf diese Weise den „osmotischen Wert" des Zellsafts einer Zwiebelschuppenepidermiszelle bestimmen könnte. Diskutieren Sie Ihren Vorschlag in der Gruppe oder in der Klasse und führen Sie den Versuch gegebenenfalls anschließend durch.

S Experiment 2

Stoffanreicherung in der Vakuole

Vorbereitung:
Neutralrot-Lösung (Stammlösung: 0,1 g auf 100 ml Wasser, vor Anwendung mit Leitungswasser auf 1/10 verdünnen), Küchenzwiebel (normal gefärbt)

Durchführung:
1. Das Präparat der Zwiebelschuppenepidermis wird wie im ersten Experiment hergestellt, aber am besten von der inneren Epidermis (sie lässt sich leichter ablösen).
2. Die Epidermisstückchen werden in einen Tropfen Neutralrot-Lösung auf den Objektträger gebracht. Nach 10 bis 20 min zeigt sich bei mikroskopischer Betrachtung eine deutliche Anreicherung des Farbstoffs in den Vakuolen.

Auswertung:
Geben Sie eine Erklärung für die Beobachtung. Berücksichtigen Sie dabei, dass die Neutralrot-Lösung einen etwa neutralen pH-Wert hat, der Zellsaft in der Vakuole *pH* 5,8. Der Farbstoff Neutralrot liegt bei *pH* 7 weitgehend als Molekül vor und ist lipophil. Bei *pH* 5,8 überwiegt die hydrophile Ionenform.

$$\text{Neutralrot} + H^+ \underset{pH\,7}{\overset{pH\,6}{\rightleftharpoons}} \text{Neutralrot-}H^+$$

Machen Sie einen Vorschlag, wie man nachweisen könnte, dass die Anreicherung auf unterschiedlichen pH-Werten der Lösungen beruht.

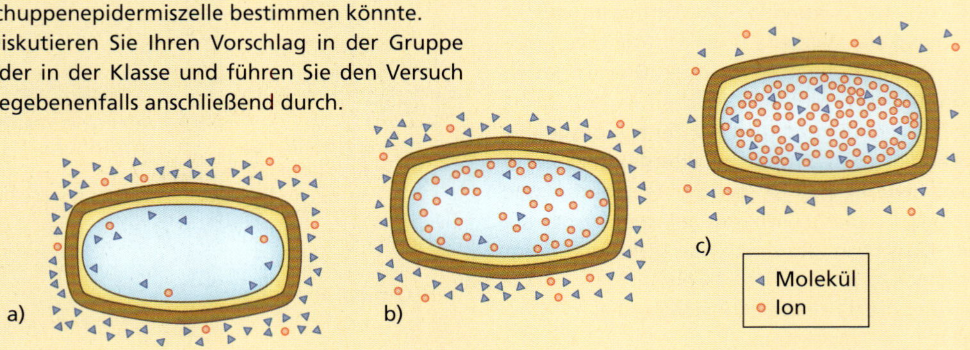

1 Stoffanreicherung nach dem Ionenfallenprinzip: Im sauren Milieu des Zellsafts werden Moleküle in Ionen umgewandelt.

Methode: Arbeiten mit Modellen – Biomembranen

Modelle werden in allen Teildisziplinen der Biologie entwickelt, um komplizierte Strukturen, Prozesse und Funktionsabläufe anschaulich darzustellen, aber auch um komplexe Zusammenhänge zu vereinfachen und damit Vorhersagen zu ermöglichen (Simulationsmodell).
Biomembranen sind ein gutes Beispiel dafür, wie sich Modellvorstellungen mit dem Forschungsfortschritt ständig weiterentwickelt haben. Schon bevor man Biomembranen im Elektronenmikroskop sichtbar machen konnte, schloss man aufgrund bestimmter chemischer und physikalischer Eigenschaften, dass Lipide ein wichtiger Bestandteil dieser Membranen seien, dass aber auch Proteinmoleküle an ihrem Aufbau beteiligt sein müssten. Später wurden neue Eigenschaften von Membranen entdeckt, die zu einer Weiterentwicklung und Verfeinerung der Modellvorstellungen führten. Die große Bedeutung der Membranen bei der Signalübermittlung sind ein Grund dafür, dass ihre Erforschung ein zentrales Thema der Molekularbiologie ist.

Lipid-Doppelschicht-Modell
(„lipid-bilayer-model"; GORTER, GRENDEL 1925)
Zellmembranen sind Lipid-Doppelschichten.

Lipid-Protein-Modell
(„lipid-protein-model"; DANIELLI, DAVSON 1936)
Einer Lipid-Doppelschicht sind Proteine aufgelagert.

Flüssig-Mosaik-Modell
(„fluid-mosaic-model"; SINGER, NICOLSON 1972)
Die Proteinmoleküle schwimmen auf der Lipidschicht wie Eisberge im Meer. Einige Proteinmoleküle durchdringen die Lipidschicht („Tunnelproteine"). Sie können passiven und aktiven Stofftransport durch die Membran vermitteln.

Lipid-Floß-Modell
(„lipid-raft-model"; SIMONS u. a. 1997)
Dieses Modell geht davon aus, dass es in den Membranen floßartige Lipidschollen gibt, die zähflüssiger sind und mit ihren Proteinen in dem Lipidfilm driften. Dabei können einzelne Proteine von diesen Flößen aufgenommen oder abgegeben werden.

Die letzten Jahrzehnte brachten eine Fülle neuer Forschungsdaten, aus denen hervorgeht, dass man sich die Membranen eher als Fleckenteppich aus recht unterschiedlichen Regionen vorstellen muss, die sich in Aufbau und Funktion unterscheiden. So weiß man heute, dass die Proteine der Membranen oft zu größeren Komplexen verbunden sind und dass sie nicht – wie im *fluid-mosaic-model* angenommen – mehr oder weniger zufällig im Lipidfilm driften. Man kennt mittlerweile eine sehr große Zahl unterschiedlicher Membranproteine. Einige dienen dem passiven oder aktiven Stofftransport, andere der Signalübermittlung. Auch die Lipidschicht ist variabel zusammengesetzt. Für die Zellerkennung sind neben Proteinen auch membrangebundene Kohlenhydrate von großer Bedeutung (Glykoproteine und Glykolipide).

Aufgabe:
Fertigen Sie ein dreidimensionales Membranmodell an, das in etwa der Abbildung 1 entspricht.
Bilden Sie dazu eine Arbeitsgruppe. Überlegen Sie zunächst, welche Materialien für die verschiedenen Teile des Modells verwendet werden könnten, und legen Sie fest, wer welche Materialien besorgen kann. Wenn alle notwendigen Materialien beschafft sind, können Sie den arbeitsteiligen Zusammenbau planen und durchführen. Wenn die Membranmodelle der einzelnen Arbeitsgruppen fertig sind, werden sie im Plenum erklärt, eventuell verbessert und anschließend ausgestellt.

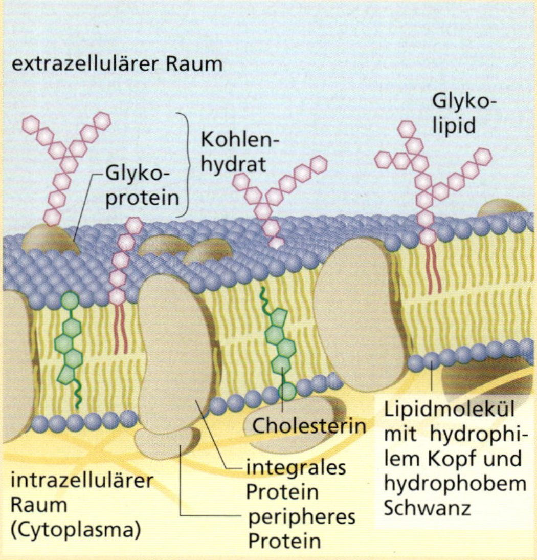

1 Die Feinstruktur der Zellmembran einer Tierzelle (Modell)

Endo- und Exocytose

Zum Stofftransport in die Zelle hinein oder aus ihr heraus muss man auch die **Endo- und Exocytosevorgänge** rechnen. Durch sie werden größere Partikel oder Tröpfchen aufgenommen oder abgegeben.
Grundlage dieser Vorgänge ist das Fließvermögen (Fluidität) der biologischen Membranen. Sie ermöglicht einerseits den Einschluss von festen und flüssigen Stoffen und deren Umhüllung durch ein Membranbläschen, andererseits die Wiederverschmelzung und somit Freigabe des Bläscheninhaltes. Die Membranen in einer Zelle sind häufig wesentlich kürzer existent, als die Zelle lebt. Demzufolge müssen die Membranen ständig erneuert werden.

Dieser Vorgang bedarf sowohl der Protein- als auch der Lipidsynthese. Die Proteine der cytoplasmatischen Membranen werden in der Regel am rauen endoplasmatischen Retikulum (ER, ↗S. 17) oder an freien cytoplasmatischen Ribosomen synthetisiert, die der inneren Mitochondrien- und der Plastidenmembranen an freien Ribosomen. Die Lipide entstehen am glatten ER. Eine Zelle ist auf den ständigen Stoff- und Energieaustausch mit der Umwelt und/oder den angrenzenden Zellen angewiesen. Sie stellt ein offenes System dar. Membranen dürfen den Stoff-, Energie- und Informationsaustausch nicht behindern oder ihn gar unmöglich machen. Sie müssen den Zell-Zell-Kontakt ermöglichen und fördern.

> Zellen sind offene Systeme. Durch Membranen erfolgt ein ständiger Stoff- und Energieaustausch mit angrenzenden Zellen oder ihrer Umwelt.

Den Vesikeltransport flüssiger Stoffe bezeichnet man als Pinocytose, den Transport fester Stoffe als Phagocytose.

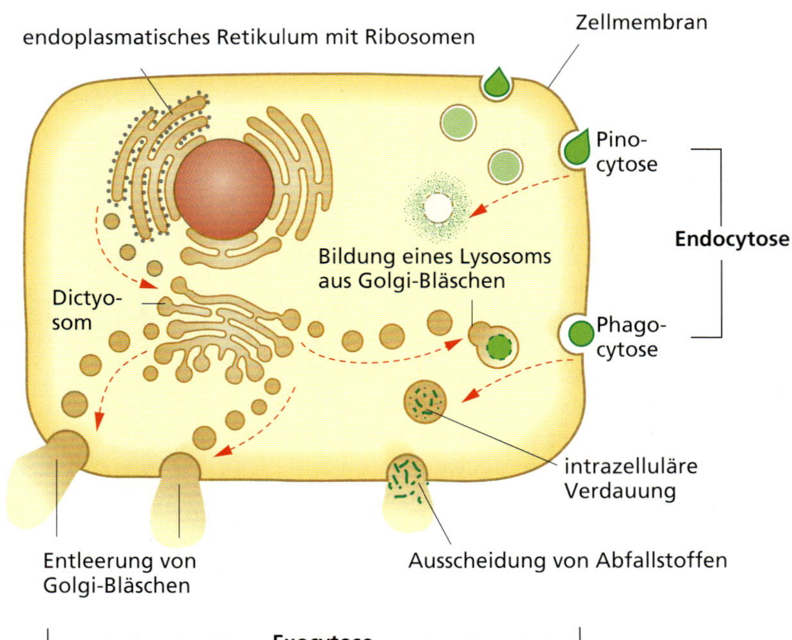

1 Endocytose und Exocytose

Stoffaustausch durch Biomembranen

Membranen umhüllen Zellen und Organellen und grenzen in ihrem Inneren Reaktionsräume (Kompartimente) voneinander ab **(Abgrenzung).** Damit behindern sie einerseits Diffusionsprozesse der umhüllten Strukturen, ermöglichen andererseits aber unterschiedlichste Stoffwechselprozesse in ihnen. Neben der abgrenzenden Funktion dienen Membranen aber auch in vielfältigster Form dem **Stoffaustausch.** Kleinere Moleküle oder Ionen können die Membran durchdringen und größere Partikel oder Tröpfchen passieren sie in Form von Membranbläschen.

Beide gegensätzlichen Funktionen beruhen auf der Struktur der Membran. **Phospholipide** sind die Grundbausteine und bilden mit ihren hydrophilen und hydrophoben Molekülbereichen eine **Lipid-Doppelschicht,** welche die freie Diffusion von Teilchen verhindert. Eingelagerte **Membranproteine** dienen selektiv dem Stofftransport. Der **passive Transport** verläuft mit dem Konzentrationsgefälle und benötigt somit keine Energiezufuhr. Gegen das Gefälle verläuft der **aktive Transport** und ist nur unter Einsatz von Stoffwechselenergie möglich. Andere Proteine, aber auch membrangebundene **Kohlenhydrate,** sind für die Zellerkennung von Bedeutung. Auf dem flüssig-kristallinen Charakter der Lipid-Doppelschicht beruhen Endo- und Exocytose. Sie dienen dem Transport größerer Partikel durch die Membran.

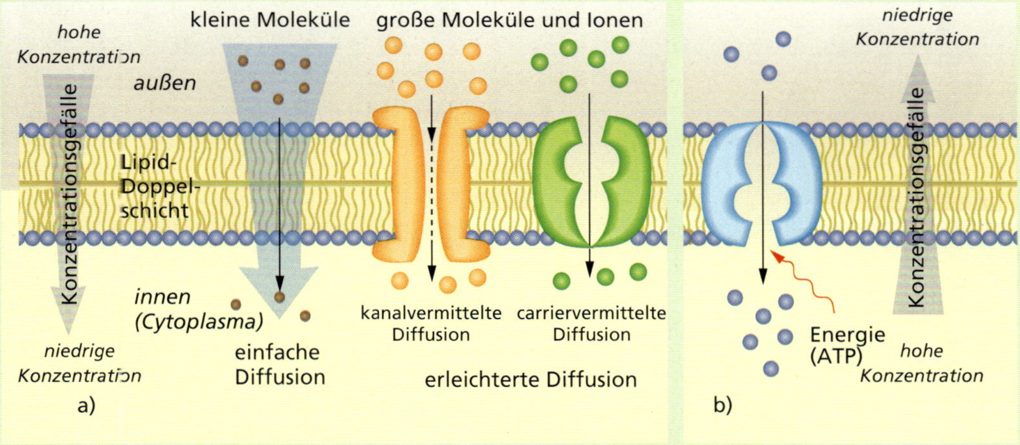

1 a) Passiver Transport und b) aktiver Transport durch Membranen

Die physikalische Grundlage der passiven Transportprozesse bilden Diffusion und Osmose. Unter **Diffusion** wird das gegenseitige Durchdringen unterschiedlicher, mischbarer Stoffe aufgrund der Teilchenbewegung verstanden. In Zellen verteilen sich gelöste Stoffe im Lösungsmittel Wasser. Befindet sich im Diffusionsraum, z.B. eine Zelle, eine semipermeable Membran, so behindert sie die Diffusion der Stoffe, **Osmose** findet statt. In der Regel ist sie für das Lösungsmittel Wasser durchlässig, die gelösten Stoffe können die Membran nicht durchdringen. Da die Lösung mit weniger gelösten Stoffen (hypotonisch) relativ mehr Wasser enthält, diffundiert es durch die Membran in die Lösung, welche eine höhere Konzentration an gelösten Stoffen (hypertonisch) aufweist.

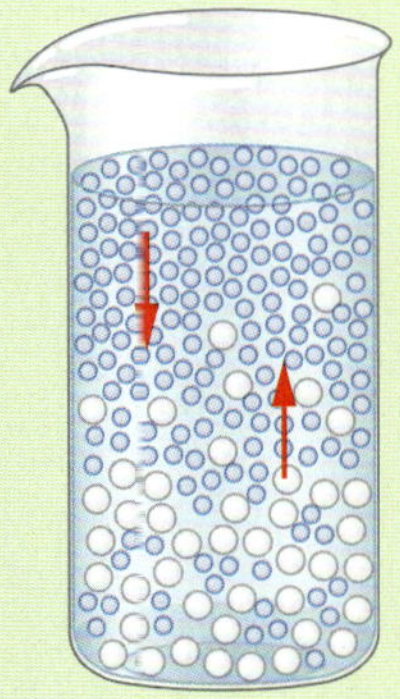

2 Diffusion

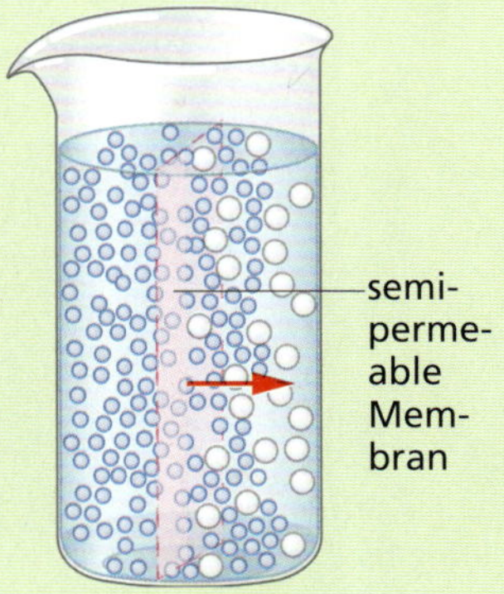

3 Osmose

1.4 Stofftransport bei Pflanzen

Durch Wurzeldruck, Kapillarität und Transpirationssog kommen Wasser und Mineralsalzionen aus dem Boden über Wurzel und Sprossachse bis in die Blätter. Hier wird Wasser verdunstet oder zur Fotosynthese verwendet. Organische Stoffe gelangen durch Siebröhren in die Speicherorgane.

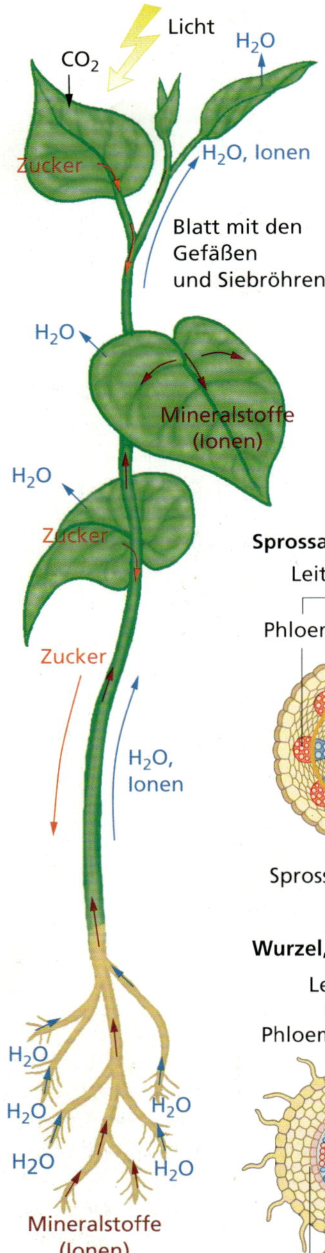

Blatt

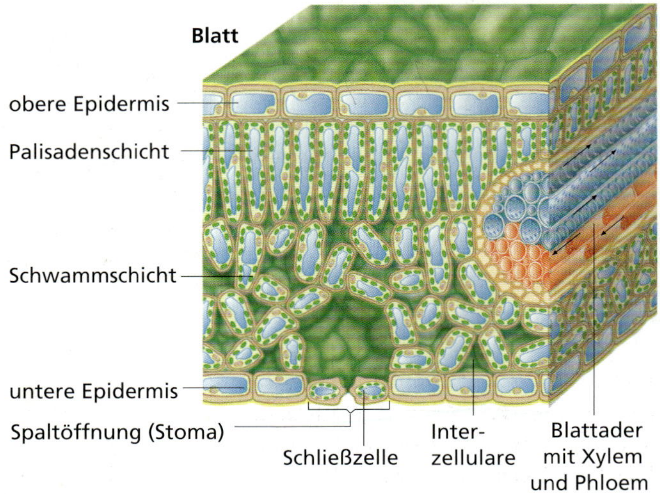

Sprossachse, quer

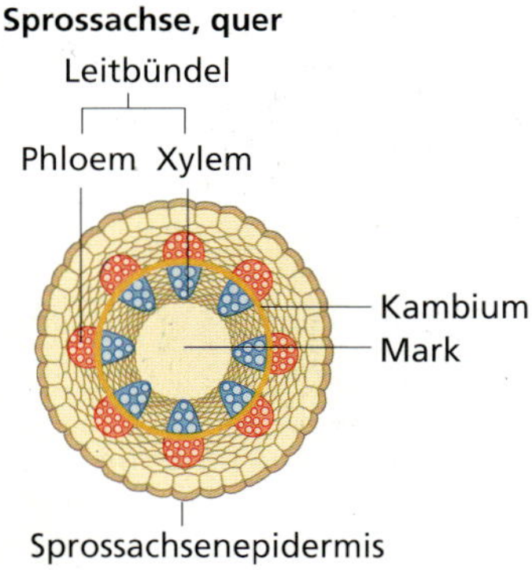

Leitbündel

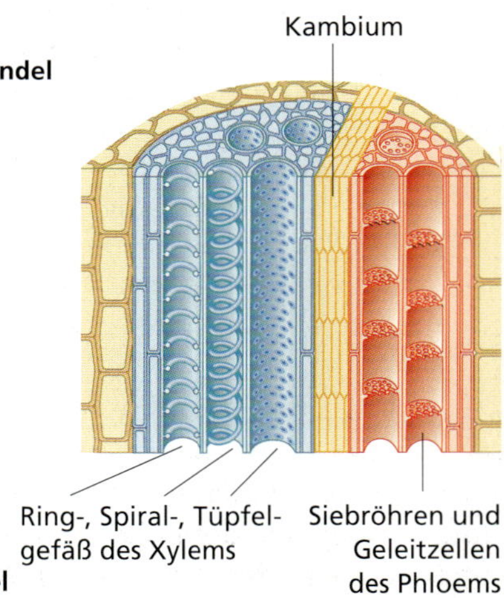

Wurzel, quer

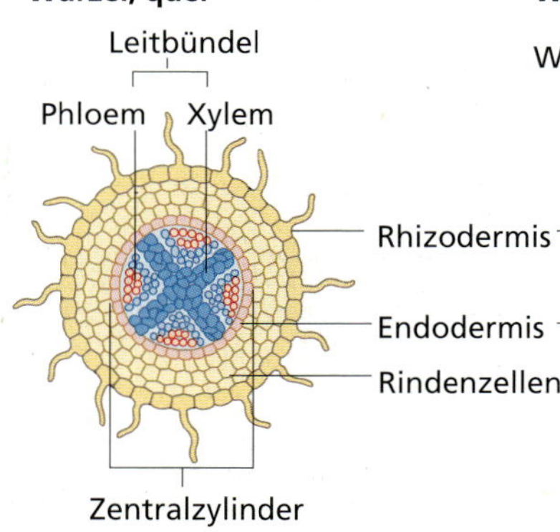

Wurzel

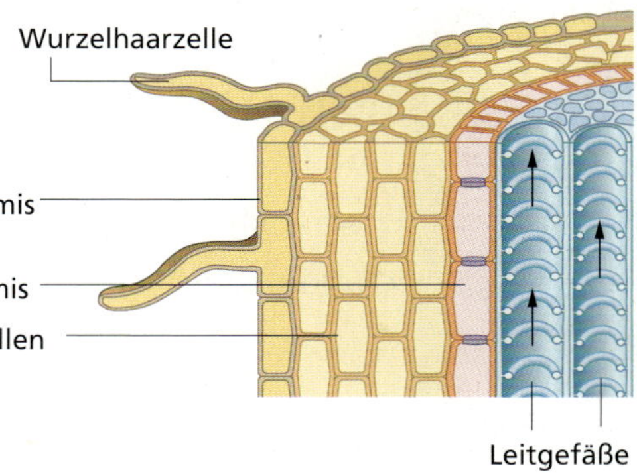

Aufnahme von Wasser und Mineralsalzen durch die Wurzel

Die Aufnahme von Wasser mit Mineralsalzionen geschieht an den Wurzelspitzen. Nur hier besitzen die Zellwände der Wurzelhaut (Rhizodermis) keine Wasser abstoßenden Schichten aus Kork und Cutin. Außerdem sind die Rhizodermiszellen zu langen Wurzelhaaren ausgewachsen. Durch diese Oberflächenvergrößerung können sie die Bodenlösung besonders effektiv aufnehmen. Aufnahme und teilweise auch Weiterleitung von **Wasser** durch das Rindenparenchym erfolgen durch **Osmose.**

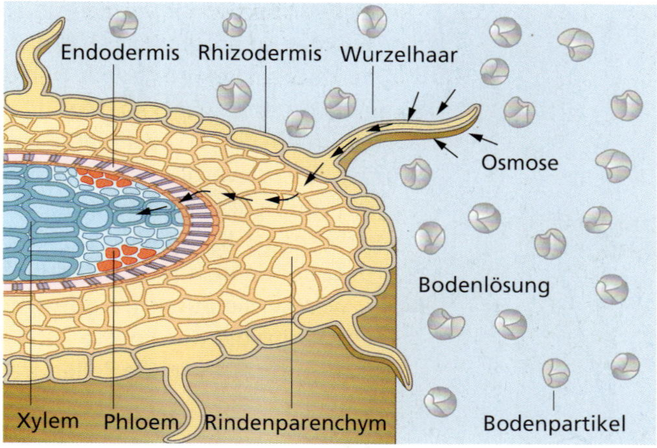

1 Wasseraufnahme durch die Wurzel

WILHELM PFEFFER hat die Aufnahme von Wasser durch die Wurzelhaare mit der nach ihm benannten Pfefferschen Zelle verglichen. Die Zuckerlösung ist im unteren Behälter durch die semipermeable Membran und durch den permeablen Tonbehälter vom Wasser getrennt. Es diffundieren mehr Wassermoleküle in die Zuckerlösung als umgekehrt. Dadurch steigt die Flüssigkeitssäule im Steigrohr. Die Pteffersche Zelle steht als Modell für eine Pflanzenzelle bzw. ein Wurzelhaar. Auch hier wird die weniger konzentrierte Bodenlösung durch eine semipermeable Membran (nur für das Lösungsmittel durchgängig) von der höher konzentrierten Lösung in der Zelle getrennt. Infolgedessen diffundieren mehr Wassermoleküle in das Wurzelhaar hinein als heraus.

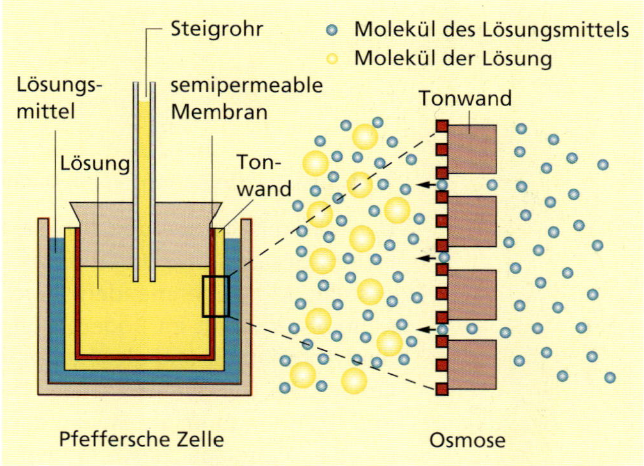

2 Osmose in der Pefferschen Zelle

	Pteffersche Zelle	Wurzelhaar
konzentrierte Lösung	Zuckerlösung	Lösung in der Vakuole
semipermeable Membran	künstlich hergestellt	Zell- und Vakuolenmembran
permeable (durchlässige) Membran	Tonzylinder	Zellwand
diffundierende H_2O-Moleküle	Wasser im Becherglas und im Tonbehälter	Bodenwasser und wässrige Lösung der Vakuole

WILHELM FRIEDRICH PHILIPP PFEFFER (1845–1920) war Professor für Botanik an der Universität Leipzig. Arbeitsgebiete: Experimentelle Botanik, Cytologie, Mikrobiologie, osmotische Vorgänge in Pflanzenzellen

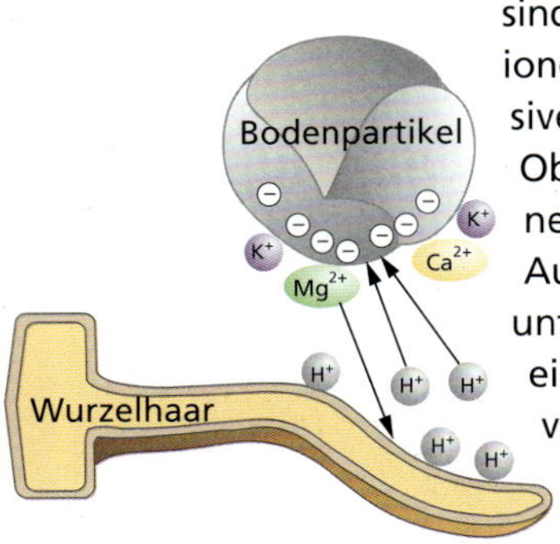

Weil die **Mineralsalze,** wie Kaliumnitrat (KNO_3), im Bodenwasser dissoziiert sind, liegen sie als Kalium-Ionen (K^+, Kationen) und Nitrat-Ionen (NO_3^-, Anionen) vor. Die Bodenpartikel sind Ton-Humus-Komplexe, die durch intensive Organismentätigkeit (z. B. durch Regenwürmer) entstanden sind. Ihre Oberfläche ist meist negativ geladen. An ihr haften die Kationen der Mineralsalze (z. B. Ca^{2+}, K^+, Mg^{2+}).

Außerhalb der Wurzelhaarzellen sammeln sich Protonen (H^+) an, die unter Energieverbrauch nach außen transportiert werden. Es entsteht ein Protonenkonzentrationsgefälle (Protonengradient). Diese Protonen verdrängen Kationen, z. B. Calcium-Ionen (Ca^{2+}), vom Bodenkrümel. Kationen gelangen in Lösung und in die Nähe der Wurzelhaare. Hier werden sie durch Transportproteine oder unter Ausnutzung des Protonengradienten in die Zelle geschleust. Die Anionen werden über Cotransporter (H^+) in die Zellen transportiert.

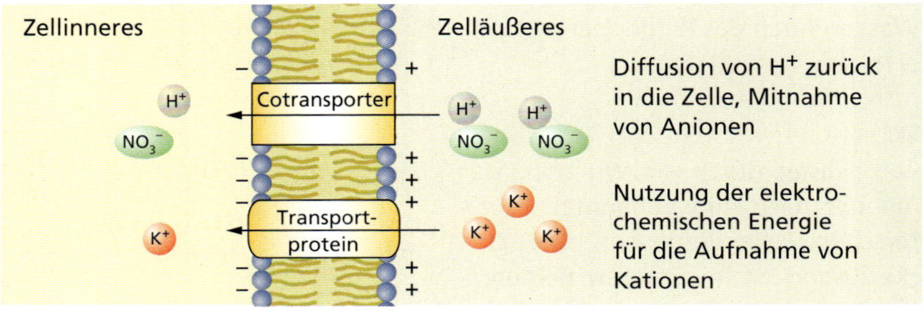

1 Aufnahme von Kationen und Anionen in die Zelle

Die Mineralsalze werden für die Pflanze durch Zersetzung des mineralischen Gesteins und durch organische oder anorganische Dünger bereitgestellt. Mit zunehmendem Wachstum der Pflanze verringert sich der Mineralsalzgehalt im Boden. Düngung verhindert die Abnahme der Bodenfruchtbarkeit und gleicht den Verlust wieder aus.

Organische Dünger sind Gülle, Jauche, Stallmist, Kompost, Klärschlamm und Gründüngung. Sie dienen der Verbesserung der Bodenstruktur, erhöhen das Wasserspeichervermögen und regen die Tätigkeit der Bodenorganismen an.

Anorganische Dünger sind Phosphor-, Calcium-, Stickstoff- und Kalidüngemittel. Sie enthalten nicht nur die Makroelemente, die in größeren Mengen gebraucht werden, sondern auch die Mikro- oder Spurenelemente (Mn, Cu, Zn, Mo, Cl, Na), die nur in geringen Mengen erforderlich sind. Fehlt auch nur eines dieser Elemente treten Mangelerscheinungen auf.

Dünger	**Element**	**Funktion im Stoffwechsel**
Nitrate	N	Aminosäuren, Proteine, Nucleinsäuren
Phosphate	P	ADP/ATP, Nucleinsäuren, Phospholipide
Kaliumsalze	K	Enzymbestandteil
Magnesiumsalze	Mg	Bestandteil des Chlorophylls
Kupferionen	Cu	Enzymbestandteil
Zinkionen	Zn	Enzymbestandteil

Transport von Wasser und Ionen durch die Sprossachse

Wasser- und Ionentransport erfolgen bei den meisten Pflanzen durch die Leitbündel. Die Leitbündel sind bei den zweikeimblättrigen Pflanzen in der Sprossachse als Ring angeordnet, bei einkeimblättrigen liegen sie zerstreut.

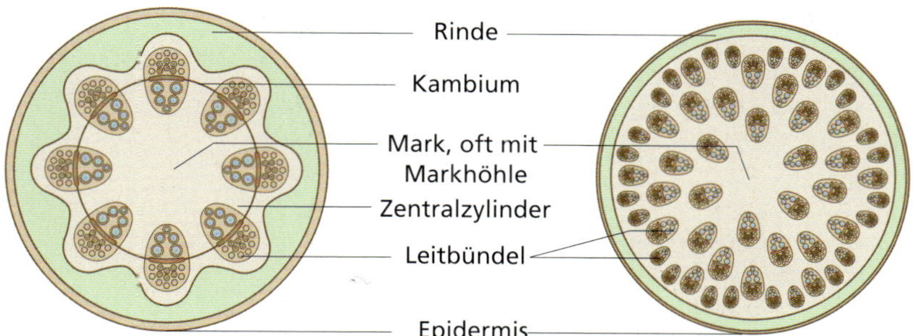

a) Zweikeimblättrige Pflanzen (z. B. Pfeifenstrauch)

b) Einkeimblättrige Pflanzen (z. B. Mais)

Unterschiede von ein- und zweikeimblättrigen Pflanzen		
Gewebe/Organe	**Einkeimblättrige**	**Zweikeimblättrige**
Keimblätter	ein Keimblatt	zwei Keimblätter
Wurzel	Hauptwurzel stirbt ab. Bildung sprossbürtiger Seitenwurzeln	Haupt- und Nebenwurzeln
Leitbündel	verstreut, ohne Kambium	im Kreis angeordnet, meist mit Kambium
Sekundäres Dickenwachstum	–	vorhanden
Blattadern	parallel	mit Haupt- und Nebenadern
Beispiele	Gräser, Liliengewächse	Rosengewächse, Lippenblütengewächse

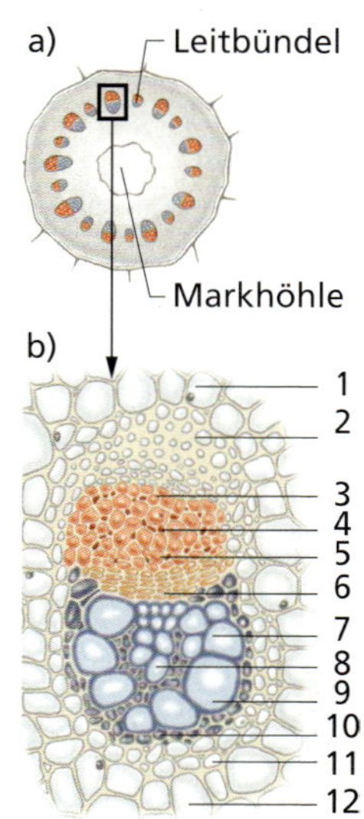

1 Rindenparenchym
2 Sklerenchym
3 Phloem
4 Geleitzelle
5 Siebröhre
6 Kambium
7 Xylem
8 Tracheide
9 Trachee
10 Xylemparenchymzelle
11 Leitbündelscheide

Die Leitbündel bestehen aus Xylem (innen) und Phloem (außen). Das **Xylem** ist der Holz- bzw. Gefäßteil. Es enthält die wasserleitenden Gewebe. Mit ihrem Bau sind Leitungsbahnen des Xylems an ihre Funktion angepasst: Ihr Protoplast ist abgestorben. Die verdickten und verholzten Wände der Wasserleitungsbahnen sind zusätzlich noch versteift.

Das **Phloem** ist der Bast- oder Siebteil des Leitbündels. Es enthält die Leitungsbahnen für die Assimilate. Das Phloem besteht aus Siebröhren mit Geleitzellen. Dazwischen liegt bei zweikeimblättrigen Pflanzen das **Kambium,** eine teilungsfähige Zellschicht. Sie ermöglicht das Dickenwachstum. Umschlossen werden Xylem und Phloem von einem Festigungsgewebe mit sehr dicken Zellwänden.

Wasser- und Ionentransport in den Tracheen

Der Wasser- und Ionentransport erfolgt in den Tracheen des Xylems. Tracheen sind abgestorbene Zellen ohne Querwände mit verstärkten Zellwänden. Je nach Verstärkung unterscheidet man Ring-, Spiral- oder Tüpfelgefäße (↗ S. 30).

Damit die Mineralsalzlösung im Blatt ankommt, muss bei einem 100 m hohen Baum ein Druck von 1 MPa überwunden werden. An der Überwindung sind Wurzeldruck, Transpirationssog, Adhäsion und Kohäsion (Kapillarität) beteiligt.

Der **Wurzeldruck** eines Baumes ist relativ gering. Er wird sichtbar, wenn ein Baum gefällt wurde und Wasser aus dem Baumstumpf tritt. Der Wurzeldruck entsteht, wenn Ionen durch aktive Transportmechanismen über die Wurzelrinde und die Endodermis ins Xylem transportiert werden. Dadurch erhöht sich die Ionenkonzentration in den Zellen, das osmotische Potenzial des Xylemsafts nimmt zu. Das führt zum Wassereinstrom und zur Zunahme des hydrostatischen Drucks im Xylem (Wurzeldruck).

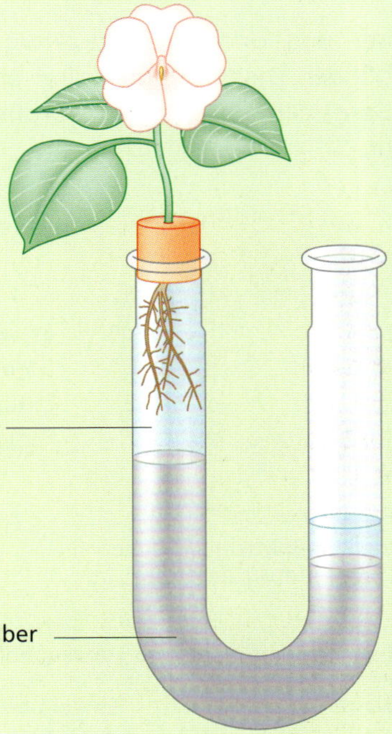

An den Blättern entsteht durch Wasserverdunstung ein Wasserdefizit, das durch Wasser aus den Blattadern und Zellen ausgeglichen werden muss. Es entsteht ein Unterdruck, der **Transpirationssog** (↗ S. 36), der sich bis an die Grenzfläche von Luft und Wasser an den Zellwänden der Palisaden- und Schwammzellen auswirkt. Dabei wird das Wasser immer weiter in die Kapillaren gezogen. Es entstehen dadurch sehr dünne Wasserfäden in den Zellwänden, die an ihren Enden eine hohe Oberflächenspannung aufweisen. Diese ist die treibende Kraft für den Wassertransport im Xylem. Damit dieser Transport funktioniert, dürfen die Wassersäulen in den Tracheen bzw. Tracheiden aber nicht abreißen. Verantwortlich dafür sind die **Kohäsionskraft** und die **Adhäsionskraft** der Wassermoleküle. Je größer der Unterdruck in den Gefäßen ist, desto größer ist die Gefahr, dass durch undichte Stellen Gasblasen eindringen und die Wasserfäden abreißen.

Unter **Kohäsion** versteht man den Zusammenhalt von Teilchen gleicher Stoffe durch Anziehungskräfte (z. B. Wassermoleküle mit Dipoleigenschaften).
Adhäsion sind die Anziehungskräfte, die zwischen Teilchen verschiedener Stoffe, z. B. den Gefäßwänden und den Wassermolekülen, bestehen.
So ist es möglich, dass durch Zusammenwirken von Wurzeldruck, Transpirationssog, Kohäsion und Adhäsion die Wassersäule entgegen der Schwerkraft bis in die Spitzen der höchsten Bäume gelangen kann.

Aufgabe:
Erklären Sie das in der Abbildung dargestellte Versuchsergebnis.

Zusammenhang zwischen dem Durchmesser der Tracheen und der Transportgeschwindigkeit

Pflanze	Durchmesser der Tracheen in µm	Geschwindigkeit in m/h
Ahorn	30–110	2,4
Birke	30–130	1,6
Hainbuche	16–18	1,2
Linde	25–90	3,4
Liane	bis 700	bis zu 150,0

Transport organischer Stoffe

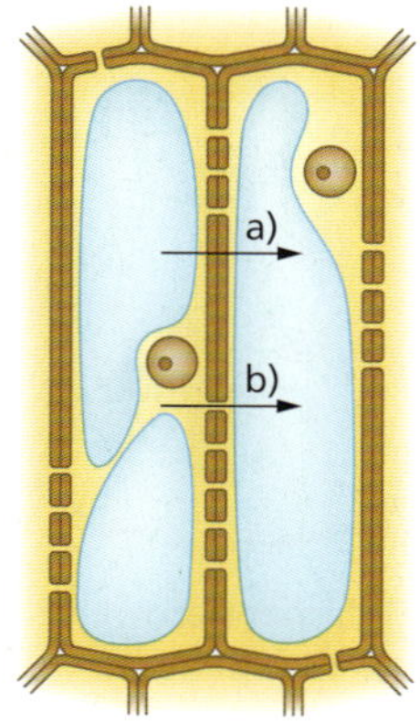

In den Kartoffelknollen wird Stärke gespeichert, in Rüben der Zuckerrübenpflanzen Rohrzucker (Saccharose). Bei beiden Pflanzen wird durch Fotosynthese in den Blättern Glucose gebildet. Bereits in den Blättern wird diese in die Transportform, den Zweifachzucker Saccharose, umgeformt. Die Leitungsbahnen, die die Assimilate aus den Blättern in die Speicherorgane transportieren, liegen im Phloem. Es sind die Siebröhren.
Zunächst muss die Saccharose zu den Siebröhren gelangen. Dazu sind zwei Wege möglich, entweder von Zelle zu Zelle durch Plasmodesmen (b) oder durch die Zellwände (a). An den Siebröhren angekommen, wird die Saccharose unter ATP-Verbrauch in die Siebröhren transportiert.

In den **Siebröhren** bewegen sich die Assimilate mit dem Wasserstrom. Dieser Assimilatestrom ist in alle Richtungen möglich, von den Fotosyntheseorganen zu den Speicherorganen und den Vegetationspunkten, aber auch von den Speicherorganen zu den Verbrauchsorten. Nach dem Druckstrommodell wird die Richtung des Phloemtransports durch ein osmotisches Gefälle und damit durch einen Turgorgradienten bewirkt:

a) An der Quelle wird die Siebröhre mit Zucker beladen. Die Lösung in ihr wird hypertonisch. Die Siebröhre nimmt dadurch osmotisch Wasser aus der Umgebung auf.
b) Durch die Wasseraufnahme erhöht sich der Druck, der die Lösung durch die Siebröhre strömen lässt.
c) Der Druckgradient wird durch Abgabe von Wasser und Zucker am Verbrauchsort erhöht.
d) Das Xylem führt Wasser zurück zur Quelle.

Die **Siebzellen** der Bedecktsamer enthalten noch Protoplasma, aber keine Kerne. Ihre Querwände, die **Siebplatten,** sind mit Poren durchsetzt. Sie erleichtern den Stofftransport. Jede Siebzelle wird von einer **Geleitzelle** flankiert.

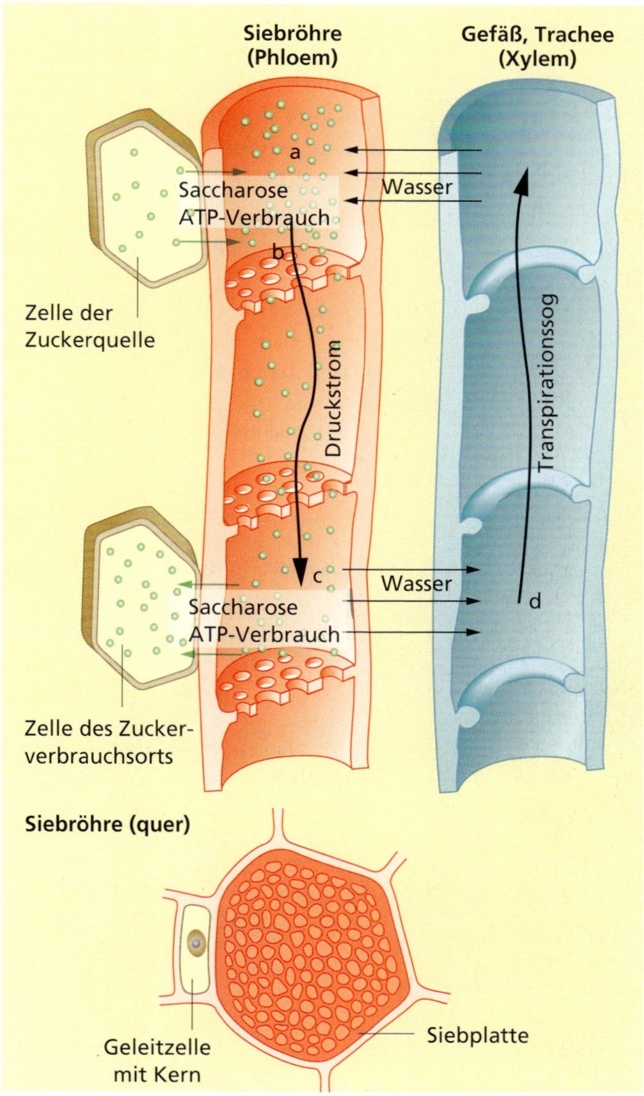

1 Druckstrom in einer Siebröhre

Regulation der Transpiration

Einfacher Nachweis der Transpiration bei Pflanzen

Über die Gefäße des Xylems in den Blattadern gelangen Wasser und Ionen ins Blatt. Die Mineralsalze und ein Teil des Wassers werden im Palisaden- und Schwammgewebe bei der Fotosynthese und den sich anschließenden Stoffwechselvorgängen verbraucht. Der weitaus größte Teil des Wassers gelangt als Wasserdampf in die Interzellularen des Blattes und wird durch die **Spaltöffnungen** (Stomata) verdunstet.

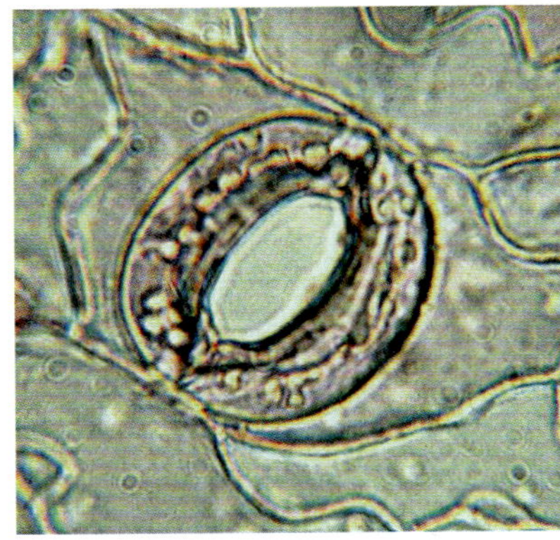

1 Epidermiszellen mit Spaltöffnung von der Blattunterseite

Bei den meisten Landpflanzen liegen die Spaltöffnungen auf der Unterseite der Blätter, bei manchen auch auf beiden Seiten. Bei den Schwimmblättern von Wasserpflanzen liegen sie auf der Blattoberseite.

Zahl der Spaltöffnungen einiger Pflanzen je mm² Blattfäche		
Art	**Blattoberseite**	**Blattunterseite**
Apfelbaum	0	290
Bohne	40	280
Buschwindröschen	0	67
Stieleiche	0	450
Seerose	490	0

Prinzipiell können die Spaltöffnungen durch Öffnen oder Schließen des Spaltes die Verdunstung regulieren. Dies geschieht durch Turgorveränderung in den beiden Schließzellen gegenüber ihren Nachbarzellen. Eine **Zellinnendruckerhöhung** (Turgorerhöhung) bewirkt die Öffnung, eine Turgorsenkung den Verschluss. Die Turgoränderungen gehen auf Änderungen der osmotischen Verhältnisse zurück. Der Schließzellenturgor wird durch mehrere, miteinander in Wechselwirkung stehende Regelkreise kontrolliert. So bewirken gute Wasserversorgung des Blattgewebes, niedriger CO_2-Gehalt der Interzellularen und Belichtung eine Öffnung, Wassermangel der Blattgewebe, hoher CO_2-Gehalt der Interzellularen und fehlendes Licht einen Spaltenschluss.

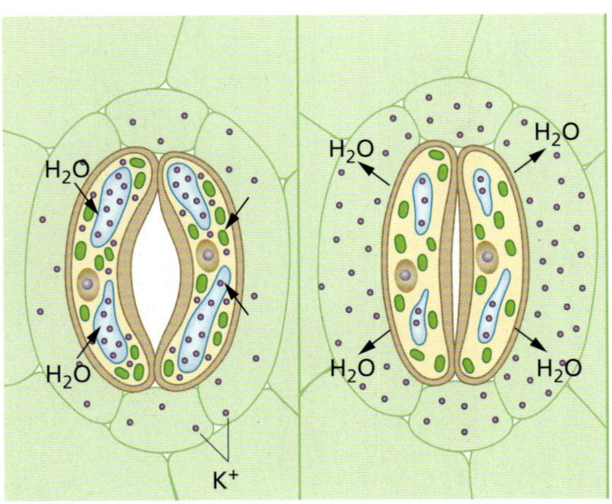

2 Öffnen und Schließen der Spaltöffnungen

Viele Pflanzen haben zudem bestimmte **Verdunstungsschutzeinrichtungen** ausgebildet, die sie vor dem Austrocknen schützen.

Methode: Mikroskopische Untersuchungen zur Zellbiologie

Lichtmikroskope gehören bis heute zu den wichtigsten Forschungsgeräten der Zellbiologie. Durch immer ausgefeiltere Markierungstechniken (Fluoreszensbiologie, Immunbiologie) und computergesteuerte Bildauswertung werden lichtmikroskopische Verfahren auch in der Zukunft wichtige Forschungsergebnisse der Zellbiologie liefern.

Wichtige Regeln für die Arbeit mit dem Mikroskop

- Sauberes Arbeiten:
  stets gut gereinigte Objektträger und Deckgläser verwenden; alle optischen Teile vor Verschmutzung, insbesondere Staub, sichern; bei Verschmutzung sofort reinigen; Geräte nach Gebrauch staubsicher aufbewahren (im Kasten oder unter einer Abdeckhülle)
- Geeignete Objekte für Probeeinstellung:
  Zum Üben eignen sich Trockenpräparate von Schmetterlingsschuppen, Pollen oder Sporen, Haaren, Baumwollhaaren (Watte) oder auch Dauerpräparate von einfachen Objekten.

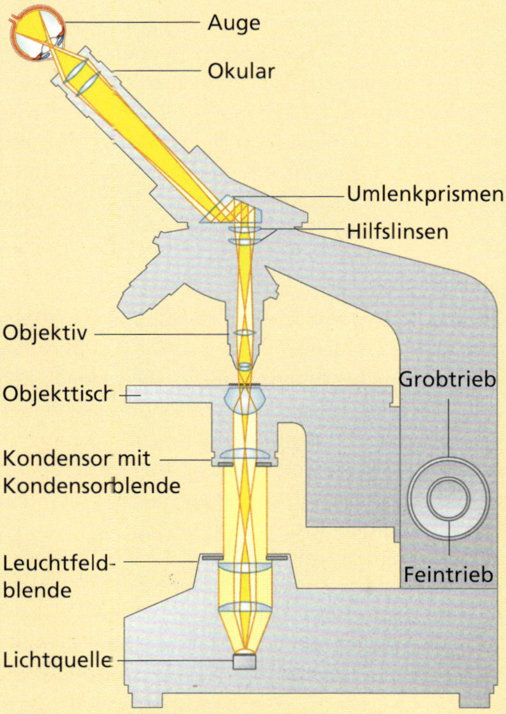

1 Bau eines Lichtmikroskops

Arbeitsschritte:

1. Objektträger mit Präparat so auf dem Objekttisch orientieren, dass das Objekt zentral über der Objekttischöffnung liegt. Bei eingeschalteter Beleuchtung muss das Objekt im Lichtkegel liegen.
2. schwächstes Objektiv über das Objekt drehen
3. mit der Grobeinstellschraube scharf stellen und den gewünschten Bildausschnitt durch Verschieben des Objektträgers genau in die Mitte des Gesichtsfeldes bringen
4. nächststärkeres Objektiv über das Objekt drehen
5. In der Regel sind Objektive eines Mikroskops so aufeinander abgestimmt, dass das Objekt bei Objektivwechsel sichtbar bleibt. Die Unschärfe kann durch vorsichtiges Nachstellen des Feintriebs korrigiert werden. Ist das Objekt nicht (mehr) zu sehen, blickt man bei stärker vergrößernden Objektiven (ab 40x) von der Seite auf das Objektiv und schraubt es mit der Grobeinstellung bis dicht an das Objekt heran. Dann erst blickt man durch das Okular und vergrößert mit dem Feintrieb langsam wieder den Abstand, bis ein scharfes Bild entsteht. Es besteht sonst die Gefahr, dass man mit der Frontlinse auf das Objekt stößt, das Präparat beschädigt und die Frontlinse des Objektivs verschmutzt.
6. Objekt mit entspanntem (auf unendlich eingestelltem) Auge betrachten, anderes Auge offen halten
7. Zum Absuchen eines Präparats mit der einen Hand langsam den Objektträger verschieben (bzw. mit dem Kreuztisch seine Lage verändern), während die andere Hand den Feintrieb betätigt. So können eventuell in anderen Ebenen liegende Objektteile sofort scharf eingestellt werden.

Reinigung des Mikroskops

Treten Verschmutzungen (Staub, Fingerabdrücke usw.) auf optischen Teilen (Okular, Objektiv, Kondensorlinsen) auf, so können sie mit einem fettfreien, in Ether gereinigten Pinsel und dann mit einem absolut staub- und fusselfreien Leinentuch gereinigt werden. Auch Optikpapier oder Brillenputztücher sind geeignet. Sind organische Lösungsmittel zur Reinigung notwendig, kann man sparsam Benzin ☒ anwenden. Alkohol ist ungeeignet, da er die Kittungen der Linsen auflöst.

Methode: Herstellung mikroskopischer Präparate

Frischpräparate

Von weichen biologischen Objekten (z.B. weiche Früchte, Knochenmark) lassen sich durch Klopfen auf das Deckglas oder durch Pressen des Objekts zwischen zwei Objektträgern **Quetschpräparate** anfertigen.
Haben die Gewebe einen etwas stärkeren Zusammenhalt (z.B. Fruchtfleisch einer Hagebutte, Hackfleisch- oder Leberstückchen), reicht Quetschen zum Trennen der Zellen nicht aus. In diesem Fall kann man mit zwei spitzen Pinzetten oder einer Pinzette und Präpariernadel ein **Zupfpräparat** herstellen.
Von Oberflächen, mit locker anhaftenden Zellen, wie z.B. der Mundschleimhaut, lassen sich mit einem Holzspatel **Abstrichpräparate** anfertigen.
Die zusammenhängende Außenhaut von Pflanzen (z.B. Schuppen der Küchenzwiebel, Blätter der Zimmercalla) lässt sich oft ganz gut abziehen (**Abziehpräparat,** ↗Abb. 1), wenn man sie zunächst mit einer Rasierklinge vorsichtig anschneidet.
Variante: Die zelluläre Oberflächenstruktur, z.B. von Pflanzenteilen, lässt sich auch mit einem **Abgussmedium** gewinnen. Ein kleiner Tropfen eines klaren, schnell klebenden Klebstoffs (z.B. Modellbaukleber) wird auf der zu untersuchenden Oberfläche verteilt und nach Trocknen mit einer Pinzette abgezogen. Die Zellgrenzen sind in Wasser unter dem Deckglas bei weitgehend geschlossener Kondensorblende gut erkennbar.
Um pflanzliche Gewebe zu untersuchen, eignen sich in vielen Fällen **Flächenschnitte.** Dazu setzt man eine Rasierklinge in ganz flachem Winkel an dem Objekt an und führt einen Schnitt durch, der so zu einem langsam dicker werdenden Gewebestückchen führt. Auf diese Art und Weise kann man z.B. die Struktur der Blattgewebeschichten untersuchen.

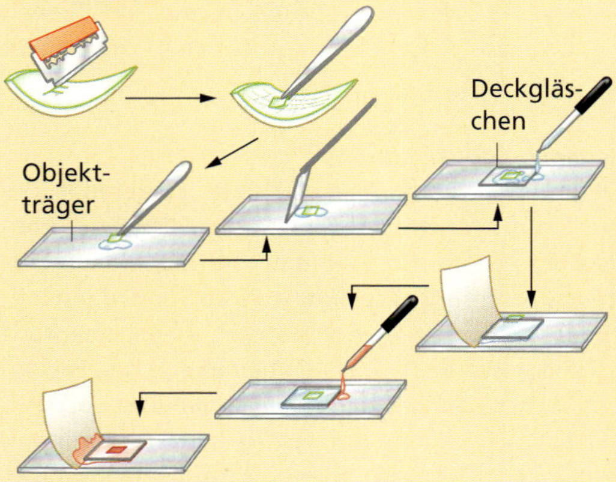

1 Herstellung eines Abziehpräparats

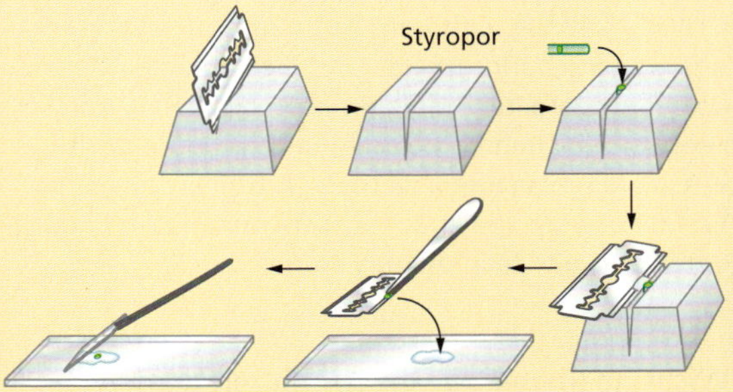

2 Mikroschnitt mithilfe eines Styroporblöckchens

Dünne Quer- und Längsschnitte durch Pflanzengewebe werden durch eine zunächst glatte Schnittfläche hergestellt, auf die man dann ganz flachwinklig mit der Rasierklinge ansetzt. Dabei ist es wichtig, die Rasierklinge über das Objekt zu ziehen und nicht zu drücken. Bei kleinen Objekten, Blättern, dünnen Stängeln usw. ist es sinnvoll, diese in ein Styropor- oder Holundermarkblöckchen einzuklemmen (↗Abb. 2). Um den Aufbau einer Sprossachse oder eines Blattes zu erkennen, reichen in der Regel sehr kleine Querschnitts- und Längsschnittsstückchen aus.
Die Inhalte von Flüssigkeiten werden am besten mit einem **Ausstrichpräparat** untersucht. Ein Tropfen der zu untersuchenden Flüssigkeit (z.B. Blut) wird etwa 1 cm vom Rand des Objektträgers entfernt aufgebracht und dann mit einem schräg angesetzten zweiten Objektträger oder einem Deckglas ohne Druck verstrichen, sodass ein dünner Film entsteht.

Dauerpräparate

Einfache Dauerpräparate von pflanzlichen Objekten kann man mithilfe von Glyceringelatine ☒ anfertigen, die im Laborbedarf fertig gekauft werden kann. Sie wird über einer Bunsenbrennerflamme oder Kerze vorsichtig erwärmt (nicht Kochen). In die flüssige Glyceringelatine wird das Frischpräparat übertragen. Dann wird ein angewärmtes Deckglas blasenfrei aufgelegt und nach einigen Tagen kann man das Präparat mit Lack (z.B. farblosem Nagellack) umranden. Solche Präparate sind mehrere Jahre haltbar, soweit der Glyceringelatine Konservierungsstoffe zugesetzt sind. **Unbegrenzt haltbare** Dauerpräparate gewinnt man durch Einschluss der Objekte in Kunstharz. Hierzu muss man die Objekte allerdings vollständig entwässern.

Methode: Mikroskopisches Zeichnen

Es gibt heute viele Möglichkeiten der Bilddokumentation mikroskopischer Präparate. Trotzdem ist das mikroskopische Zeichnen noch eine wichtige Arbeitsmethode. Das Zeichnen verlangt eine genaue Betrachtung des Präparats und fördert dadurch das Verständnis der Zusammenhänge zwischen Struktur und Funktion.

Grundtechnik
Bei monokularen Mikroskopen blicken Rechtshänder mit dem linken, Linkshänder mit dem rechten Auge durch das Okular und mit dem rechten bzw. linken auf das Zeichenpapier. Mit einiger Übung gelingt es, Zeichenstift und Präparat gleichzeitig zu sehen. Gelingt dies nicht, muss man die Augen abwechselnd öffnen und schließen.
Normalerweise zeichnet man durchgezogene (nicht gestrichelte) Linien mit einem gut gespitzten, nicht zu harten Bleistift (HB oder weicher) auf weißes Papier. Man kann erst schwach vorzeichnen und dann stärker nachziehen.

Zeichnen einiger Zellen eines Gewebes
Man wählt einen Ausschnitt mit typischen Zellformen. Bei jeder Zelle werden die Zellanschlüsse zu den Nachbarzellen mitgezeichnet. Schmutzpartikel, Luftbläschen und ähnliche Verunreinigungen werden nicht mitgezeichnet. Die Größen- und Lagenverhältnisse sind dabei besonders zu beachten.
In der Regel zeichnet man einen zweidimensionalen optischen Schnitt des Präparats. Das heißt, andere Ebenen, die man unscharf mitsieht und die durch die Schärfenregulierung scharf gestellt werden können, zeichnet man nicht mit.
Pflanzenzellen haben in der Regel eine große Zentralvakuole. Das Cytoplasma mit dem Zellkern bildet einen relativ dünnen Wandbelag. Bei einem optischen Schnitt durch die Zellmitte kann der Zellkern deshalb nur randständig liegen, da er nie in der Vakuole schwimmt (↗ Abb.).
Typische Zeichenfehler sind z. B. das Aufeinanderstoßen von vier Zellwänden oder das Darstellen von Dachschindelzellen.

Übersichtszeichnung eines Pflanzenorgans
Für Übersichtszeichnungen verwendet man schwach vergrößernde Objektive (bis 10x). Auf der Zeichnung werden die verschiedenen Gewebe durch einfache Linien gegeneinander abgegrenzt und eventuell durch Schraffuren, Punktierungen oder auch farbig (Buntstifte oder Tuschfarben) kenntlich gemacht. Einzelne Zellen werden nicht eingezeichnet.

Zelluläre Zeichnung eines Ausschnitts mit mehreren Zelltypen
Zuerst werden auch hier die Grenzen der einzelnen Gewebe durch einfache dünne Linien festgelegt. Danach werden die Umrisse der einzelnen Zellen durch einfache Linien eingetragen und schließlich werden die Feinstrukturen (Zellwände als Doppellinien, Interzellularen, Zellkerne, Chloroplasten und andere Plasmastrukturen) ergänzt.

Angaben zur Zeichnung
- Name (und systematische Stellung) des Objekts,
- Bezeichnung des Organs oder untersuchten Details,
- Schnittrichtung oder Entnahmestelle (am besten mit Skizze),
- Angaben über Färbungen und andere Behandlungen des Präparats,
- Vergrößerung (Objektiv, Okular).

a) Original

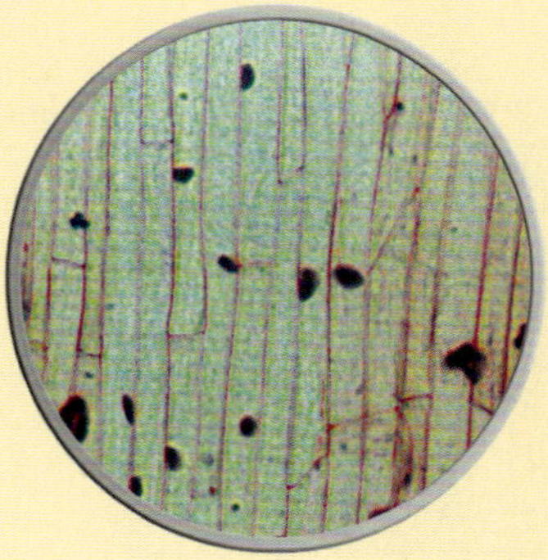

b) Zeichnung

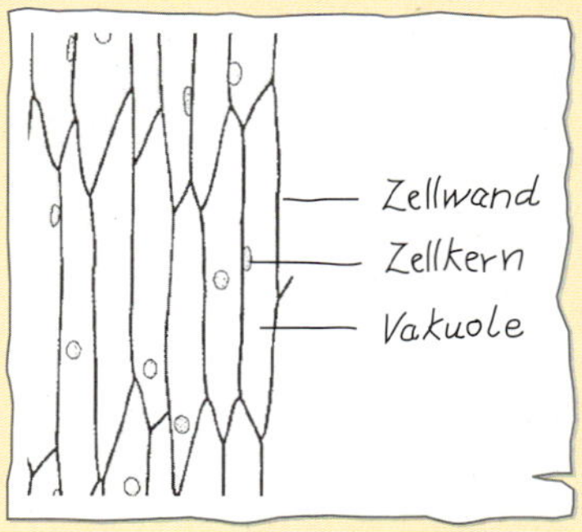

1 Zellen der Zwiebelschuppenepidermis

Praktikum: Mikroskopieren pflanzlicher Gewebe

Rund ums Blatt

S Experiment 1

Aufgabe:
Stellen Sie den Zusammenhang von Bau und Funktion eines Blattes her.

Vorbereitung:
Dauerpräparat Blattquerschnitt, Mikroskop

Durchführung:
Mikroskopieren Sie den Blattquerschnitt zunächst bei kleinster Vergrößerung und danach bei einer größeren.

Auswertung:
1. Beschreiben Sie die Zellen der oberen und unteren Epidermis, die Zellen des Palisaden- und Schwammgewebes.
2. Vergleichen Sie tabellarisch die Gewebe ihres Präparats mit denen eines Seerosenblattes (↗ Abb. 1). Erklären Sie die Unterschiede.

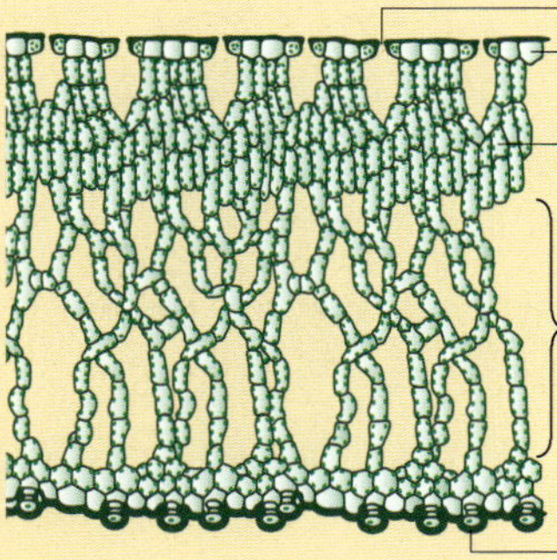

1 Blattquerschnitt einer Seerose

S Experiment 2

Aufgabe:
Vergleichen Sie die obere Epidermis mit der unteren Epidermis eines Blattes und lösen Sie an den Spaltöffnungen Osmosevorgänge aus.

Vorbereitung:
2 Objektträger, 2 Deckgläser, Pipette, Leitungswasser, 5 %ige Kochsalzlösung, Mikroskop, Rasierklinge, Blätter vom Alpenveilchen

Durchführung:
1. Bereiten Sie zwei Objektträger mit einigen Tropfen Wasser vor.
2. Reißen Sie ein Blatt vom Alpenveilchen schräg so ein, dass die untere Epidermis frei liegt. Trennen Sie mit der Rasierklinge die Epidermis vom übrigen Gewebe ab und legen Sie das Stück auf den Objektträger in das Wasser. Die Außenseite liegt nach oben und wird mit dem Deckglas bedeckt.
3. Reißen Sie nun das Blatt schräg so ein, dass die obere Epidermis frei liegt. Schneiden Sie mit der Rasierklinge die Epidermis vom übrigen Gewebe ab und fertigen Sie ein Frischpräparat an. Mikroskopieren Sie beide Gewebe.
4. Beobachten Sie die Spaltöffnungen, während Sie eine Kochsalzlösung mit Fließpapier unter das Deckglas ziehen.

Auswertung:
1. Beschreiben Sie den Bau der unteren Epidermis beim Alpenveilchen.
2. Erklären Sie Ihre Beobachtungen beim Durchsaugen der Kochsalzlösung.
3. Zeichnen Sie drei Zellen der oberen und der unteren Epidermis.
4. Vergleichen Sie den Bau der oberen Epidermis mit der unteren und ziehen Sie Schlussfolgerungen.

S Experiment 3

Aufgabe:
Erklären Sie die Bedeutung von Strukturen der Blattoberfläche der Königskerze.

Vorbereitung:
Mikroskop, Objektträger, Deckglas, Wasser, Chlor-Zinkiodlösung zum Nachweis von Cellulose, Pipette, Rasierklinge, 2 Präpariernadeln, Blätter einer Königskerze

Durchführung:
1. Tasten Sie die Oberfläche der Blätter einer Königskerze zwischen Daumen und Zeigefinger ab.

2. Schaben Sie mit der Rasierklinge den Filz vom Blatt auf einen Objektträger und verteilen ihn dünn mit den Präpariernadeln im Wassertropfen, damit man die einzelnen Strukturen (Haare) deutlich erkennen kann.
3. Tropfen Sie Chlor-Zinkiodlösung auf das Objekt.
4. Mikroskopieren Sie die Haare.

Auswertung:
1. Zeichnen Sie ein Haar.
2. Erklären Sie, welche Bedeutung diese Haare für die Pflanze haben.

Durch den Spross

S Experiment 4

Aufgabe:
Mikroskopieren Sie den Querschnitt der Sprossachse einer Blütenpflanze.

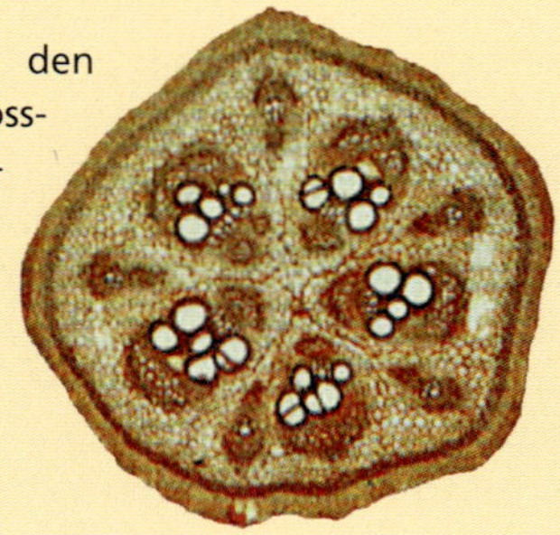

Vorbereitung:
Dauerpräparat vom Querschnitt einer Sprossachse, Mikroskop

Durchführung:
Untersuchen Sie den Querschnitt der Sprossachse bei kleinster Vergrößerung und verschaffen Sie sich einen Überblick über die einzelnen Gewebe.

Auswertung:
1. Fertigen Sie eine Übersichtszeichnung mit Beschriftung an.
2. Ordnen Sie den Sprossachsenquerschnitt den einkeimblättrigen oder zweikeimblättrigen Pflanzen zu.

S Experiment 5

Als Lianen bezeichnet man verholzte Pflanzen, die keine eigenen Stämme ausbilden. Sie benutzen andere Sträucher und Bäume, um mit ihren dünnen Sprossen an ihnen emporranken zu können.
In unseren heimischen Wäldern ist dies die Waldrebe *(Clematis vitalba)*. Andere, oft großblütige Clematisarten sind beliebte Gartenpflanzen.

Aufgabe:
Untersuchen Sie die Wasserleitungsgefäße von Lianen und leiten Sie den Zusammenhang von Bau und Funktion ab.

Vorbereitung:
ein mindestens 1 m langer (abgstorbener) Sprossabschnitt einer Liane (z. B. Waldrebe)

Durchführung:
1. Blasen Sie durch die Sprossachse (↗ Abb. 1).
2. Stellen Sie einen glatten Querschnitt durch den Lianenspross her und betrachten Sie ihn mit einer Lupe (↗ Abb. 2).
3. Vergleichen Sie ihn mit einem Querschnitt durch einen Buchen- oder Lindenzweig.

Auswertung:
1. Beschreiben Sie Ihre Beobachtungen.
2. Erklären Sie, warum der besondere Aufbau der Sprossachse für die Waldrebe von Vorteil ist.

1 Durch einen Waldrebenspross kann man blasen.

2 Querschnitt durch einen Lianenspross

Über die Wurzel

S Experiment 6

Aufgabe:
Mikroskopieren Sie den Querschnitt einer Wurzel.

Vorbereitung:
Mikroskop, Objektträger, Deckglas, Rasierklinge, Wurzel einer Küchenzwiebel

Durchführung:
1. Stellen Sie aus frisch getriebenen Wurzeln einer Küchenzwiebel mit der Styroporblöckchen-Technik (↗S. 38) Querschnitte her.
2. Fertigen Sie daraus ein Frischpräparat an.

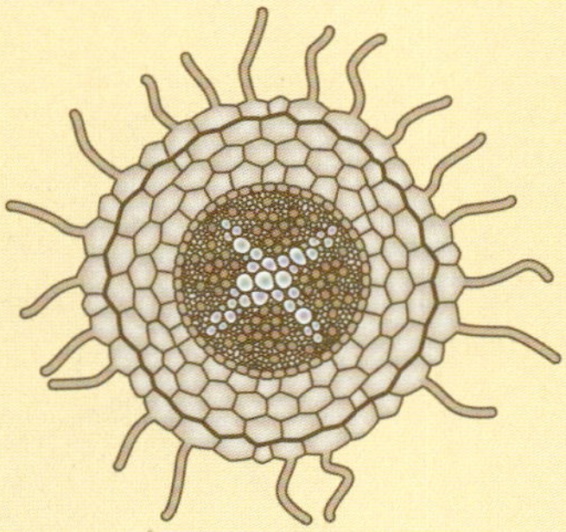

1 Wurzelquerschnitt

Auswertung:
1. Vergleichen Sie ihr Präparat mit der Abbildung und ordnen Sie die Gewebe zu.
2. Benennen Sie die Funktion der Gewebe.
3. Zeichnen Sie drei Zellen aus der Rindenschicht.

2 Gartenkresse auf Erde angezogen

S Experiment 7

Aufgabe:
Mikroskopieren Sie eine Wurzelhaarzelle und erklären Sie die Wasseraufnahme.

Vor der Untersuchung werden Samen der Gartenkresse in einer Schale auf Filterpapier mit Wasser zum Keimen gebracht. Am 3. Tag sind die Wurzelhaare gewachsen (↗Abb. 2).
Ebenfalls eignen sich Wasserkulturen von Tradescantien (Dreimasterblume, ↗Abb. 3) sehr gut. Einfach einen Zweig ins Wasser stellen. Schnell entwickeln sich Wurzeln, die schön dünn und durchsichtig sind und als Ganzes gut mikroskopiert werden können.

Vorbereitung:
Mikroskop, Objektträger, Deckglas, Wasser, Pipette, Skalpell, Wurzeln der Gartenkresse oder Dreimasterblume

Durchführung:
Schneiden Sie ein Stück Wurzel mit Wurzelhaaren der ausgekeimten Pflanze ab und fertigen Sie davon ein Frischpräparat an.

Auswertung:
1. Zeichnen und beschriften Sie eine Wurzelhaarzelle.
2. Erklären Sie die Aufnahme von Wasser in die Wurzelhaarzelle.

3 Dreimasterblume (Tradescantie)

Stofftransport bei Pflanzen

Die Pflanze nimmt **Kohlenstoffdioxid, Wasser** und **Mineralstoffe** aus der Umwelt auf und stellt daraus **Nährstoffe** und **Baustoffe** her. Kohlenstoff und Sauerstoff werden zum größten Teil aus der Luft, alle anderen Elemente vorwiegend als Ionen aus der Bodenlösung aufgenommen.

Landlebende Sprosspflanzen nehmen osmotisch Wasser durch die Wurzelhaare aus dem Boden auf und geben den größten Teil davon über die Spaltöffnungen (Stomata) wieder an die Atmosphäre ab. Dieser Transportprozess wird durch den **Transpirationssog** in Gang gehalten. Transportzellen sind die Gefäße des Xylems. Über diese Gefäße in den Blattadern gelangen Wasser und Ionen ins Blatt. Der Wasserstrom in den dünnen Leitungsbahnen darf nicht abreißen, was durch **Kohäsion** und **Adhäsion** bewirkt wird. Ein Teil des Wassers und die Mineralsalze werden im Palisaden- und Schwammgewebe für die Fotosynthese und die sich anschließenden Stoffwechselvorgänge verbraucht. Der weitaus größte Teil des Wassers gelangt als Wasserdampf in die Interzellularen des Blattes und durch die Spaltöffnungen nach außen.

Ionenaustausch und **aktiver Transport durch Zellmembranen** ermöglichen die Aufnahme von Mineralsalzen aus dem Boden. Die hauptsächlich in der Palisaden- und Schwammschicht der Blätter durch die Fotosynthese gebildete Glucose wird vor dem Transport zu Saccharose umgebaut und durch die Siebröhren des Phloems zu den Speicher- und Verbrauchsorten transportiert.

Wasser und Mineralstoffe werden an den Wurzelspitzen aufgenommen. Der weitere Transport durch die Wurzelrinde kann entsprechend einem osmotischen Gefälle durch die Protoplasten der Zellen oder durch die Kapillaren der Zellwände erfolgen. Von der Endodermis wird das Wasser unter Energieaufwand in die Wasserleitungsbahnen des Zentralzylinders gepumpt. Von dort sorgt der Transpirationssog für den weiteren Transport durch die Sprossachse bis in die Blätter.
Damit die Pflanzen durch Fotosynthese Baustoffe und Nährstoffe herstellen können, müssen sie Wasser und Mineralstoffe aus dem Boden und Kohlenstoffdioxid aus der Luft aufnehmen. Diese Mineralstoffe werden deshalb auch als Pflanzennährstoffe bezeichnet.
Die Assimilate werden vom assimilierenden Gewebe von Zelle zu Zelle über Plasmodesmen oder durch die Zellwände bis zu den Siebröhren transportiert und aktiv aufgenommen.

Blatt, quer

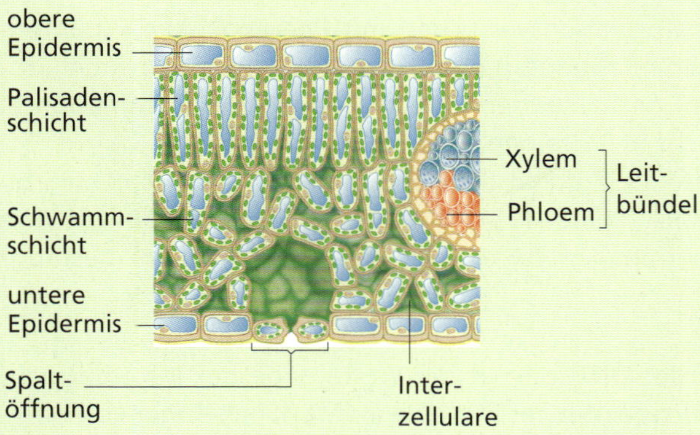

Sprossachse, quer

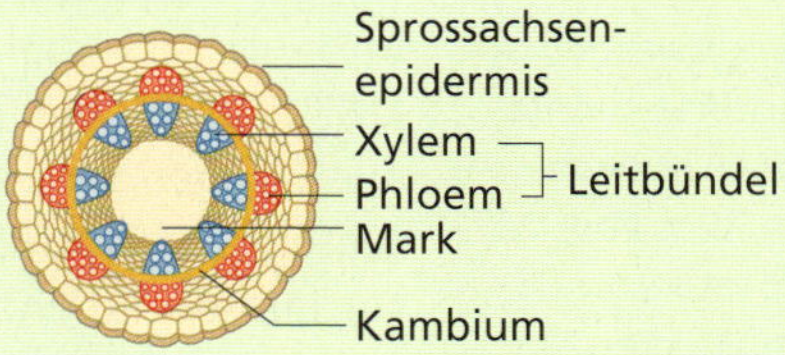

Wurzel, quer

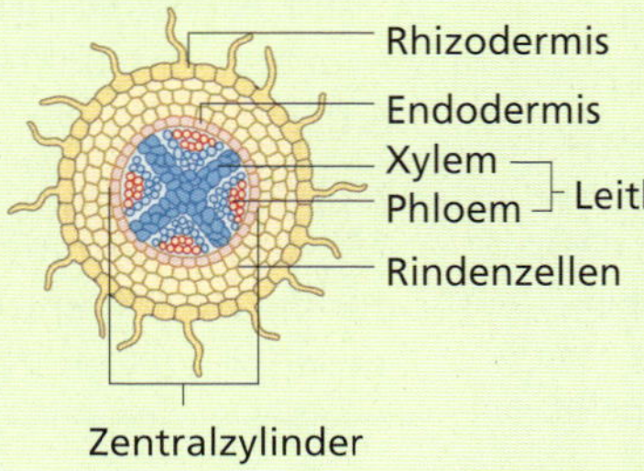

1.5 Speicherung und Realisierung der Erbanlagen

Nucleinsäuren als Träger der genetischen Information

Die Geschichte der Genetik begann mit JOHANN GREGOR MENDEL (1822–1884), der 1865 über die Resultate seiner Kreuzungsexperimente an Erbsen berichtete. WILLIAM BATESON (1861–1926) führte 1906 den Begriff Genetik ein, der sich aus dem griechischen Wort *genos* (Abstammung) ableitet.

Nucleinsäuren (Kernsäuren) sind Makromoleküle mit relativen Molekülmassen von 10^4 bis 10^6. Innerhalb dieser chemischen Verbindungsklasse unterscheidet man die **Desoxyribonucleinsäuren (DNA)** und die **Ribonucleinsäuren (RNA).**

Im Jahre 1953 entwickelte der amerikanische Biochemiker JAMES D. WATSON (geb. 1928) in Zusammenarbeit mit seinem englischen Kollegen FRANCIS H. C. CRICK (1916–2004) das Doppelhelix-Modell für Desoxyribonucleinsäuren. Diese Modellvorstellung basierte auf Daten der Röntgenstrukturanalyse der DNA, die 1952 von ROSALIND E. FRANKLIN (1920–1958) und MAURICE H. F. WILKINS (1916–2004) durchgeführt wurde (↗ S. 45).

Der Begriff DNA stammt aus dem Englischen und ist die Abkürzung für ***d**esoxyribo**n**ucleic **a**cid.*

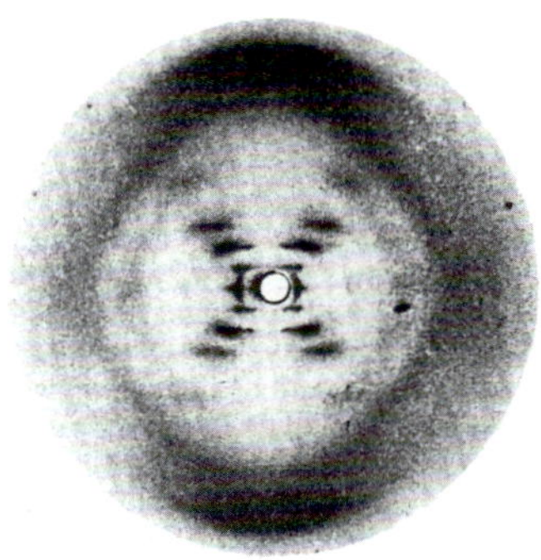

Röntgenbeugungsmuster eines DNA-Faserbündels nach FRANKLIN und WILKINS 1952. Die Kreuzfigur in der Mitte weist auf einen helikalen Aufbau hin.

1 Experimentaldaten

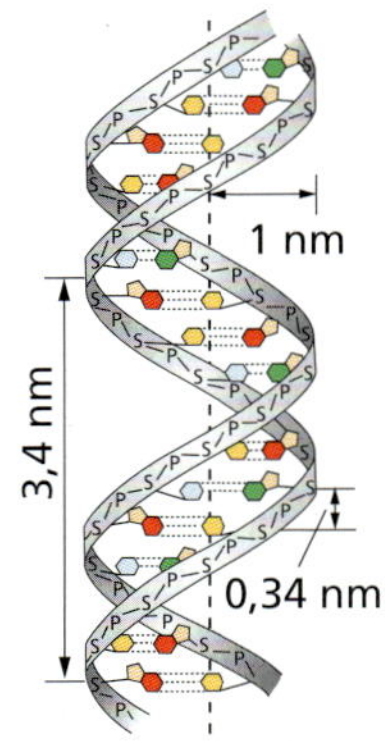

Skizze nach der Veröffentlichung von WATSON und CRICK in der Zeitschrift NATURE vom 25. April 1953: die DNA-Doppelhelix

2 Modellvorstellung

FREDERICK GRIFFITH (1877–1941) konnte bereits 1928 nachweisen, dass von abgetöteten Pneumokokken ein transformierender Stoff auf lebende Pneumokokken übertragen werden kann. GRIFFITH nahm allerdings an, dass es sich bei dieser „Gensubstanz" um Proteine handelte.

Im Jahre 1944 gelang es dem kanadischen Bakteriologen OSWALD T. AVERY (1877–1955), bei Transformationsversuchen mit Pneumokokken (bakterielle Erreger der Lungenentzündung) durch den Einsatz von Enzymen (Proteasen und Nucleasen) nachzuweisen, dass die genetische Information in Nucleinsäuren und nicht in Proteinen gespeichert wird.
Dieses Ergebnis konnte 1952 durch die nordamerikanischen Molekularbiologen ALFRED D. HERSHEY (1908–1997) und MARTHA CHASE (1930–2003) in Versuchen mit Bakteriophagen (Viren, die Bakterien befallen) bestätigt werden.

> Mit der Vererbung der **DNA** erfolgt die Weitergabe der Information für die Ausbildung artspezifischer Proteine als Merkmalsträger von Generation zu Generation.

Rosalind Franklin – eine Mitbegründerin der Molekularbiologie

Als Schlüsselsubstanz des Lebens und wichtigstes Molekül der modernen Biologie gilt die DNA. An der Entschlüsselung ihrer Struktur war eine Frau maßgeblich beteiligt, auch wenn nur drei Männer dafür den Nobelpreis erhielten: Rosalind Franklin.
Sie wuchs in einer Zeit auf, als Frauen durchaus noch Ausnahmeerscheinungen in den Naturwissenschaften waren. Entsprechend hatte sie mit Vorurteilen ihrer männlichen Kollegen zu kämpfen.

Rosalind Franklin wurde am 25.07.1920 in London geboren. Schon mit fünfzehn Jahren fasste sie den festen Entschluss, Naturwissenschaftlerin zu werden. 1938 ging sie an die Universität von Cambridge, wo es für Frauen kein Problem war, zu studieren. Allerdings war es bis dahin nicht möglich, einen den Männern ebenbürtigen Abschluss zu erlangen. Dies wurde erst 1947 eingeführt. Rosalind Franklin studierte Physik und Chemie und arbeitete viel im Cavendish-Laboratorium, wo später die Doppelhelix-Struktur aufgeklärt wurde. Von 1942–1947 arbeitete Sie als wissenschaftliche Mitarbeiterin bei der CURA (Cole Utilization Research Association) an der Strukuraufklärung der Kohle. 1945 konnte sie mit Erfolg ihre Doktorarbeit abschließen.

1947 nahm Sie eine Anstellung am Laboratoire Central de Service Chimique de l'État in Paris an. Dort lernte sie die Technik der Röntgenkristallographie, die später bei der Entdeckung der DNA-Struktur von großer Bedeutung war. 1951 nahm sie ihre Arbeit als Forschungsstipendiatin am Kings College in London auf. Sie sollte dort mit einer Gruppe von Biologen und Kristallographen zusammen an der Aufklärung der DNA-Struktur arbeiten. Zwischen Rosalind Franklin und ihren Kollegen und Mitarbeitern gab es von Anfang an Missstimmung, was vor allem daher rührte, dass sie eine andere Auffassung von ihrem Status hatte als ihr unmittelbarer Kollege Maurice H. F. Wilkins, der sich als ihr Vorgesetzter betrachtete. Wilkins sah es als Franklins Aufgabe an, ihre Kenntnisse der Röntgenkristallographie als Dienstleistung seinen Forschungen zur Verfügung zu stellen, während sie selbstständig an der Strukturaufklärung der DNA arbeiten wollte.

Kurz bevor Watson und Crick ihr gefeiertes DNA-Modell vorstellten, hatte Rosalind Franklin schon wesentliche Eigenschaften der DNA in ihrem Tagebuch notiert. Die erfolgreiche Entwicklung des DNA-Strukturmodells gelang Watson und Crick nicht nur aufgrund genialer Intuition, sondern auch, weil sie die noch nicht veröffentlichten experimentellen Daten von Rosalind Franklin übernehmen konnten. Diese Daten waren Crick und Watson jedoch ohne Franklins Wissen durch Dritte (Wilkins und Perutz) ausgehändigt worden.
Unzweifelhaft war Franklin Anfang 1953 mit ihrer Arbeit am Kings College und mit ihren Arbeitsbedingungen dort nicht zufrieden. Sie wollte so schnell wie möglich weg. Und dies war ihr wichtiger als die Beendigung ihrer Arbeit an den Nucleinsäuren. Dabei war Rosalind Franklin mit der Erforschung der DNA vermutlich sehr weit fortgeschritten. Vermutlich haben Watson und Crick Rosalind Franklin nie erzählt, was sie später allmählich in der Öffentlichkeit bekannt gaben – lange nachdem Franklin gestorben war: Sie hätten die Struktur der DNA ohne die Informationen, die sie über Dritte von der Arbeit Rosalind Franklins erhielten, nie herausgefunden.

Rosalind Franklin leitete ab 1953 am Birkbeck College eine Arbeitsgruppe, die die Struktur des Tabakmosaikvirus (TMV) erforschte. In den wenigen Jahren in Birkbeck publizierte Franklin 17 Aufsätze vor allem über die Struktur des Tabakmosaikvirus. Sie war stolz auf ihren Weltruf in der Virusmorphologie und sie hat sich vermutlich nicht gedacht, dass ihr Name später vor allem mit der Entdeckung der DNA-Struktur in Verbindung gebracht werden würde.

Rosalind Franklin erkrankte 1956 an Eierstockkrebs – möglicherweise eine Folge ihrer Arbeit mit Röntgenstrahlen. Trotz immer schlechteren Gesundheitszustandes forschte sie fast bis zu ihrem Tode am 16. April 1958 mit großer Intensität.

Die Struktur der DNA

Die DNA eines *Escherichia coli*-Bakteriums umfasst ca. 4 Mio. Nucleotide, das entspricht 4^4 Mio. möglichen Sequenzen.

Die DNA ist ein Makromolekül, welches in seiner **Primärstruktur** durch die lineare Abfolge der Grundbausteine, der Nucleotide, gebildet wird. An deren Aufbau sind drei stoffliche Komponenten beteiligt – **Desoxyribose, Phosphorsäure** und je eine der vier stickstoffhaltigen **organischen Basen.** Aufgrund der vier verschiedenen Basen (**Adenin, Guanin, Cytosin** und **Thymin**) können vier unterschiedliche Nucleotide gebildet werden.

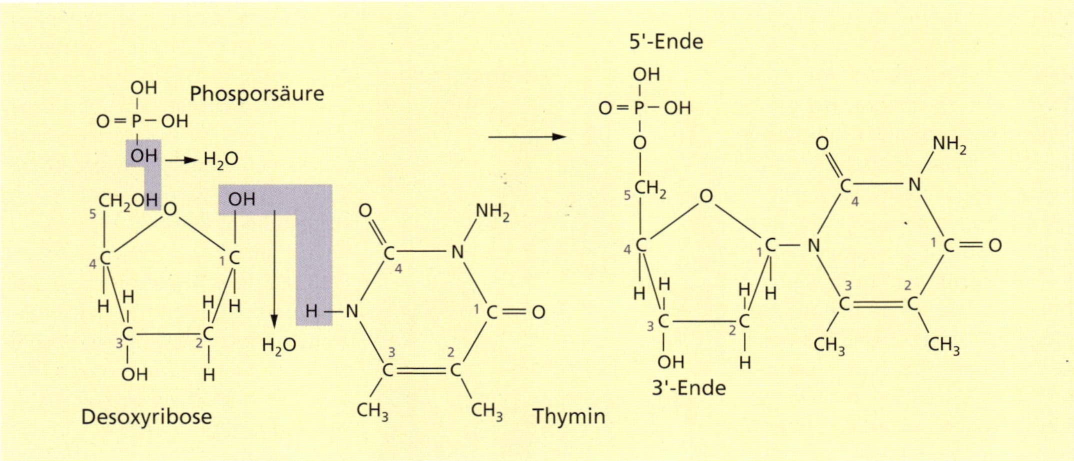

1 Strukturbildung eines Nucleotids

Die Nucleotide werden durch Atombindungen zwischen dem 3. C-Atom der Desoxyribose des einen Grundbausteins und dem am 5. C-Atom der Desoxyribose gebundenen Phosphatrest des nächsten Nucleotids unter Wasserabspaltung verknüpft. Auf diese Weise kommt es zur Bildung von Polynucleotidketten. Charakteristisch ist dabei für jeden Polynucleotidstrang die lineare Anordnung der vier organischen Basen, die **Nucleotidsequenz.**

Die Anzahl der möglichen Sequenzen einer Polynucleotidkette ergibt sich aus der Potenz 4^n, wobei n der Kettenlänge des Moleküls entspricht. Mit dem ungebundenen Phosphatrest auf der einen Seite (5′-Ende) und der nicht veresterten Hydroxygruppe am anderen Kettenende (3′-Ende) bekommt der **Polynucleotidstrang** eine Richtung (5′→3′).

Das Zucker-Phosphat-Rückgrat sichert über die stabilen Atombindungen die Konstanz der genetischen Information.

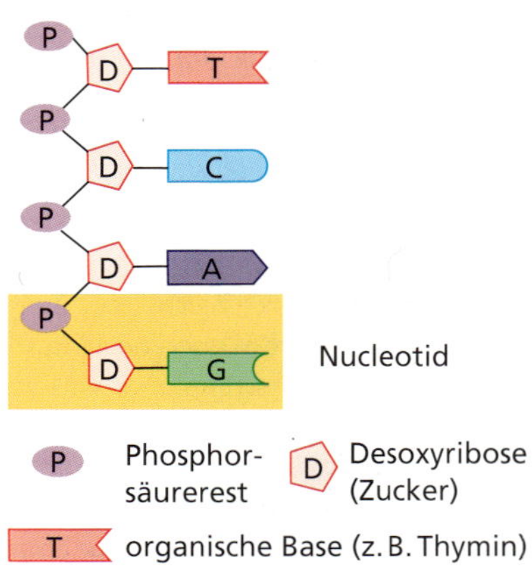

2 Grundbausteine der DNA

In ihrer **Sekundärstruktur** liegt die DNA als **Doppelhelix** vor, d.h., am Aufbau eines DNA-Moleküls sind zwei Polynucleotidstränge beteiligt. Das Zucker-Phosphat-Rückgrat weist zur Außenseite. Im Inneren werden die Ketten durch die Bildung von Wasserstoffbrückenbindungen zwischen je zwei Basen zusammengehalten. Dabei paaren sich i.d.R. Adenin und Thymin über zwei, Guanin und Cytosin über drei Wasserstoffbrückenbindungen. Diese Spezifität bedingt das komplementäre Verhältnis der beiden Stränge. Durch die Basensequenz des einen Stranges wird die des anderen determiniert. Die räumliche Beziehung zwischen den Doppelhelixsträngen kann nur durch die antiparallele Anordnung beider Polynucleotidketten gebildet werden. Die gegenläufige Polarität führt zur Unterscheidung von 5'→3'-Strang und 3'→5'-Strang, je nachdem, ob der Strang mit einer OH-Gruppe am C_3- oder am C_5-Atom des Zuckermoleküls endet (↗ S. 144).

Die DNA ist aufgrund ihrer Strukturmerkmale ein zur Informationsspeicherung fähiges, identisch kopierbares Makromolekül. Die **Primärstruktur** (Sequenz) der aus vielen Tausend Nucleotiden bestehenden DNA-Moleküle eignet sich zur **Informationsspeicherung,** da eine enorme Vielfalt unterschiedlicher Sequenzen möglich ist. **Die Sekundärstruktur,** der Aufbau des Makromoleküls aus zwei komplementären Strängen, ist die Voraussetzung für die **identische Replikation.** Jeweils ein Strang dient als Matrize für die Bildung eines neuen Komplementärstranges.

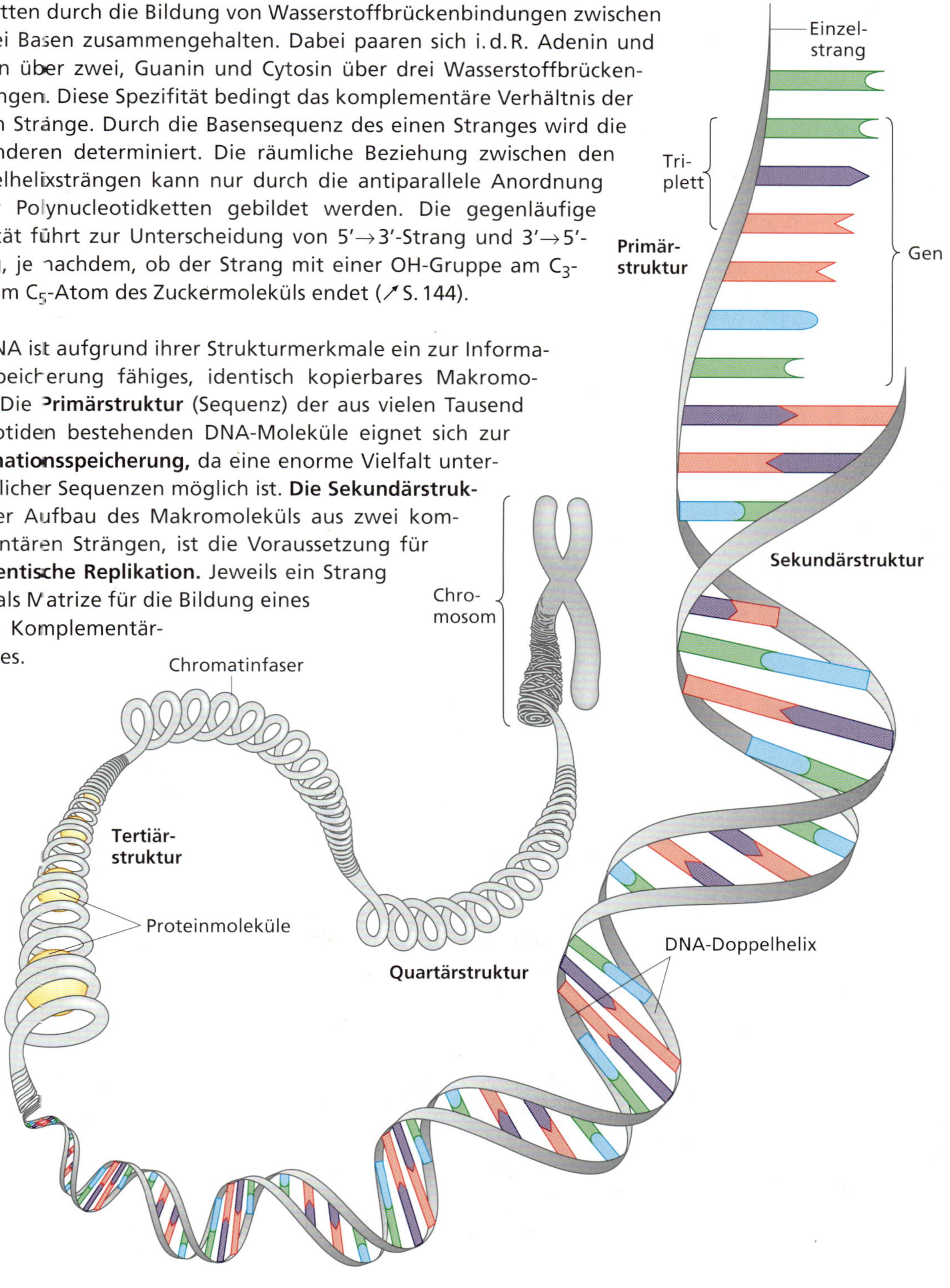

Die molekulare Welt der DNA – die identische Replikation

Grundlage der Weitergabe der genetischen Informationen ist die **identische Replikation.** An DNA-Einzelstränge wird ein neuer komplementärer Strang in antiparalleler Richtung synthetisiert. Da die beiden entstandenen Tochtermoleküle aus je einem alten und einem neu synthetisierten Strang bestehen, wird der Replikationsverlauf auch als **semikonservativ** bezeichnet.
Trotz der großen Menge an Basenpaaren dauert die Replikation beispielsweise bei Bakterien lediglich einige Minuten bis hin zu wenigen Stunden bei Eukaryoten.

In Bakterien werden ca. 500–1 000 Nucleotide pro Sekunde synthetisiert, wobei hier die Replikation an einem **Replikationsursprung** beginnt. Im Gegensatz dazu wird die geringere Replikationsgeschwindigkeit bei Eukaryoten (30–50 Nucleotide/s) durch den Start an Hunderten bis Tausenden Ursprüngen kompensiert. Elektronenmikroskopisch werden die dabei entstandenen **Replikationsgabeln** als **Replikationsblasen** sichtbar.

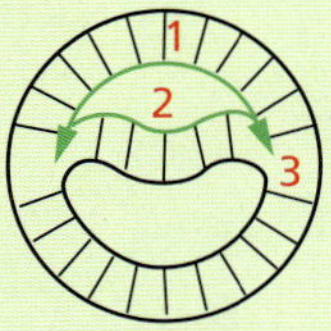

1: Replikationsursprung
2: Replikationsblase
3: Replikationsgabel

1 Ringförmiges Bakterienchromosom

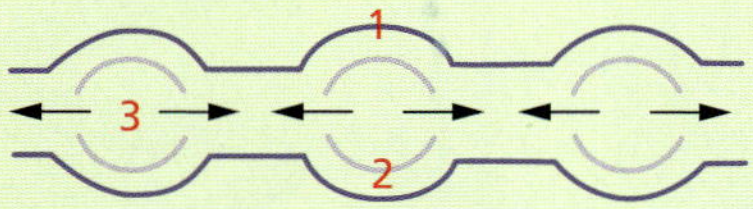

2 Abschnitt einer eukaryotischen DNA

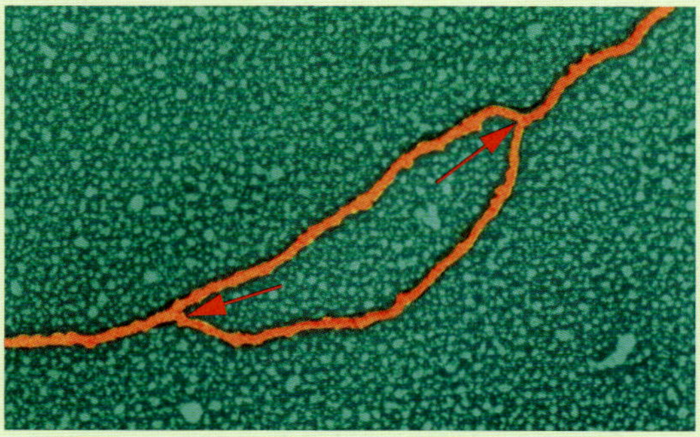

3 Elektronenmikroskopisches Bild einer Replikationsblase in der DNA (→ Replikationsgabel)

Die DNA-Replikation verläuft in allen Organismen prinzipiell ähnlich. Sie ist in drei **Hauptphasen** unterteilt.

1. Initiation

Die Initiation erfolgt jeweils an den Replikationsursprüngen. Der DNA-Doppelstrang wird mithilfe von Enzymen (Helikasen) geöffnet. Dadurch wird die Anlagerung von Proteinen zur Stabilisierung der Einzelstrangabschnitte und Replikationsenzyme möglich.

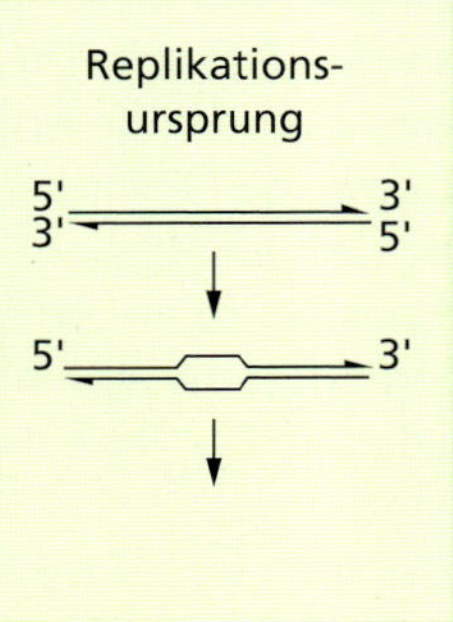

2. Elongation

Damit die Elongation, das schrittweise Verlängern der neuen DNA-Sequenz, ablaufen kann, müssen einige vorbereitende Prozesse ablaufen. Die Doppelhelix wird fortlaufend entspiralisiert und zur Replikationsgabel geöffnet. Die sofortige Wiederverbindung der Einzelstränge wird durch die Anlagerung von Einzelstrang-Bindungsproteinen verhindert.
An den freigelegten DNA-Matrizen muss nun zunächst ein 6 bis 30 Nucleotide langer Primer aus RNA-Bausteinen angelagert werden. Dies wird durch eine **RNA-Polymerase** vermittelt. Erst danach kann die **DNA-Polymerase** mit der eigentlichen Elongation beginnen. Die DNA-Polymerase katalysiert nun die Verbindung neuer komplementärer DNA-Nucleotide mit dem als Matrize vorliegenden Elternstrang. Diese Reaktion kann nur von 5' nach 3' fortschreiten.

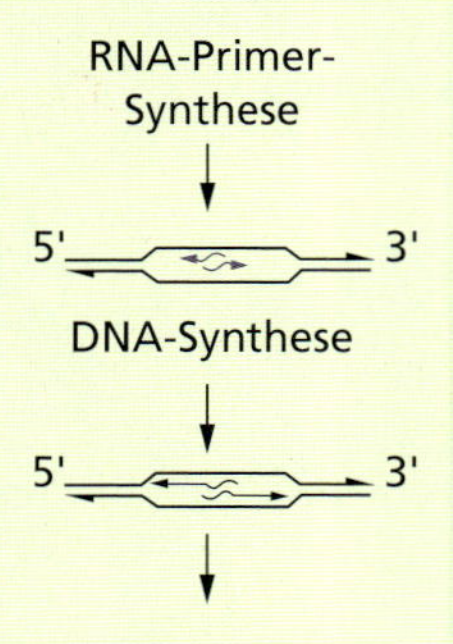

Mit voranschreitender Öffnung der Replikationsgabel wird der eine der beiden Elternstränge in Öffnungsrichtung abgelesen. Es ist der sogenannte **Leitstrang.** Die DNA-Polymerase gleitet an ihm in 3'→5'-Richtung entlang und synthetisiert so kontinuierlich den neuen Strang. Die Synthese am anderen Elternstrang, dem **Folgestrang,** verläuft komplizierter, da er eine umgekehrte Orientierung (antiparallel) aufweist.

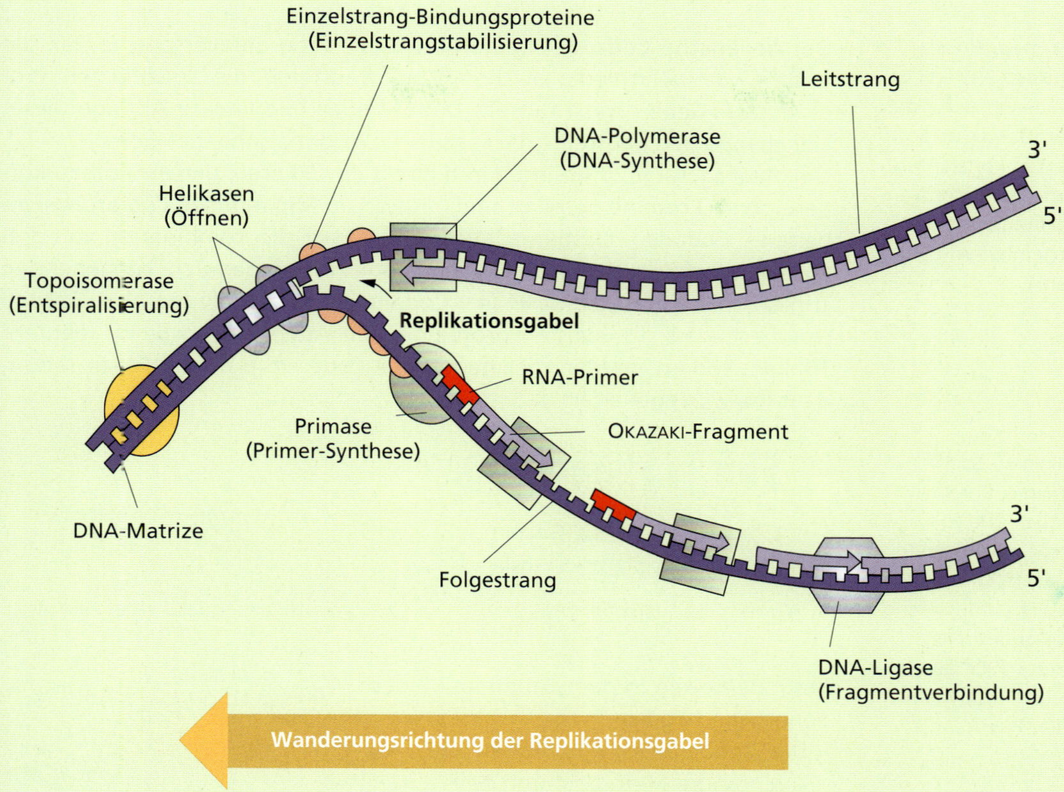

1 Semikonservative Replikation der DNA

Die Replikation kann hier erst ablaufen, wenn die Eltern-DNA ein Stück geöffnet ist. Die neue DNA wird hier gegen die Öffnungsrichtung diskontinuierlich in Form von **Okazaki-Fragmenten** gebildet. Jedes der etwa 1000–2000 Basen langen Fragmente benötigt zu seiner Entstehung einen Primer als Anheftungsstelle der DNA-Polymerase. Wenn das Enzym auf den Primer des vorhergehenden Fragmentes trifft, werden die RNA-Nucleotide gegen DNA-Bausteine ausgetauscht. Die letzte Lücke im neuen DNA-Strang wird dann durch das Enzym Ligase geschlossen.

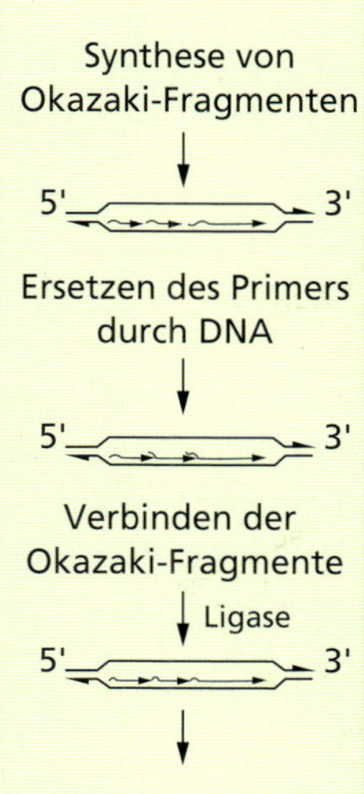

3. Termination

Die Replikation endet an bestimmten Basensequenzen der DNA. Hier treffen zwei Replikationskomplexe aufeinander. Nur einer der beiden repliziert weiter, bis die noch fehlenden Nucleotide ergänzt sind. Anschließend werden die beiden entstandenen Tochter-DNA-Moleküle voneinander getrennt.

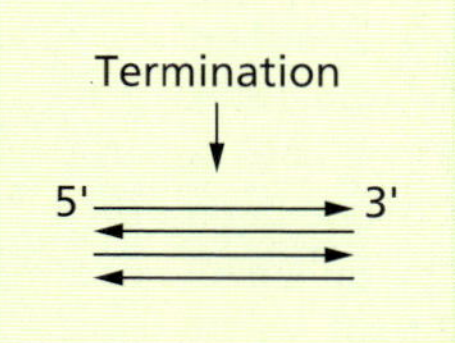

Die Fehlerrate der Replikation ist ziemlich gering. Bei Bakterien beträgt sie ca. 10^{-9}–10^{-10}. Die hohe Genauigkeit wird durch Kontroll- und Reparaturfunktionen bestimmter Polymerasen und anderer Replikationsenzyme erreicht.
Replikationsfehler werden normalerweise durch die DNA-Reparatur beseitigt. Damit wird die identische Weitergabe der genetischen Information gewährleistet.

Genetischer Code

Der Begriff Gen wurde 1909 von W. L. JOHANNSEN für die von G. MENDEL postulierten konstanten, untereinander frei kombinierbaren Erbeinheiten eingeführt.

Der **genetische Code** stellt eine universelle Programmiersprache dar, die mittels vier verschiedener chemischer Bausteine die spezifischen Programme – **Gene** – verschlüsselt. Dabei codiert die lineare Abfolge dieser vier chemischen Bausteine die spezifische Information eines Gens.
Um die insgesamt 20 Aminosäuren direkt zu codieren, die am Aufbau körpereigener Proteine beteiligt sind, müssen im Minimum 20 Codierungseinheiten – **Codone** – existieren. Dies ist nur über die Kombination von drei aufeinanderfolgenden Nucleotiden möglich. Die dadurch entstehenden Tripletts bilden insgesamt 64 (4^3) Codone. Aus der Nutzung aller Codone resultiert, dass die meisten proteinogenen Aminosäuren durch mehrere Tripletts codiert werden, der genetische Code ist in diesen Fällen redundant (bzw. „degeneriert").

MARSHALL W. NIRENBERG, ROBERT W. HOLLEY und HAR G. KHORANA bekamen für ihre Erkenntnisse zur Entschlüsselung des genetischen Codes 1968 den Nobelpreis für Medizin oder Physiologie.

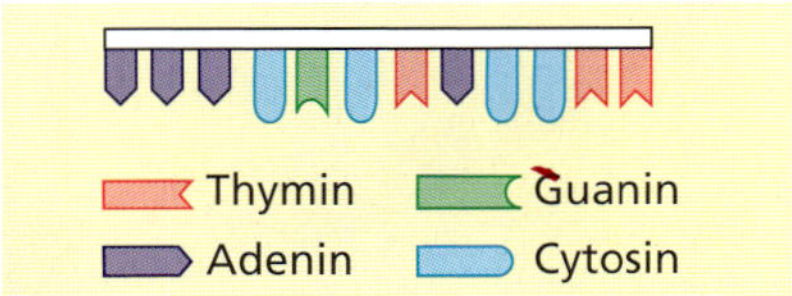

1 Nucleotidsequenz der DNA

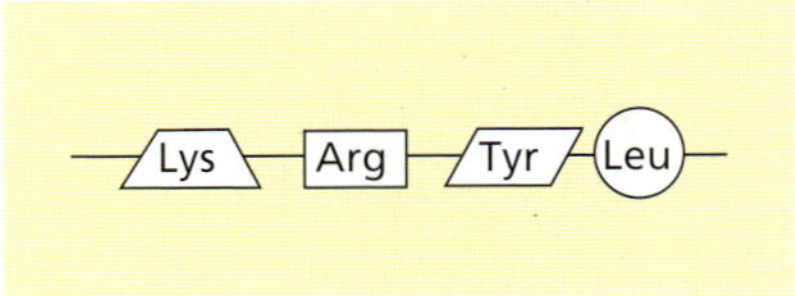

2 Aminosäuresequenz eines Peptids

Besonderheiten in der „Grammatik" des genetischen Codes:

- Das Codon AUG verschlüsselt die Aminosäure Methionin und definiert als **Startcodon** den Beginn einer genetischen Botschaft.
- Die Codone UAA, UGA und UAG wirken als „Satzende" und signalisieren das Ende einer genetischen Botschaft **(Stoppcodone).**
- Das Leseraster der codierten Information erfolgt linear in Dreiergruppen.

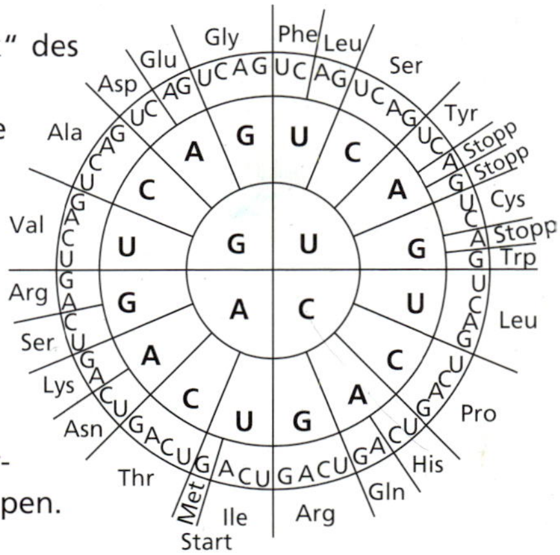

Leserichtung der „Code-Sonne" (↗ Abb. rechts) von innen nach außen: Codone der mRNA (Komplemente der DNA)

Ribonucleinsäuren (RNA)

Die Nucleotidsequenz der DNA kann in der Zelle nicht direkt in die entsprechende Aminosäuresequenz übersetzt werden. Als Mittler fungieren hierbei die **Ribonucleinsäuren.** Diese sind prinzipiell wie DNA-Moleküle aufgebaut, nur dass an der Stelle der organischen Base Thymin die Base Uracil steht.

Formen	Funktionen
mRNA (messenger-RNA)	Übermittlung von Transkripten vom Zellkern zum Ribosom
tRNA (transfer-RNA)	Transport der proteinogenen Aminosäuren
rRNA (ribosomale RNA)	Aufbau der Ribosomen

Ein **Gen** ist eine abgegrenzte Funktionseinheit des genetischen Materials. Seine Basensequenz bestimmt die Struktur von Proteinen und RNA-Molekülen (tRNA, rRNA). Diese sogenannten Strukturgene werden hinsichtlich ihrer Aktivität durch **Kontrollgene** reguliert. Die Länge eines derartigen DNA-Abschnitts kann 75 bis über 2300 kb betragen. In Kilobasen (kb) wird der Informationsgehalt eines genetischen Abschnitts angegeben. Eine **Kilobase** (kb) entspricht tausend **Basenpaaren** (bp).

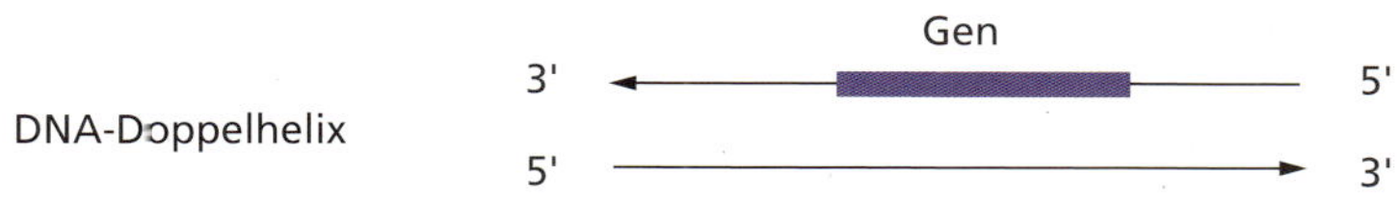

Die genetische Information wird in der Regel nur auf einem der beiden Polynucleotidstränge der DNA gespeichert, dieses codierende Polynucleotid wird häufig auch als Matrizenstrang *(template strand)* bezeichnet. Im Falle des menschlichen Genoms sind nur 20 bis 30 % der gesamten DNA aktive Gene. Das heißt, der größte Teil der Erbsubstanz umfasst intergene DNA (Spacer), also DNA-Bereiche zwischen den einzelnen Genen.

Die genetisch codierenden Abschnitte der DNA **(Genotyp)** bestimmen die Ausbildung spezifischer Merkmale **(Phänotyp)**, indem sie die Synthese von **Proteinen** in der Zelle bedingen. Als Mittler zwischen diesen beiden Ebenen kommt der RNA eine besondere Rolle zu.

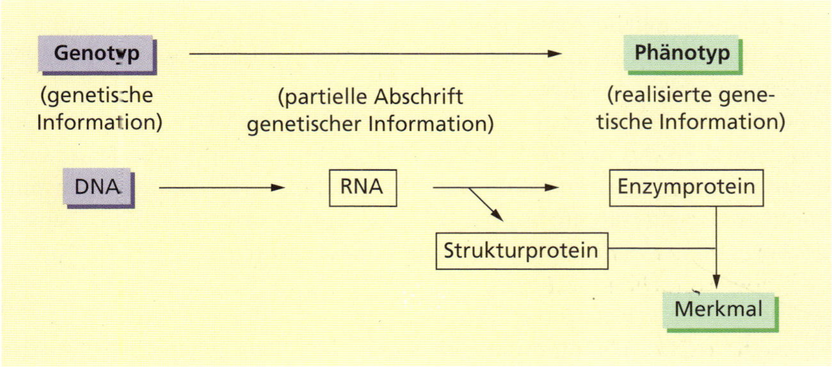

Francis H. C. Crick (1916–2004)

Bei der **Genexpression** wird die in einem Gen enthaltene Information in der Zelle verwirklicht. Dazu muss die genetische Information der DNA zuerst in RNA überführt und anschließend als Protein realisiert werden. Dieses zentrale Dogma der Molekulargenetik postulierte Francis H. C. Crick schon 1958.
Daraus resultiert für die Synthese eines spezifischen Proteins ein zweistufiger Prozess:

Proteinbiosynthese

Prinzipiell stimmen die beiden Mechanismen Transkription und Translation bei allen Organismen überein. Transkription und Translation sind räumlich und zeitlich voneinander getrennt. Die Transkription findet im Zellkern statt, die Translation im Cytoplasma. Das bedeutet, dass das Transkript (RNA) erst über die Kernporen zu den Ribosomen transferiert werden muss.

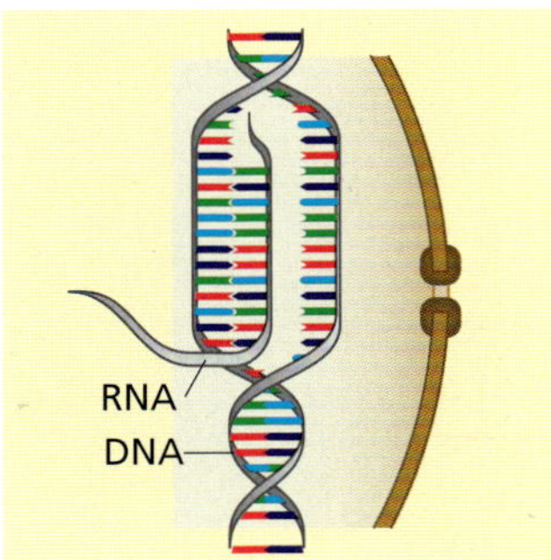

1a Umschreibung der Erbinformation im Zellkern (Transkription)

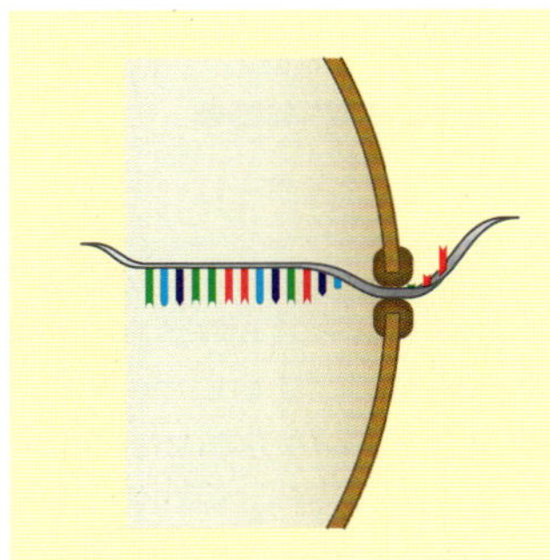

1b Wanderung der mRNA aus dem Zellkern zum Ribosom

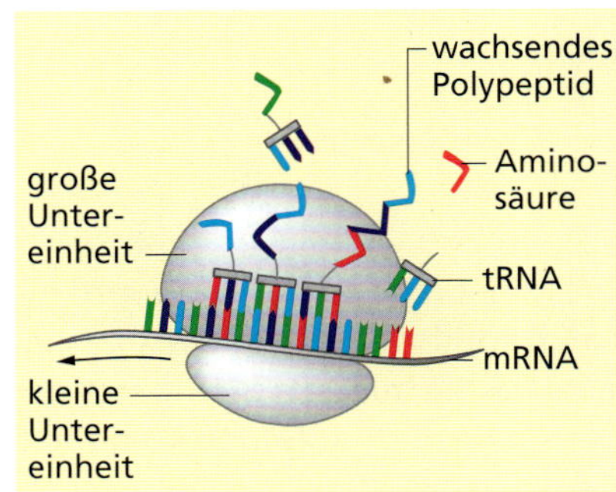

1c Übersetzung der Erbinformation am Ribosom (Translation)

lat.: *transcriptio* = Umschrift

Durch die **Transkription** werden die Nucleotidsequenzen der Gene der DNA in RNA umgeschrieben. Dabei wird der Matrizenstrang der DNA durch die katalytische Wirkung des Enzyms RNA-Polymerase komplementär durch RNA-Nucleotide ergänzt, sodass eine Abschrift des Gens entsteht. Die gebildete **mRNA** (*messenger-RNA* = Boten-RNA) verschlüsselt somit in Form ihrer spezifischen Nucleotidsequenz die Syntheseanweisung für die Aminosäuresequenz eines zu bildenden Proteins.
Produkte der Transkription sind einzelsträngige RNA-Moleküle, die zum codogenen Strang der DNA-Matrize komplementär sind. Alle RNAs werden nach dem Matrizenmuster der DNA synthetisiert. Neben der messenger-RNA sind dies die tRNAs und rRNAs, welche für den Ablauf des Translationsprozesses von ausschlaggebender Bedeutung sind.

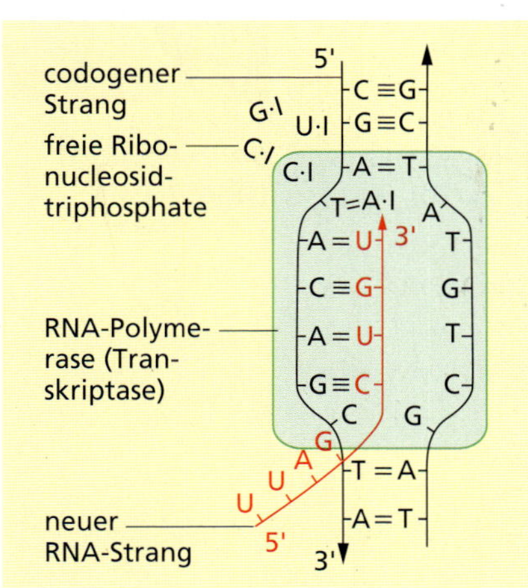

Ablauf der Transkription:

1. **Initiation:** Bindung der RNA-Polymerase an der DNA ⇒ Lösen der Wasserstoffbrückenbindungen zwischen den Basen ⇒ Entstehung einer offenen Transkriptionsgabel
2. **Elongation:** Start der RNA-Synthese ⇒ komplementäre Anlagerung aktivierter Nucleotide und Verknüpfung unter Freisetzung von Pyrophosphat ⇒ RNA-Polymerase liest nur den codogenen Strang in 3'→5'-Richtung
3. **Termination:** Stopp durch Terminatorsequenzen ⇒ Ablösen der m-RNA von der DNA ⇒ Lösen der RNA-Polymerase ⇒ Bindung der DNA-Einzelstränge zur Doppelhelix

Während der **Translation** werden die proteinogenen Aminosäuren durch Peptidbindung zu unverzweigten Polypeptidketten verknüpft. Die Nucleotidsequenz des mRNA-Moleküls bestimmt die Aminosäuresequenz des Polypeptids.

lat.: *translatio* = Übersetzung

Die Übersetzung der Nucleinsäure-„Sprache" in die Protein-„Sprache" wird durch Translater, die **Ribosomen,** sowie durch spezielle Adapter, die **Transfer-RNAs,** garantiert.

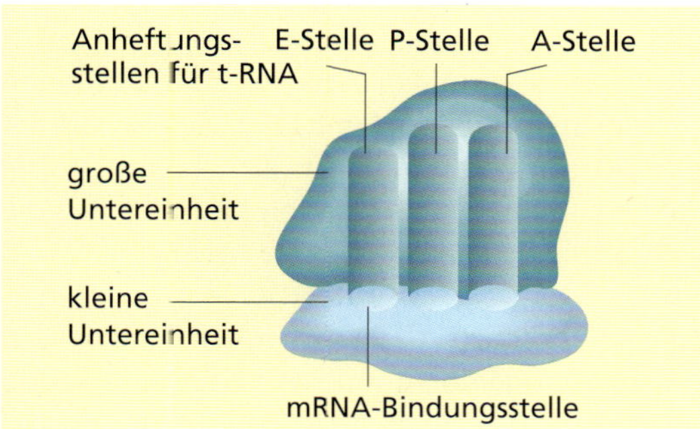

1 Bau des Ribosoms

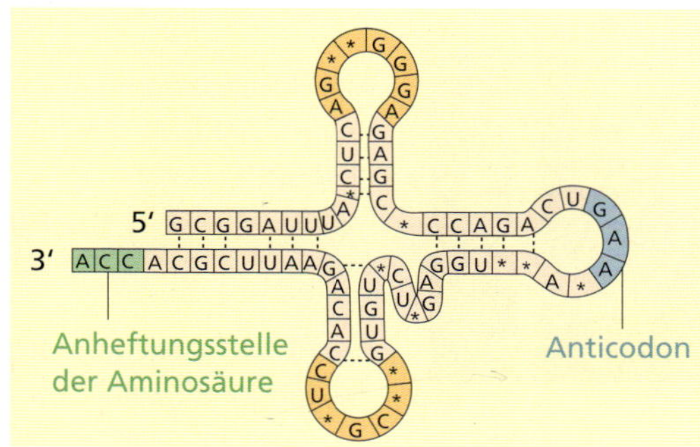

2 Struktur der tRNA

Das Ribosom sichert mit seiner kleinen Untereinheit das Einfädeln und Binden der mRNA, während über die große Untereinheit die Ausbildung der Peptidbindungen gesichert wird. Die eindeutige Zuordnung der tRNAs ist durch das komplementäre Verhältnis von Anticodon und Codon gewahrt. An einem mRNA-Molekül werden gleichzeitig mehrere Polypeptide synthetisiert, da nach Verlassen der Initiationsregion sofort weitere Ribosomen binden. Schon vor Beendigung der Peptidsynthese beginnen sich die Ketten zur Sekundär- und Tertiärstruktur zu falten (↗S. 56). So entstehen Proteinmoleküle mit spezifischer biologischer Funktion.

Die Ribosomengruppen werden als Polysomen bezeichnet (↗S. 19, Abb. 1).

Ablauf der Translation:

1. **Initiation:** Kleine ribosomale Untereinheit, erste tRNA (Met), mRNA und große Untereinheit bilden den Initiationskomplex. Die Met-tRNA ist dabei in der P-Stelle lokalisiert.
2. **Elongation:** zyklische Wiederholung von drei Reaktionen
   I. Codon-Anticodon-Paarung zwischen mRNA und tRNA in der A-Stelle
   II. Peptidyltransfer, d.h., unter Aufbau einer Peptidbindung wird die Aminosäure bzw. bei folgenden Zyklen der Peptidyl-Rest auf den Aminosäurerest in der A-Stelle übertragen.
   II. Translokation, die Peptidyl-tRNA rückt mit der mRNA um ein Triplett in die P-Stelle weiter. Die entladene tRNA rückt in die E-Stelle und wird dort abgegeben. Die frei gewordene A-Stelle kann erneut besetzt werden.
3. **Termination:** Wenn ein Stoppcodon (UAA, UAG, UGA) in der A-Stelle auftritt, wird die Proteinsynthese abgebrochen.

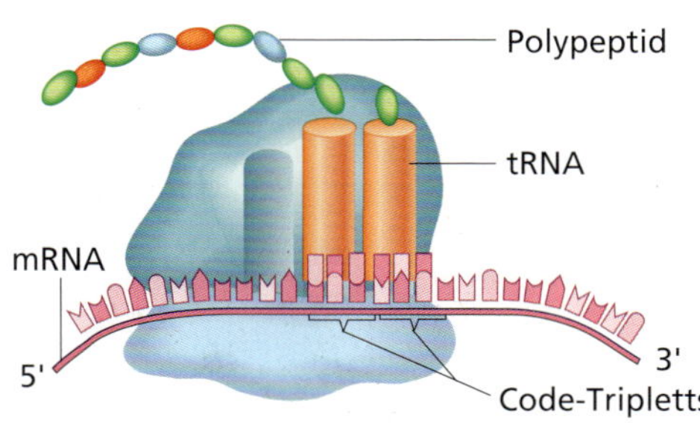

Proteine

LINUS PAULING (1901 bis 1994) entdeckte in den 1950er-Jahren einige der grundlegenden Strukturen der Proteine.

Fast alle natürlich vorkommenden **Proteine** sind aus nur 20 verschiedenen Aminosäuren zusammengesetzt. Sie besitzen eine räumliche Struktur, die für ihre Funktion in den Lebewesen entscheidend ist. Bei hohem Fieber kann es zu einer reversiblen **Denaturierung (Strukturänderung)** der Proteine kommen, die zu einer funktionalen Einschränkung führt. Bei höheren Temperaturen erfolgt eine irreversible Denaturierung.

Alle **Aminosäuren** besitzen die gleiche Grundstruktur. Sie unterscheiden sich im Aufbau des Rests R. Die proteinogenen Aminosäuren sind α-Aminosäuren. Das heißt, die Amino-Gruppe befindet sich am ersten C-Atom neben der Carboxy-Gruppe. Bei β-Aminosäuren dagegen befindet sich die Amino-Gruppe am zweiten C-Atom.

Im menschlichen Organismus kommen 20 Aminosäuren vor. Davon werden zwölf selbst produziert, die übrigen acht müssen über die Nahrung zugeführt werden. Diese werden als essenzielle Aminosäuren bezeichnet.

Wenige weitere, seltener vorkommende Aminosäuren, wie Selenocystein, lassen sich von diesen 20 Aminosäuren ableiten.

Ein **Protein** wird durch die Art, die Anzahl und die Abfolge von Aminosäuren bestimmt, die über Peptidbindungen miteinander verknüpft sind. Die Struktur eines Proteins ist entscheidend für seine Funktion im Organismus (z.B. Enzym, Strukturbildner, Hormon, Transportprotein). Proteine sind die Funktionsträger der individuellen Merkmale.

Gruppe	**Merkmal**
Aminosäuren mit hydrophober (*unpolarer)* Seitenkette	– Seitenketten, die nur Wasser- und Kohlenstoff enthalten – bilden den hydrophoben Kern der Proteinmoleküle
Aminosäuren mit hydrophiler *(polarer)* Seitenkette	– Seitenketten, die O, S oder N enthalten – bilden Wasserstoffbrückenbindungen (Tertiärstruktur)
saure Aminosäuren	– tragen eine zusätzliche Carboxy-Gruppe in der Seitenkette
basische Aminosäuren	– tragen eine zusätzliche Amino-Gruppe in der Seitenkette

Aufbau einer Aminosäure:

Amino-Gruppe – NH_2
Carboxy-Gruppe – COOH
Wasserstoffatom – H
organischer Rest – R

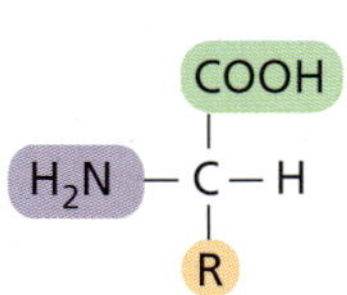

unpolare Aminosäure

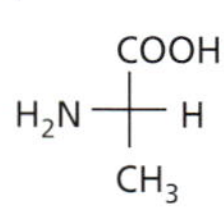

Alanin (Ala)

polare Aminosäure

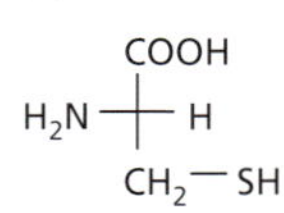

Cystein (Cys)

saure Aminosäure

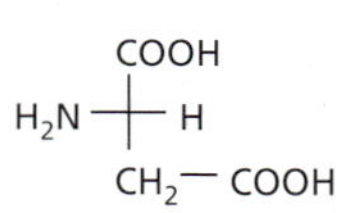

Asparaginsäure (Asp)

basische Aminosäure

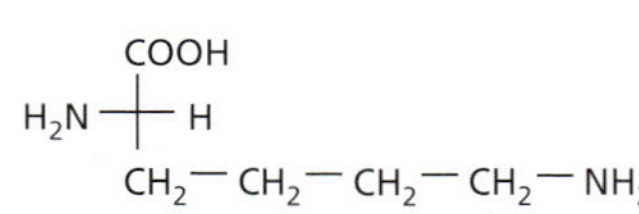

Lysin (Lys)

Peptidbindung

In den Proteinen sind die vielen aneinandergelagerten Aminosäurereste durch **Peptidbindungen** miteinander verbunden. Dabei reagiert die Amino-Gruppe der einen Aminosäure mit der Carboxy-Gruppe der anderen Aminosäure unter Abspaltung von Wasser **(Kondensation)**.

Die entstehenden Peptidbindungen können durch Kochen mit Laugen oder Säuren wieder gespalten werden. Auch durch Enzyme ist eine Proteinspaltung möglich. Diese Reaktion, bei der die Spaltung durch eine Reaktion mit Wasser erfolgt, heißt **Hydrolyse.**

Ein Molekül aus zwei Aminosäureresten wird **Dipeptid,** aus drei **Tripeptid** genannt. Eine Kette von zwei bis neun Aminosäureresten wird als **Oligopeptid** bezeichnet, während ein **Polypeptid** aus 10–100 Aminosäureresten zusammengesetzt ist. Ein Protein wird aus mehr als hundert oder z. T. sogar aus Tausenden Aminosäureresten (bis 220 000) aufgebaut.

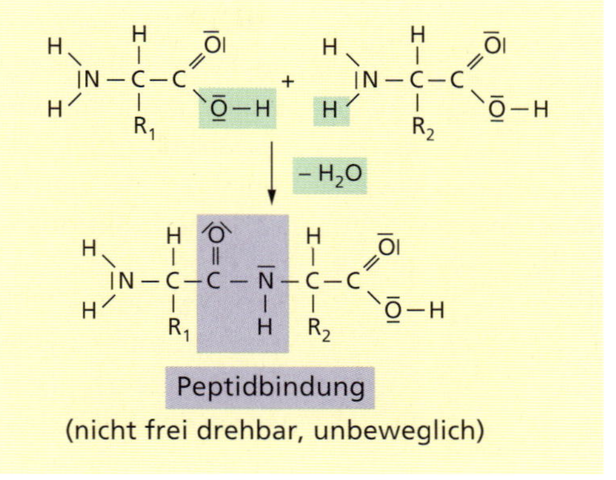

1 Entstehung einer Peptidbindung

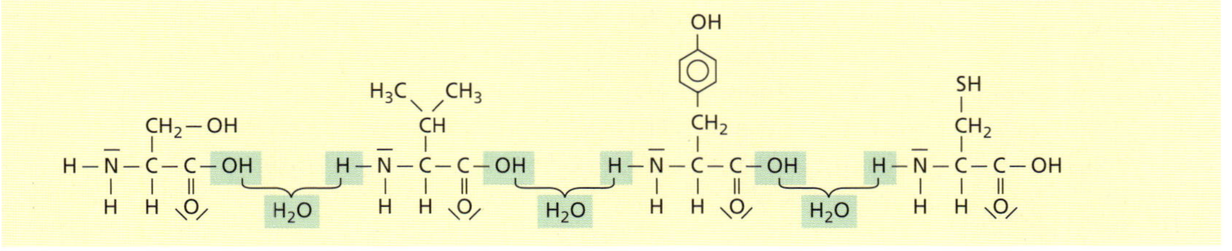

2 Verkettung von Aminosäuren durch Peptidbindungen

Primärstruktur

Die Art, die genaue Anzahl und die definierte Aufeinanderfolge von Aminosäuren innerhalb einer Kette ist die Primärstruktur eines Proteins oder die **Aminosäuresequenz.** Sie verfügt über ein Ende mit freier Amino-Gruppe und ein Ende mit freier Carboxy-Gruppe (= N-terminales und C-terminales Ende).

Schon das Vertauschen oder Weglassen einer einzigen Aminosäure kann zu Veränderungen in den Eigenschaften und der biologischen Wirksamkeit des Proteins führen.

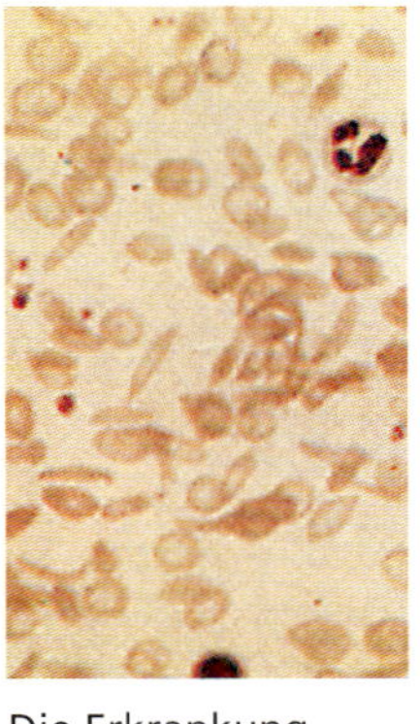

Die Erkrankung Sichelzellenanämie wird durch einen einzigen Aminosäureaustausch in nur einem Protein ausgelöst.

Sekundärstruktur

Hierunter versteht man die räumlichen Faltungen und Windungen, die für die Gesamtkonformation eines Proteins ausschlaggebend sind. Sie entstehen dadurch, dass neben den Peptidbindungen zusätzliche Bindungen, wie Ionenbindungen oder Wasserstoffbrückenbindungen, ausgebildet werden. Die Festigkeit der Sekundärstruktur wird durch die große Anzahl an Bindungen erreicht. Da die planare Peptidbindung nicht frei drehbar ist, entsteht eine gewisse Unbeweglichkeit. Daher können nur wenige stabile Konformationen, wie die α-Helix und das β-Faltblatt, produziert werden.

Im Hämoglobin (↗ Abb. 1) ist der α-Helixanteil das dominierende Strukturelement. Das Hämoglobinmolekül in den roten Blutkörperchen besteht aus vier Polypeptidketten, welche je eine Farbstoffgruppe des Häms umgeben. Es ist ein Chromoprotein.

Tertiärstruktur

Die Elemente der Sekundärstruktur werden räumlich angeordnet, wobei chemische Bindungen zwischen den organischen Resten für Stabilität sorgen. Große Bedeutung haben dabei hydrophobe Wechselwirkungen. Sie entstehen bei der Faltung, wenn Aminosäuren mit hydrophoben organischen Resten sich in einer Position innerhalb des Proteins ansammeln und dadurch das Wasser nach außen drängen. Der Außenbereich kann dann mit Wasser benetzt werden **(Hydratation)**. Wenn sich die Thiolgruppen zweier Cysteinmoleküle nahekommen, werden zwei Wasserstoffatome abgespalten und eine stabile Disulfidbrücke wird als kovalente Bindung ausgebildet. Eine Vielzahl schwacher Interaktionen gibt dem Molekül schließlich seine funktionale Gestalt.

Das Polypeptid Insulin besteht aus zwei Polypeptidketten. Eine Kette mit 21 Aminosäuren ist über zwei Disulfidbindungen mit einer Kette aus 30 Aminosäuren verbunden.

Quartärstruktur

Viele Proteine bestehen nicht allein aus einer, sondern aus mehreren Polypeptidketten. Dabei kann es sich um gleichartige oder um verschiedene Ketten handeln. Die Quartärstruktur entsteht folglich durch Wechselwirkungen zwischen den Polypeptidketten eines Proteinmoleküls. Die Reihenfolge der Aminosäuren im Proteinmolekül ergibt nicht nur die Primär- sondern auch die Sekundär-, Tertiär- und Quartärstruktur. Die dreidimensionale Struktur der **Proteine** ist direkt mit ihrer Funktion verknüpft. Proteine können neben den Aminosäuren noch eiweißfremde Bestandteile, wie Kohlenhydrate, Phosphorsäurereste, Lipide, Nucleinsäuren oder Farbstoffe enthalten. Entsprechend ihres spezifischen Bestandteils handelt es sich um Glyko-, Phospho-, Lipo-, Nucleo- oder Chromoproteine.

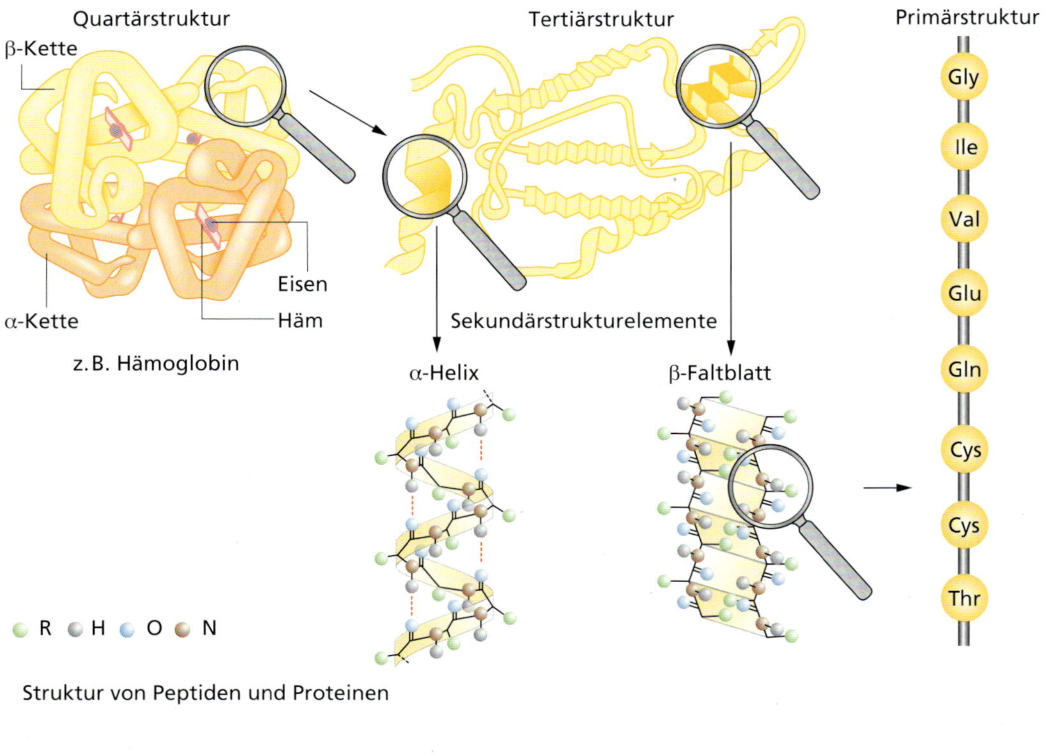

1 Struktur von Peptiden und Proteinen

Speicherung und Realisierung der Erbanlagen

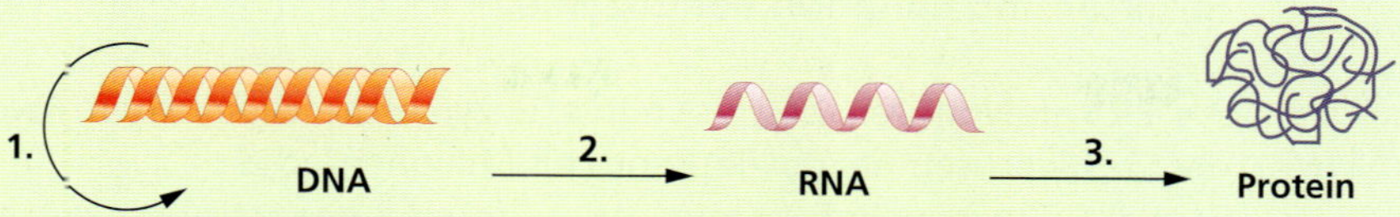

1. Primärer Träger der Erbanlagen ist bei allen zellulär organisierten Lebewesen das doppelsträngige DNA-Molekül. Die lineare Abfolge der Grundbausteine dieses Makromoleküls (Nucleotidsequenz) speichert auf der Basis des **genetischen Codes** die Erbinformation. Eine weitere Eigenschaft prädestiniert dieses Hochpolymer geradezu als Medium der Vererbung, die DNA lässt sich mit absoluter Identität **replizieren.** Grundlage dafür ist die **komplementäre Basenpaarung.** Auf diese Weise können bei Zell- bzw. Kernteilungen Informationen vererbt werden.

2. Die Realisierung der Erbinformation erfordert die Umschreibung der zu verwirklichenden Inhalte auf Ribonucleinsäuren (RNA). Bei dieser **Transkription** wird ein Strang der doppelsträngigen DNA durch Synthese einer komplementären einsträngigen RNA „ausgelesen". Dadurch werden spezifische Informationsinhalte der DNA je nach Bedarf abrufbar.
Für den Grundvorgang der Proteinbiosynthese sind drei verschiedene RNA-Formen notwendig: messenger-RNA, mit der Botschaft zur Synthese definierter Polypeptide; transfer-RNA, verantwortlich für den Transport der proteinogenen Aminosäuren, und ribosomale RNA, am Aufbau der Ribosomen beteiligt.

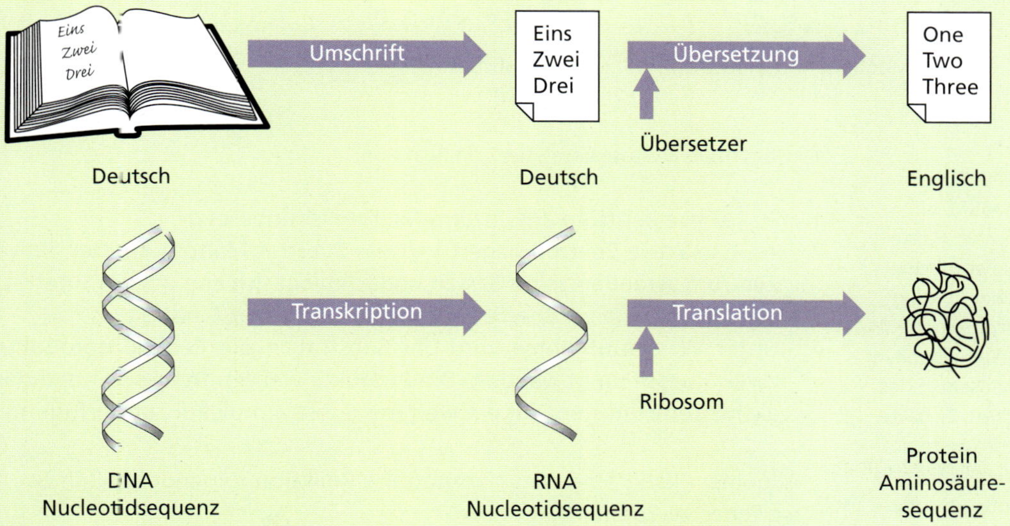

3. Die **Translation** ist die Übersetzung der Basensequenz der messenger-RNA in die Aminosäuresequenz eines spezifischen Polypeptids an den Ribosomen. Dem Ribosomen-mRNA-Komplex werden dabei die Ausgangsstoffe für die **Proteinbiosynthese,** die proteinogenen Aminosäuren, zugeführt. Auch hier wird gemäß der komplementären Basenpaarung eine definierte Bindung zwischen mRNA und tRNA hergestellt.

1.6 Enzyme – Katalysatoren im Organismus

Struktur und Funktion der Enzyme

griech.: *en* = in
griech.: *zyme* = Sauerteig, Hefe

Als Biokatalysatoren beschleunigen Enzyme die chemischen Reaktionen des Stoffwechsels um das Tausend- bis Millionenfache.
Fast alle Enzyme sind Proteine. Wie Proteine generell besitzen auch Enzymproteine meist Kettenlängen von 100 bis 500 Aminosäureresten. Jedes Enzym besitzt ein **aktives Zentrum.** Das ist die katalytisch wirksame Region des Enzyms, die auch der **Substrat**-Bindung dient. Viele Enzyme wirken nur in Verbindung mit Cofaktoren. Das können komplexe organische Verbindungen (z. B. ATP, $NADP^+$) oder Metall-Ionen (z. B. Fe^{2+}, Zn^{2+}) sein.

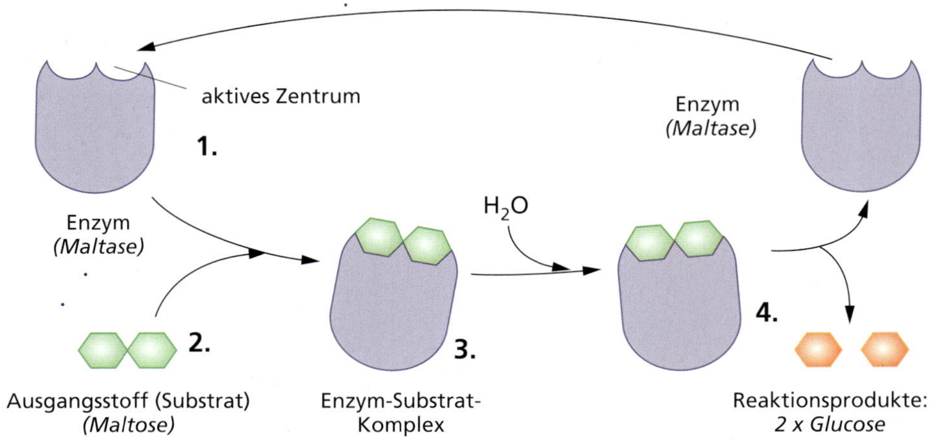

1 Das Enzym Maltase katalysiert die Reaktion.

1. Das aktive Zentrum des Enzyms Maltase ist unbesetzt.
2. An das aktive Zentrum lagert sich das Substrat Maltose an. Das aktive Zentrum verändert seine Gestalt und schmiegt sich eng um das Substrat.
3. Es entsteht eine vorübergehende Enzym-Substrat-Bindung.
4. Unter Wasseraufnahme wird das Substrat in die Reaktionsprodukte zwei Glucose umgewandelt. Die Produkte werden freigesetzt und das aktive Zentrum steht für ein weiteres Substratmolekül zur Verfügung.

ALEXANDER FLEMING (1881–1955), ein schottischer Bakteriologe, entdeckte 1922 eher zufällig das körpereigene Abwehrenzym Lysozym im Nasensekret des Menschen. Er hatte damit die erste antibakteriell wirkende Substanz gefunden. 1945 erhielt FLEMING mit SIR HOWARD W. FLOREY (1898 –1968) und ERNST B. CHAIN (1906 –1979) den Nobelpreis für Medizin oder Physiologie für die Entdeckung und Herstellung des Penicillins.

Allgemein kann eine **enzymvermittelte Reaktion** folgendermaßen beschrieben werden:

Enzym + Substrat ⟶ Enzym-Substrat-Komplex
Enzym-Substrat-Komplex ⟶ Enzym + Produkt(e)

Enzyme katalysieren fast alle in den lebenden Zellen ablaufende chemische Reaktionen. Aufgrund der typischen Form benötigt jedes Substrat ein passendes Enzym. Weil Enzyme auch außerhalb von Zellen wirken, gibt es eine Vielzahl von Einsatzmöglichkeiten, zum Beispiel in der Medizin, zur Waschmittelherstellung, in der Lebensmittelindustrie und Biotechnologie.

Substrat- und Wirkungsspezifität von Enzymen

Enzyme sind hochspezifisch. Für jedes Substrat gibt es ein bestimmtes Enzym. Ursache der Spezifität ist das aktive Zentrum. Es ist die katalytisch wirksame Region des Enzyms. Hier bindet das Enzym das Substrat und bewirkt die Reaktion.

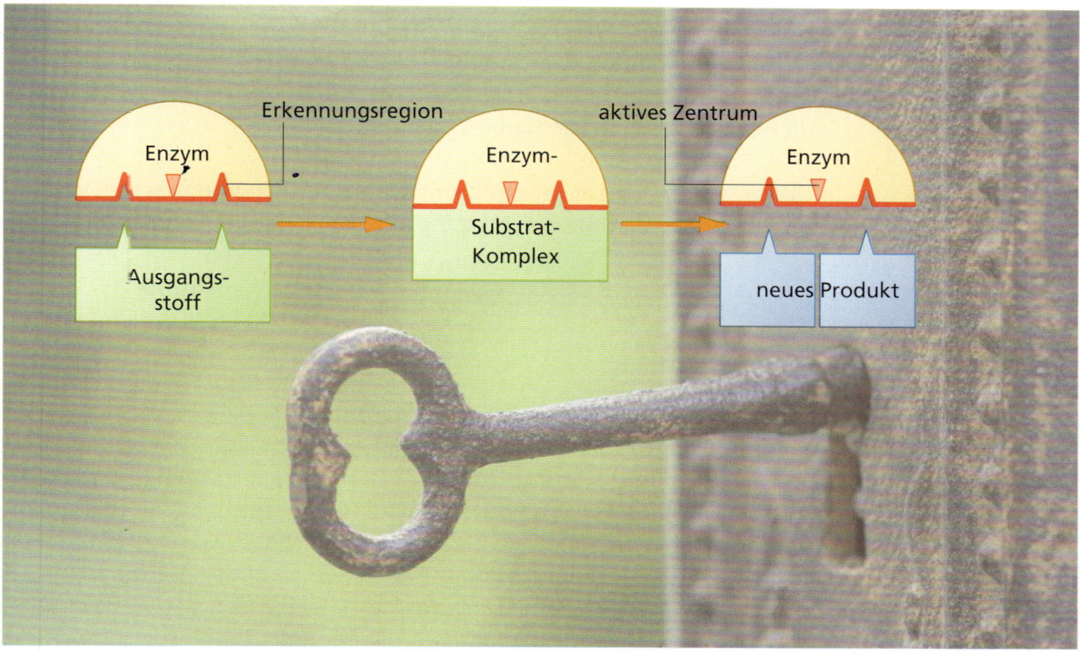

1 Bau und Funktion bedingen sich gegenseitig: Das Schlüssel-Schloss-Prinzip bei der Enzymwirkung.

Zur Spezifik des Enzym-Substrat-Komplexes gibt es zwei verschiedene Theorien, das **Schlüssel-Schloss-Prinzip** und die Anpassungstheorie. Im Grundsatz besagen beide Theorien, dass sich ein Substrat nur an ein Enzym erfolgreich binden kann, wenn es zum aktiven Zentrum in seiner Struktur bzw. seinen Eigenschaften passt. Es kommt zur Reaktion. Moleküle, deren Strukturen nicht ins aktive Zentrum passen, werden nicht gebunden. Diese Eigenschaft nennt man **Substratspezifität.** Jedes Enzym kann in der Regel nur ein bestimmtes Substrat bzw. eine Substratgruppe binden.
Aufgrund der Struktureigenschaften des aktiven Zentrums kann jedes Enzym auch nur eine chemische Reaktion katalysieren. Ist ein Substrat theoretisch zu mehreren enzymatischen Reaktionen fähig, ist für fast jede ein anderes Enzym erforderlich. Diese Eigenschaft nennt man **Wirkungsspezifität.** Substrate können nur in einer bestimmten Weise umgesetzt werden.

Lebende Zellen benötigen für ihre Stoffwechselvorgänge eine große Anzahl von Enzymen. Das Darmbakterium *Escherichia coli* besitzt allein etwa 4000. In einer Leberzelle sind etwa zwei Drittel des Gesamtproteingehalts Enzyme.

Energetischer Verlauf einer Enzymreaktion

Saccharose (Haushaltszucker) ist ein Naturprodukt, das wir täglich zu uns nehmen. In der Bundesrepublik liegt der Pro-Kopf-Verbrauch von Zucker bei 33 kg im Jahr. Chemisch ist Saccharose ein Disaccharid, das aus Fructose und Glucose besteht. Unter Wasseraufnahme lässt sich Saccharose deshalb in die beiden Einfachzucker zerlegen (Hydrolyse). Die Saccharoselösung muss mit konzentrierter Salzsäure einige Minuten lang gekocht werden. Durch die Erwärmung wird Energie zugeführt. Diese Aktivierungsenergie bringt das Substrat in einen aktivierten Zustand, sodass die Reaktion ablaufen kann (E_A ohne Saccharase).

Katalase ist eines der „schnellsten" Enzyme. Es kann die Reaktionsgeschwindigkeit um das 100 000-Fache erhöhen.

Im Darm verläuft diese Reaktion unter katalytischer Wirkung des Verdauungsenzyms Saccharase ohne konzentrierte Salzsäure bei Körpertemperatur.

$$\text{Saccharose} + H_2O \xrightarrow{\text{Saccharase}} \text{Fructose} + \text{Glucose}$$
$$\Delta G = -29\ \text{kJ} \cdot \text{mol}^{-1}$$

1878 prägte FRIEDRICH WILHELM KÜHNE (1837–1900) den Begriff Enzym für alle katalytisch aktiven Stoffe, die bisher als Fermente bezeichnet wurden. Ihre Benennung unterliegt festen Regeln.

Aus dem energetischen Verlauf der Reaktion kann man erkennen, dass Saccharase die **Aktivierungsenergie herabsetzt.** Diese Eigenschaft besitzen alle Enzyme. Im Vergleich zu den Reaktionsprodukten Glucose und Fructose hat der Ausgangsstoff Saccharose einen höheren Energiegehalt (↗ Abb. 1). Die Differenz wird als Reaktionsenthalpie (ΔG) bezeichnet. Wird diese Energie freigesetzt, erhält sie ein negatives Vorzeichen ($\Delta G = -29\ \text{kJ} \cdot \text{mol}^{-1}$). Auf die Reaktionsenthalpie hat das Enzym keinen Einfluss. Enzyme setzen die Aktivierungsenergie herab. Durch das Herabsetzen der Aktivierungsenergie können chemische Reaktionen in der Zelle bei Körpertemperatur ablaufen. Außerdem verlaufen die Reaktionen mit hoher Geschwindigkeit. Beim Einsatz von Enzymen in der Biotechnologie wird dadurch weniger Energie benötigt (↗ S. 65).

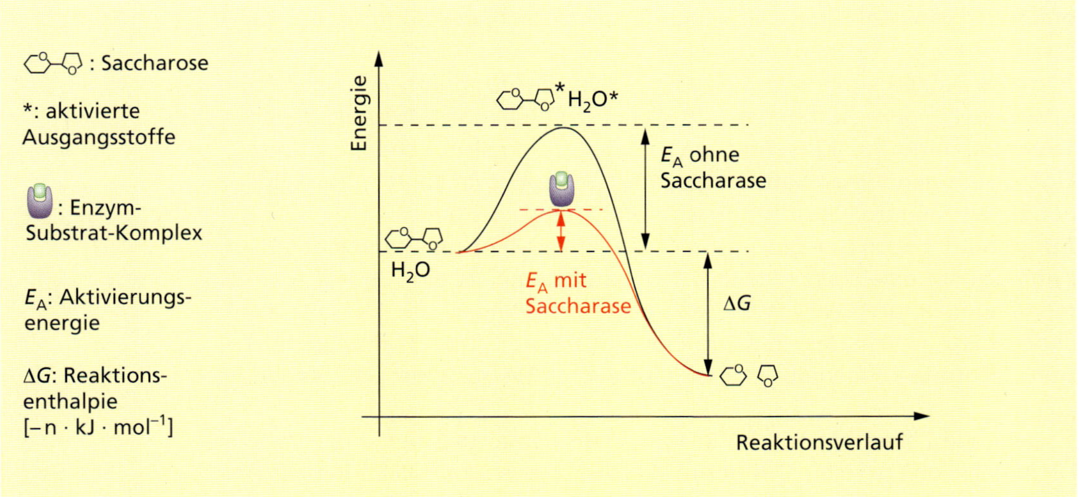

1 Energetischer Verlauf einer Enzymreaktion

Beeinflussung der Enzymaktivität durch Temperatur

Das A und O beim Herstellen eines Hefeteigs ist, dass der Teig schön „geht". Dabei werden Zuckermoleküle durch Hefebakterien vergoren und es entsteht u. a. Kohlenstoffdioxid. Diese mikroskopisch kleinen Gasbläschen lassen den Teig anscheinend mehr werden. Das Volumen nimmt zu, der Teig wird immer lockerer. Je wärmer der Teig dabei steht, desto schneller passiert das. Steigt die Temperatur allerdings über 40 °C, ist der Teig „tot" und geht nicht mehr. Ursache dafür sind die Enzyme der Hefebakterien, die die zugrunde liegenden chemischen Reaktionen katalysieren. Ihre Aktivität hängt offensichtlich von der Umgebungstemperatur ab.

Jacobus Henricus van´t Hoff (1852 bis 1911) erhielt 1901 als erster Chemiker den Nobelpreis für Chemie.

Untersuchungen von van't Hoff haben ergeben, dass die Reaktionsgeschwindigkeit mit wachsender Temperatur wächst. Erhöht man die Temperatur um 10 K, steigt die Geschwindigkeit um das Doppelte bis Dreifache und damit ebenso die Ausbeute an Reaktionsprodukten. Dieser Zusammenhang wird als **Reaktionsgeschwindigkeit-Temperatur-Regel (RGT-Regel)** bezeichnet.

Bei niedrigen Temperaturen reagieren die Enzyme kaum. Auch im Kühlschrank verlaufen Reaktionen mittels Enzymen von Bakterien äußerst langsam. Dadurch können Lebensmittel frisch gehalten werden.
Abbildung 1 zeigt aber auch: Jedes Enzym hat ein eigenes Temperaturoptimum. Es gibt an, bei welcher Temperatur der größte Umsatz stattfindet. Bei vielen Enzymen liegt es zwischen 30 und 45 °C. Ausnahmen bilden die Enzyme von Bakterien, die in heißen Quellen leben. Ihre chemische Struktur ist so beschaffen, dass sie bei Temperaturen um 90 °C ihr Optimum erreichen. Oberhalb des Temperaturoptimums fällt die Reaktionsgeschwindigkeit schnell. Wie alle Proteine denaturieren auch Enzyme bei hohen Temperaturen. Bei den meisten beginnt die Denaturierung bei mehr als 60 °C. Hierbei wird die Struktur verändert und das Enzym ist funktionsunfähig.

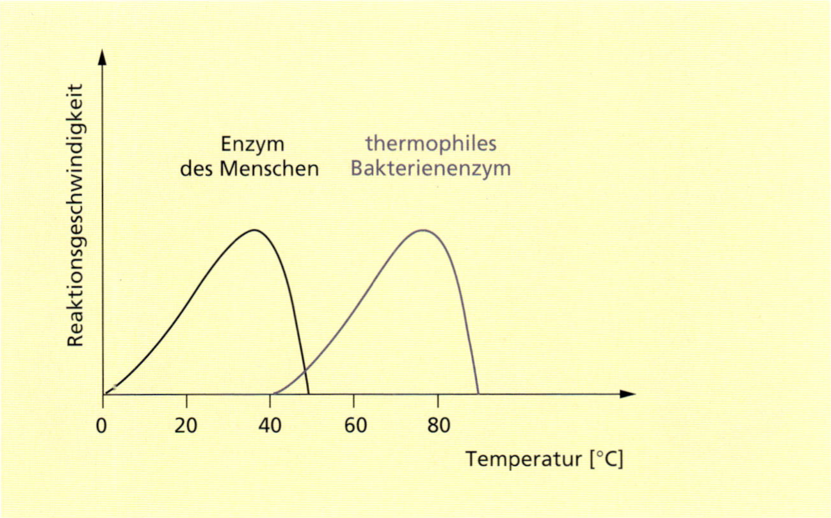

1 Temperaturoptimum von Enzymen

Enzymhemmung

Wenn sich der Inhibitor wieder vom Enzym ablösen kann, spricht man von einer **reversiblen Hemmung.** Dabei unterscheidet man zwischen kompetitiven Inhibitoren, die am aktiven Zentrum binden, und nichtkompetitiven Hemmstoffen, die an einer anderen Stelle des Enzyms binden und somit die Enzymaktivität hemmen.

Als **irreversibel** wird eine Hemmung bezeichnet, wenn der Inhibitor am aktiven Zentrum fest gebunden bleibt. Das Enzym wurde sozusagen vergiftet und kann nicht mehr katalytisch wirken, es muss neu synthetisiert werden.

Enzyme dürfen nicht ständig aktiv sein, sondern nur, wenn ihre Wirkung gebraucht wird. Hemmung und Aktivierung der Enzymaktivität stellen einen wichtigen Kontrollmechanismus dar. Stoffe, die die Aktivität von Enzymen hemmen, heißen **Inhibitoren.**

Man unterscheidet **reversible** oder **irreversible Hemmung.** Die reversible Hemmung kann nach einer bestimmten Zeit aufgehoben werden. Bei der irreversiblen Enzymhemmung lässt sich die Bindung zwischen Inhibitor und Enzym nicht wieder lösen.

Die Giftigkeit der Schwermetalle Blei und Quecksilber beruht auf einer irreversiblen Hemmung von Enzymen. Die Metalle bewirken eine Veränderung ihrer Passform, die nicht rückgängig gemacht werden kann. Lebenswichtige Reaktionen fallen aus.

Wenn das Inhibitormolekül in seiner chemischen Struktur dem Substrat ähnelt, liegt eine **kompetitive Hemmung** vor. Es setzt sich anstelle des Substrates in das aktive Zentrum, wird aber nicht umgesetzt. Das aktive Zentrum ist dadurch blockiert (↗ Abb. 1 b).

Da sich der Anteil der wirksamen Enzymmoleküle durch die Blockierung mit Inhibitoren für die Substrate verringert, wird die Reaktionsgeschwindigkeit herabgesetzt. Die kompetitive Hemmung kann durch Erhöhung der Substratkonzentration überwunden werden.

Die **nichtkompetitive Hemmung** kann ebenfalls reversibel sein. Inhibitor und Substrat können dabei zwar gleichzeitig vom selben Enzym gebunden werden. Die Bindungszentren sind aber nicht identisch. Ein nichtkompetitiver Inhibitor verhindert die Substratbindung nicht, verringert aber die Anzahl der Substratmoleküle, die pro Zeiteinheit in das Produkt umgewandelt werden können. Wenn das Inhibitormolekül an das Enzym andockt, ändert sich die Enzymgestalt. Das aktive Zentrum bindet noch das Substrat, die Umsetzung zum Produkt erfolgt aber weniger effektiv (↗ Abb. 1 c).

Viele enzymhemmende Stoffe wirken daher auch als Gifte in Organismen. So hemmen beispielsweise viele Schlangengifte Enzyme an Nervenzellen ihrer Opfer. Antibiotika können z. B. Enzyme zum Aufbau der Zellwand von Bakterien hemmen.

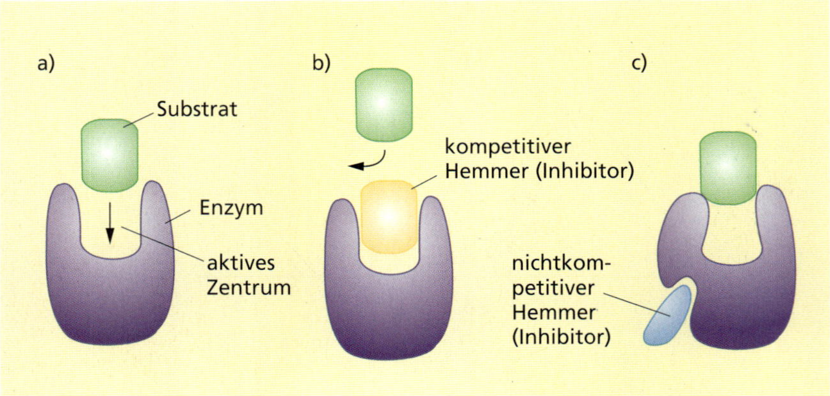

1 Enzymhemmung

Praktikum: Experimente zur Wirkungsweise von Enzymen

S Experiment 1

Urease ist ein hochwirksames Enzym, das die Spaltung von Harnstoff durch Wasser in Kohlenstoffdioxid und Ammoniak katalysiert ($H_2N{-}CO{-}NH_2 + H_2O \longrightarrow CO_2 + 2\,NH_3$).

Aufgabe:
Überprüfen Sie die Substratspezifität von Enzymen.

Vorbereitung:
Ureaselösung (0,1 %ig: 10 mg in 10 ml dest. H_2O), Harnstofflösung (1 %ig: 100 mg in 10 ml dest. H_2O), Thioharnstofflösung (1 %ig: 100 mg in 10 ml, dest. H_2O), Bromthymolblaulösung, verdünnte Essigsäure, warmes Wasser (30–40 °C), mehrere Reagenzgläser im Ständer, Becherglas (200 ml), Tropfpipette, Thermometer

Durchführung:
Füllen Sie jeweils ein Reagenzglas mit etwa 5 ml Harnstoff- bzw. Thioharnstofflösung und fügen Sie 3–5 Tropfen Bromthymolblaulösung hinzu. Wenn notwendig, können Sie den pH-Wert mit wenigen Tropfen verdünnter Essigsäure so weit senken, dass der Indikator eine deutlich gelbe Farbe zeigt. Geben Sie zum Schluss in beide Reagenzgläser je 1–2 ml Ureaselösung und stellen Sie den Ansatz in ein Wasserbad von 30–40 °C (ein Becherglas mit warmem Wasser genügt).
Harnstoff und Thioharnstoff unterscheiden sich nur geringfügig. Das Sauerstoffatom des Harnstoffs ist beim Thioharnstoff durch Schwefel ersetzt.

Auswertung:
Schildern und interpretieren Sie das Ergebnis.

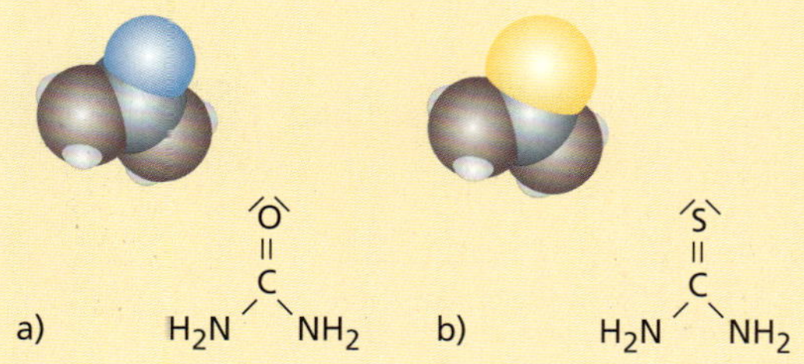

1 Struktur: a) Harnstoff und b) Thioharnstoff

S Experiment 2

Aufgabe:
Weisen Sie die Eigenschaften von Katalase nach.

Vorbereitung:
Kartoffel, Hefe, Leber, Mohrrübe, Apfel, 2 ml Kupfersulfatlösung, 2 ml Wasserstoffperoxidlösung

Durchführung:
Teilexperiment 1:
Prüfen Sie, ob in den oben genannten Proben das Enzym Katalase enthalten ist (Durchführung, Beobachtungen, Auswertung).

Teilexperiment 2:
Weisen Sie mit einem geeigneten Katalase-Präparat die Temperaturabhängigkeit der enzymatischen Reaktion nach (Durchführung, Beobachtungen, Auswertung, Fehlerbetrachtung).

Teilexperiment 3:
2 ml Kupfersulfatlösung werden in ein Reagenzglas mit etwas Katalase-Präparat gegeben. Nach 5 min werden 2 ml Wasserstoffperoxidlösung zugegeben (Beobachtungen, Auswertung: Deuten Sie die Ergebnisse des Versuchs).

Auswertung:
1. Erläutern Sie die Bedeutung der Katalase im Zellstoffwechsel.
2. Entwickeln Sie die Reaktionsgleichung für die durch die Katalase katalysierte Reaktion.

S Experiment 3

Aufgabe:
Überprüfen Sie den Stärkeabbau durch das Speichelenzym Ptyalin.

Vorbereitung:
1 g wasserlösliches Stärkepulver, 3 g Gelatinepulver, Iod-Kaliumiodidlösung (verdünnt), Becherglas (200 ml), Glasstab oder Löffel, einige Petrischalen, Gasbrenner mit Stativ oder Kochplatte

Durchführung:
Kochen Sie 1 g Stärke und 3 g Gelatinepulver in 100 ml Leitungswasser auf und gießen Sie die Lösung dünn in Petrischalen aus. Beim Erkalten erstarrt die Stärkegelatine in den Petrischalen. Malen Sie auf die erkaltete Gelatine mit etwas Speichel. Lassen Sie die Platte etwa fünf Minuten stehen und übergießen Sie sie dann mit verdünnter Iod-Kaliumiodidlösung.

Auswertung:
Beschreiben und erklären Sie das Ergebnis.

S Experiment 4

Häufig werden im Blumenhandel carnivore oder fleischfressende Pflanzen, wie Sonnentau, Venusfliegenfalle oder Fettkraut, angeboten. Das Besondere dieser Pflanzen ist, dass sie kleine Tiere, vor allem Insekten, fangen und verdauen können.

Aufgabe:
Weisen Sie die Proteinverdauung fleischfressender Pflanzen nach.

Vorbereitung:
schwarzes Ende eines entwickelten Diafilms, Sonnentaupflanze (aus dem Blumenhandel, z. B. Kap-Sonnentau: *Drosera capensis*), Diarähmchen und Diaprojektor oder Diascanner (bzw. Scanner mit Durchlichteinrichtung)

Durchführung:
Schneiden Sie vom schwarzen Ende eines belichteten Diafilms ein Stück ab (Größe eines Diapositivs). Drücken Sie dieses Filmstück mit der beschichteten Seite auf ein vollständig entfaltetes Blatt der Sonnentaupflanze und lassen Sie den Ansatz etwa eine Woche stehen. Nehmen Sie den Film dann ab und betrachten ihn nach Rahmung mit dem Diaprojektor.

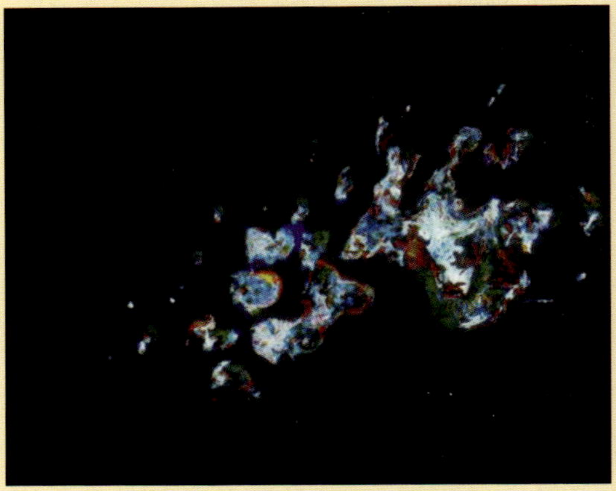

1 Ergebnis eines Gelatineverdauungs-Versuchs mit Sonnentau bei einem belichteten Diafilm

Auswertung:
1. Erklären Sie Ihre Beobachtungen mithilfe der Abbildung des Filmaufbaus.
2. In den Gewürzabteilungen von Supermärkten werden sogenannte Fleischzartmacher angeboten. Testen Sie einen Fleischzartmacher mit der „Filmprobe".
3. Machen Sie Vorschläge für weitere Tests.

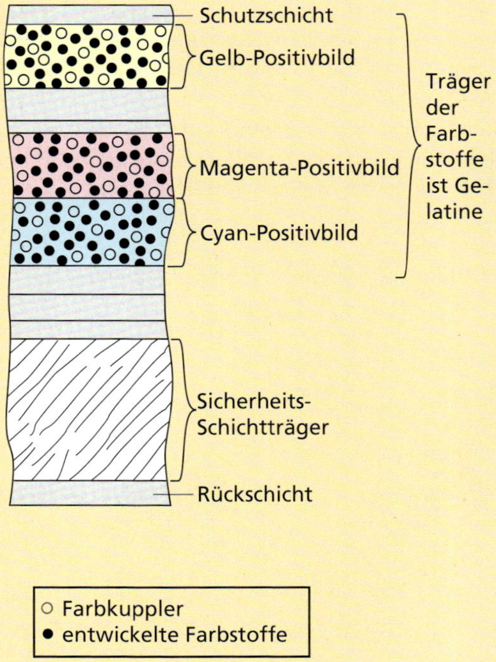

2 Aufbau eines entwickelten Diafilms

Enzyme in der Biotechnik

Was vor ca. 100 Jahren durch die Verwendung von Amylasen, Proteasen und Lipasen in Bäckereien, Gerbereien und Brauereien seinen Anfang fand, bezeichnet man heute als **„Weiße Biotechnologie"** – ein wichtiger, entwicklungsfähiger Zweig der *„Life-Sciences-Branche"*.
Gegenüber chemisch-technischen Produktionsverfahren haben biotechnische Verfahren den Vorteil, dass sie in der Regel ohne großen Energieaufwand bei normalen Drücken und Temperaturen ablaufen und dass kaum schädliche und nicht weiterverwendbare Abfallstoffe entstehen. Kern biotechnischer Produktionsanlagen sind meist Bioreaktoren, in denen für die verwendeten Mikroorganismen, Zellen oder Zellbestandteile optimale Vermehrungs- bzw. Stoffwechselbedingungen aufrechterhalten werden. Das gilt z. B. auch für den Gärungsprozess während der Bierherstellung (↗ Abb.).

Hierzu muss man allerdings genau über die Bedürfnisse der Mikroorganismen und über die ablaufenden Stoffwechselprozesse Bescheid wissen.
Enzyme sind äußerst effiziente **Katalysatoren.** Sie hinterlassen, im Gegensatz zu vielen konventionellen Verfahren, keine problematischen Rückstände, wie z. B. Klärschlamm oder Filterstaub. Die chemische und auch die pharmazeutische Industrie machen sich diesen Vorteil immer mehr zunutze. Sowohl in der medizinischen Diagnostik als auch als Medikamente haben sich Enzyme bewährt. In der Waschmittel-, Kosmetik-, Lebensmittel-, Papier- sowie in der Textilindustrie gibt es vielfältige Einsatzmöglichkeiten, z. T. sogar mit zusätzlichen positiven ökologischen Effekten. Die „Weiße Biotechnologie" nimmt durch ihren gezielten Einsatz bei der Herstellung und Verarbeitung von Produkten die Rolle eines Motors für den **integrierten Umweltschutz** ein: So helfen z. B. gentechnisch veränderte Enzyme bei der Herstellung von Textilien, Lebens-, Wasch- oder Arzneimitteln, unerwünschte Nebenprodukte zu vermeiden und gleichzeitig Energie und Rohstoffe einzusparen. Unternehmensberatungen schätzen, dass sich im Jahr 2010 bis zu 20 % des Umsatzes der chemischen Industrie aus biotechnischen Prozessen und Produkten ergeben, was einem Umsatz von rund 310 Mrd. US-$ entsprechen würde. Außerdem wären damit außerordentliche Umweltentlastungen und Schonungen der begrenzt zur Verfügung stehenden Ressourcen verbunden, die Öko-Institute für einige untersuchte Prozesse auf 20 bis 60 % Abfall- und Energieeinsparung einschätzen. Der „Weißen Biotechnologie" wird deshalb mit Blick auf ihr entwicklungsfähiges Potenzial für eine nachhaltige industrielle Produktion zunehmend eine Schlüsselrolle zugesprochen.

Daher entscheiden sich auch immer mehr Unternehmen für biotechnische Verfahren bzw. denken über deren zukünftigen Einsatz in ihrer Produktion nach. So werden z. B. Acrylamid, viele Aminosäuren, Bioethanol und Vitamine bereits mittels biotechnischer Verfahren hergestellt.
Gegenwärtig sind ca. 3500 Enzyme bestimmt und in ihrer Funktion beschrieben worden. Aber nur etwa 150 dieser Enzyme wurden bisher isoliert oder als Bestandteil ganzer Zellen industriell eingesetzt. Die meisten dieser Enzyme haben einen mikrobiellen Ursprung, sie sind in der Regel stabiler als Enzyme in Tieren oder Pflanzen. Chancen, besonders robuste Enzyme industriell einzusetzen, werden sich in Zukunft aus der Isolation und anschließenden Nutzung von Enzymen aus extremophilen Bakterien ergeben, die im Laufe der Evolution an extreme Umweltbedingungen (z. B. Sodaseen, Geysire, Tiefseeschlote) angepasst wurden.

Enzym	Substrat	Verwendung
Chymosin (Protease aus dem Labmagen von Kälbern, heute meist durch transgene Bakterien hergestellt)	Milchproteine	Herstellung verschiedener Käsearten
Papain (Protease aus dem Milchsaft des Melonenbaumes, *Carica papaya*)	Proteine im Bier	Beseitigung von Trübungen
Triacylglycerollipase (Lipase aus den Zellen des Fettgewebes)	Fette	Hydrolyse von Fetten

1 Beispiele für biotechnische Verwendungen von Enzymen

Überblick

Enzyme – Katalysatoren im Organismus

Enzyme sind **Biokatalysatoren,** die die **Aktivierungsenergie** herabsetzen und so die **Reaktionsgeschwindigkeit** erhöhen. Sie sind an fast allen chemischen Umsetzungen in einem Organismus beteiligt und beschleunigen eine chemische Reaktion, ohne dabei selbst verbraucht zu werden. Jedes Enzym besitzt ein **aktives Zentrum,** dabei handelt es sich um die katalytisch wirksame Region des Enzyms.

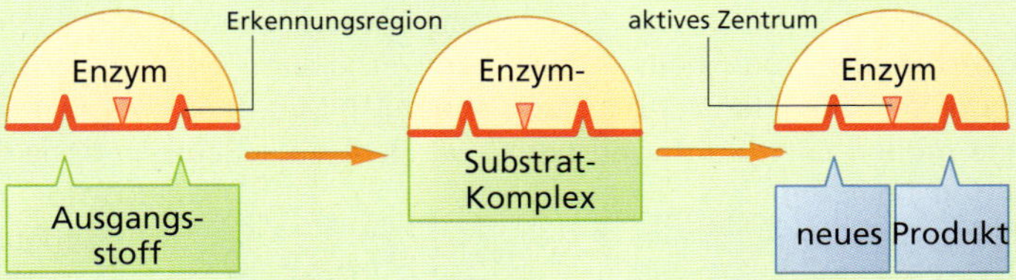

Die Passgenauigkeit zwischen Substrat und Enzym bewirkt seine **Substratspezifität.** Jedes Enzym katalysiert nur einen bestimmten Reaktionstyp. Diese **Wirkungsspezifität** ist stärker ausgeprägt als die Substratspezifität. Die fundamentale Bedeutung der Enzyme für den Ablauf des gesamten Zellstoffwechsels ergibt sich aus der Tatsache, dass sich alle Stoffwechselvorgänge aus Einzelreaktionen zusammensetzen und jede Reaktion durch ein für sie bestimmtes, spezifisches Enzym katalysiert wird. Jedes Enzym hat Bedingungen, bei denen es optimal reagiert. Die Temperatur spielt dabei eine entscheidende Rolle. So verändern z. B. steigende Temperaturen die Enzymreaktionen positiv (RGT-Regel), weil sich die Enzym- und Substratmoleküle schneller bewegen. Jedes Enzym besitzt ein **Temperaturoptimum.** Steigt die Temperatur weiter an, denaturieren die Enzyme wie alle anderen Proteine.

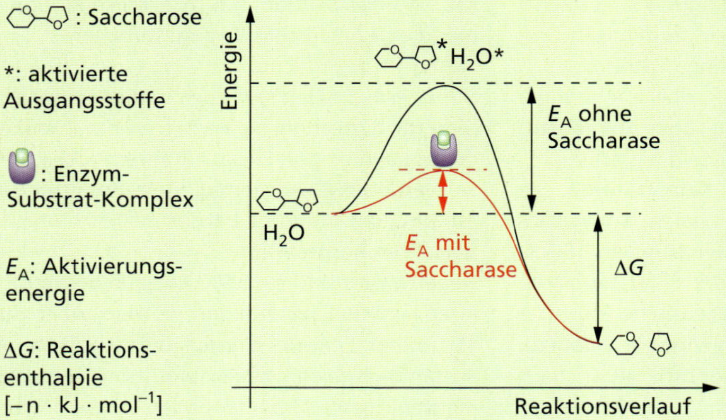

Stoffe, die die Aktivität von Enzymen hemmen, heißen **Inhibitoren.** Sie können reversibel und irreversibel wirken. Bei der **kompetitiven Hemmung** blockiert das Inhibitormolekül das aktive Zentrum. Es wird angelagert, aber nicht umgesetzt (↗ Abb. b). Bei der **nichtkompetitiven Hemmung** lagert sich der Inhibitor an einer anderen Stelle des Enzymmoleküls an. Dadurch wird dessen Gestalt verändert und die Anlagerung des Substrats an das aktive Zentrum ist erschwert, die Umsetzung wird verlangsamt, aber nicht völlig verhindert (↗ Abb. c).

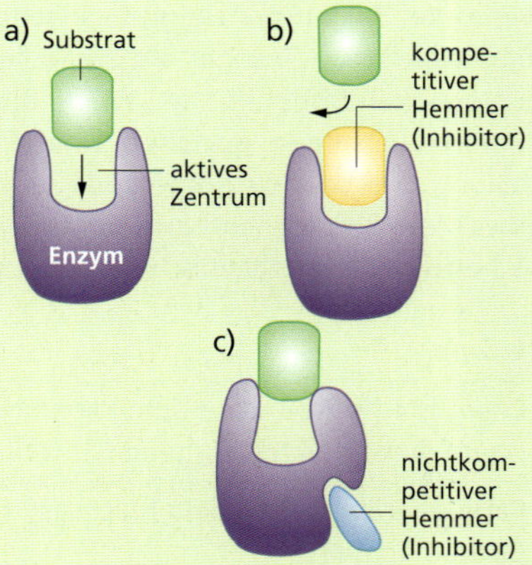

Für Enzyme gibt es ein breites Anwendungsspektrum bezüglich ihres biotechnologischen Einsatzes in Industrie und Medizin.

Aufgaben

1. Ein Glossar ist ein alphabetisch geordnetes Wörterverzeichnis. Jeder genannte Begriff wird durch einen Kommentar ergänzt, d. h. durch eine ausführliche Definition bzw. eine Begriffserläuterung. Dabei ist es unerheblich, ob die Erläuterungen in Sätzen oder nur in Stichworten erfolgen. Definitionen müssen allerdings exakt formuliert sein.
   Wiederholen Sie wichtige Begriffe aus dem Kapitel. Führen Sie dazu ein Glossar:
   Eucyt, Zelle, Kompartimentierung, Zellorganellen, Biomembran, aktive und passive Transportmechanismen, Xylem, Phloem, Transpirationssog, Wurzeldruck, DNA, RNA, genetischer Code, Translation, Transkription, Protein, Enzym, Enzymreaktion, Substratspezifität, Wirkungsspezifität, RGT-Regel, Enzymhemmung.

Glossar

Biomembran:
Enzym:

Die Zelle – Grundbaustein der Lebewesen und offenes System

2. Weisen Sie nach, dass der Erkenntnisfortschritt in der Zellbiologie in starkem Maße mit den zunehmenden technischen Möglichkeiten verbunden war und ist.

3. Halten Sie einen Vortrag über die geschichtliche Entwicklung der Zellbiologie. Geben Sie bekannte Zellbiologen, ihre wissenschaftlichen Erkenntnisse und die dazugehörigen technischen Voraussetzungen (Geräte) an.

4. Folgende acht Zellbestandteile können bei der Eucyte hinsichtlich ihrer Funktion unterschieden werden: Cytoplasma, Zellkern, Mitochondrien, Plastiden, Plasmamembran, endoplasmatisches Retikulum, Lysosomen und Vakuolen. Entwickeln Sie eine Übersicht zur Eucyte und den Funktionen der einzelnen Kompartimente.

5. Die Abbildung 1 zeigt schematisch die elektronenmikroskopischen Bilder einer Pflanzen- und Tierzelle.

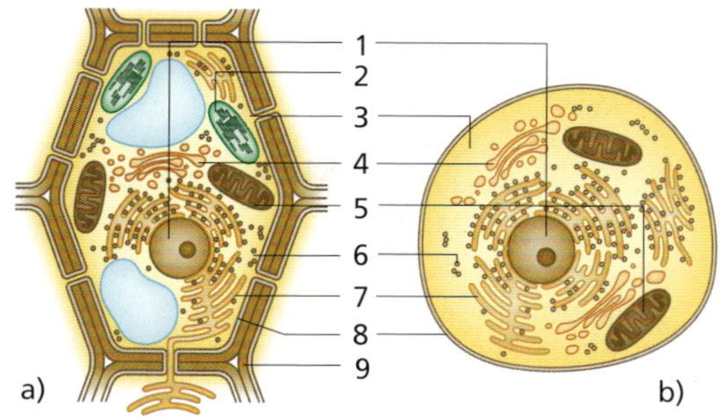

1 Pflanzen- (a) und Tierzelle (b)

   a) Benennen Sie alle gekennzeichneten Zellbestandteile und vergleichen Sie die Struktur pflanzlicher und tierischer Zellen.
   b) Warum werden diese eukaryotischen Zellen als Lebenseinheiten von tierischen und pflanzlichen Organismen bezeichnet? Nennen Sie in diesem Zusammenhang auch alle Kennzeichen des Lebendigen.

6. Erythrocyten (rote Blutkörperchen) werden im Laborversuch folgenden Bedingungen ausgesetzt:
   Versuchsbedingung I: Sie werden in eine 50 %ige Lösung von Essigsäure gegeben.
   Versuchsbedingung II: Sie werden in destilliertes Wasser gegeben.
   Die Abbildung b entspricht der Normalform der Erythrocyten. Die Abbildungen a und b sind im richtigen Größenverhältnis dargestellt. Ordnen Sie die Abbildungen a und c dem entsprechenden Medium zu und begründen Sie Ihre Zuordnung unter biophysikalischen Gesichtspunkten. Die Abbildung c ist nicht maßstabsgerecht. Treffen Sie eine begründete Aussage über die reale Größe im Vergleich zu einem Erythrocyten unter Normalbedingungen.

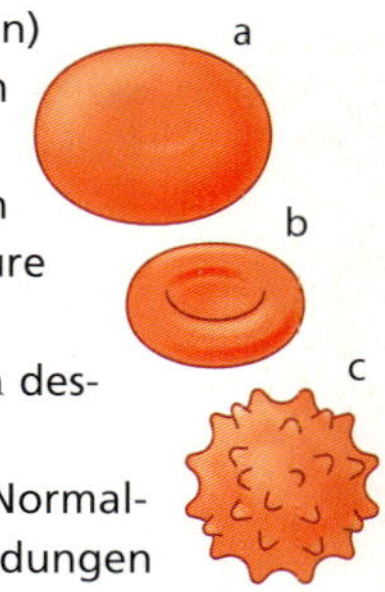

Stoffaustausch durch Biomembranen

7. Skizzieren und beschriften Sie einen repräsentativen Ausschnitt aus einer Biomembran einer Zelle nach derzeitigen Modellvorstellungen und erläutern Sie die Bezeichnung *„fluid-mosaic-model"*. Ordnen Sie den einzelnen Molekülen einer Biomembran deren Funktion zu.
   Machen Sie eine begründete Aussage dazu, ob Wechsel von Lipidmolekülen zwischen den Lipidschichten möglich sind.

8. Diffusion und Osmose sind passive Transportmechanismen. Definieren Sie die folgenden Begriffe:
Lösung – Konzentration – hypotonisch – hypertonisch – semipermeabel – Diffusion – Osmose.

9. Stellen Sie sich vor: Ein Deo- oder Parfümspray wird vor der Klasse zerstäubt. Alle Schüler, die etwas riechen, werden aufgefordert, sich zu melden. Vermuten Sie, wo die Schüler sitzen, die sich zuerst melden. Begründen Sie.

Stofftransport bei Pflanzen

10. Fertigen Sie ein Frischpräparat vom Sprossquerschnitt einer zweikeimblättrigen Pflanze an (↗ S. 38). Mikroskopieren Sie diesen Querschnitt und zeichnen Sie das mikroskopische Bild. Beschriften Sie es.

11. In einen Kunstdarm oder Dialyseschlauch wird eine Stärkelösung gegeben. Der Darm wird verschlossen und in ein Becherglas mit Wasser gelegt. Dem Wasser wird vorher eine Iod-Kaliumiodidlösung zugefügt, bis das Wasser leicht gelb gefärbt ist.
  a) Stellen Sie eine Hypothese auf, was zu beobachten sein wird.
  b) Überprüfen Sie Ihre Hypothese durch das Experiment.
  c) Notieren Sie den Versuchsaufbau und die Beobachtungen in einem Protokoll.
  d) Vergleichen Sie Ihre Beobachtungen mit Ihrer Ausgangshypothese. Hat sich Ihre Hypothese bestätigt?
  e) Interpretieren Sie Ihre Beobachtungen.

12. a) Erklären Sie die Entstehung eines Transpirationssogs.
  b) Beschreiben Sie seine Bedeutung für den Wassertransport durch die Sprossachse.
  c) Planen Sie ein Experiment zum Nachweis der Transpiration. Fertigen Sie dazu ein Protokoll an und notieren Sie Vorbereitung, Durchführung und Auswertung. Notieren Sie Ihre Messergebnisse und stellen diese grafisch dar.

13. In mit Eosin rot angefärbtes Wasser wurde ein weiß blühender Zweig eines Fleißigen Lieschens gestellt. Welche Veränderungen erwarten Sie? Überprüfen Sie Ihre Aussage durch den Versuch und erklären Sie das Ergebnis.

14. Gibt man einen Tropfen Wasser auf einen Objektträger, kann man einschätzen, dass die Adhäsionskräfte zwischen Wasser und Glas kleiner sind als die Kohäsionskräfte. Durch welche Beobachtungen ist diese Einschätzung gerechtfertigt?

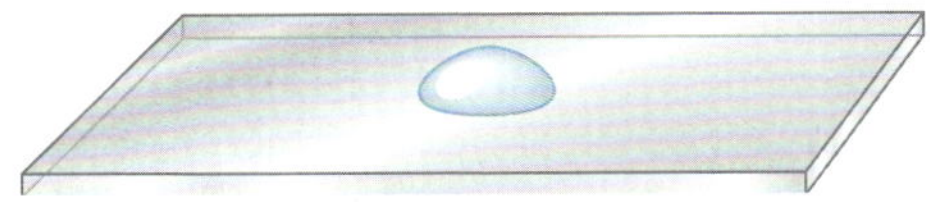

15. Zwei gleich große Zweige mit der gleichen Anzahl von Laubblättern werden in je ein Gefäß mit Wasser gestellt. Die Blattunterseiten des einen Zweigs werden mit Vaseline bestrichen. Die Wasseroberfläche in beiden Gefäßen wird mit Öl abgedichtet.
Stellen Sie eine Hypothese auf, welche Beobachtung zu erwarten ist. Begründen Sie Ihre Aussagen und überprüfen Sie sie anhand des Versuchs.

16. Beschreiben und erklären Sie die Wasseraufnahme durch die Wurzelhaarzelle (↗ Abb.) mithilfe der ablaufenden physikalischen Vorgänge. Gehen Sie auf energetische Aspekte ein.

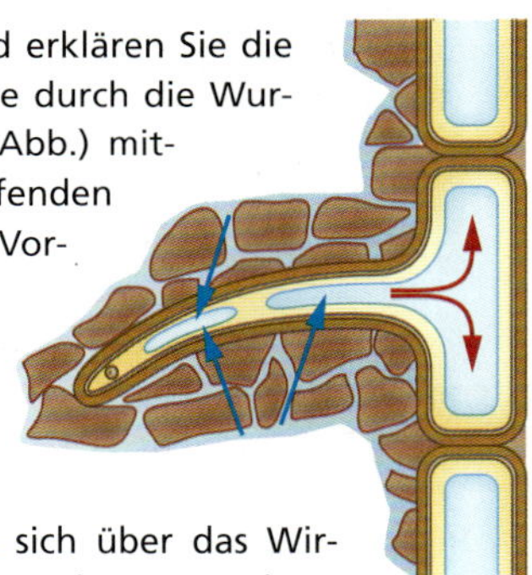

17. Informieren Sie sich über das Wirken Justus von Liebig (1803–1873).
  a) Halten Sie einen Kurzvortrag über eine besondere wissenschaftliche Leistung.
  b) Bei der Düngung mit Mineralsalzen ist es nicht ratsam, nach dem Prinzip „Viel hilft viel" zu verfahren.
  Begründen Sie im Zusammenhang mit der wissenschaftlichen Leistung von Liebig diesen Sachverhalt.

Speicherung und Realisierung der Erbanlagen

18. Nucleinsäuren gehören neben den Proteinen, Fetten und Kohlenhydraten zu den vier Hauptklassen biochemischer Verbindungen. Die Tabelle zeigt einen prinzipiellen Vergleich des chemischen Charakters dieser Verbindungsklassen. Übernehmen Sie die folgende Übersicht (↗ S. 69) und vervollständigen Sie die tabellarische Gegenüberstellung.

Verbindungsklasse	chemische Elemenete	Monomere	biologische Bedeutung
	C, H, O, N, P		
		Glycerol, Carbonsäuren	
Proteine			
			Energiequelle, Speicherstoff, Strukturbildner

19. Welche der folgenden Nucleinsäuremoleküle können in den Zellkernen Ihrer eigenen Zellen gefunden werden bzw. in den Zellen des Darmbakteriums *Escherichia coli,* im Verdauungssystem unseres Organismus, oder in beiden?

a) ringförmige DNA-Moleküle

b) DNA mit Adenin-Thymin- und Guanin-Cytosin-Basenpaaren

c) Gene mit Syntheseanweisungen für Proteine und ribosomale RNA

d) DNA in 46 linearen Molekülen

e) an DNA gebundene Histone

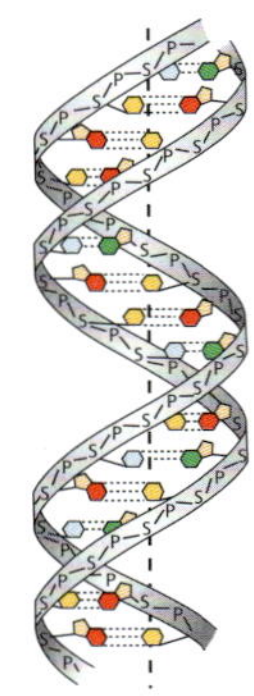

20. Erläutern Sie die biologische Bedeutung der Atombindungen zwischen Zucker und Phosphatresten in der DNA-Doppelhelix und der Wasserstoffbrückenbindungen zwischen den komplementären Basen.

21. Der genetische Fachbegriff Transkription leitet sich vom lateinischen Wortstamm *transcriptio* = Umschrift ab. Ist dieses Begriffsbild zutreffend? Begründen Sie.

22. Beschreiben Sie das Grundprinzip der genetischen Codierung. Nennen Sie die charakteristischen Merkmale des genetischen Codes. Erklären Sie diese Merkmale und erläutern Sie deren genetische bzw. evolutionsbiologische Bedeutung. Welche proteinogenen Aminosäuren werden nicht mehrfach verschlüsselt?
Nennen Sie die Codone, die für die „genetische Grammatik" von besonderer Bedeutung sind.

23. Die Abbildung – die sogenannte Code-Sonne – zeigt die Verschlüsselung der 20 proteinogenen Aminosäuren durch die entsprechenden Nucleotidtripletts der mRNA. Sie muss von innen (5'-Ende des Codons) nach außen (3'- Ende) gelesen werden.

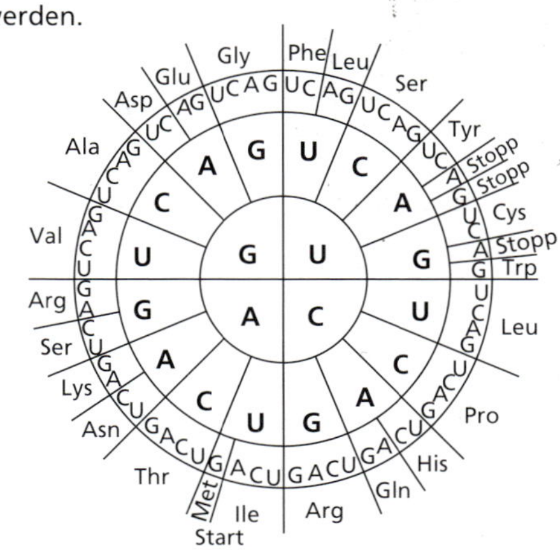

In der Abbildung werden für einige Struktur- und Funktionsproteine bzw. Peptide charakteristische Molekülausschnitte der Primärstruktur mit jeweils acht Aminosäureresten dargestellt.

Protein	Aminosäuresequenz
Elastin	...Gln-Gln-Gly-Cys-Asp-Ile-Phe-Phe...
Somatotropin	...Gln-Gln-Glu-Met-Met-Phe-Ser-Trp...
Casein	...Ala-Asn-Cys-Gln-His-Leu-Met-Pro...
Fibrinogen	...Lys-Gln-Glu-Leu-Leu-Ser-Asn-Asn...
Insulin	...Gly-Ile-Val-Glu-Gln-Cys-Cys-Ala...
Pepsin	...Val-Trp-Thr-Thr-Thr-Thr-Ala-Arg...
Renin	...Val-Trp-Thr-Thr-Thr-Ile-Ala-Arg...
Actin	...Arg-Gly-Glu-Met-Pro-Trp-Val-Asn...
Myosin	...Arg-Gly-Glu-Pro-Met-Trp-Val-Asn...
Kollagen	...Phe-Pro-Ser-Thr-Trp-Tyr-Val-Gly...

Identifizieren Sie mithilfe der gegebenen Informationen die in den folgenden sieben DNA-Abschnitten verschlüsselte Aminosäuresequenz und benennen Sie die entsprechenden Proteine bzw. Peptide.

GTCGTCCCGACACTATAAAAAAG
TTTGTTCTCAACAACAGATTATTA
CGTTTGACGGTCGTGGAATACGGG
AAGGGTAGATGGACCATACAACCG
GTTGTTCTCTACTACAAAAGAACC
GCCCCGCTTGGGTACACCCAATTA
GCCCCGCTTTACGGGACCCAATTA

24. Bei 64 Möglichkeiten der Verschlüsselung können alle proteinogenen Aminosäuren durch mehrere Basentripletts codiert werden. Entscheiden Sie, ob diese Aussage richtig ist.

25. Der Mensch ist nicht in der Lage, alle 20 proteinogenen Aminosäuren selbst zu synthetisieren. Diese sogenannten essenziellen Aminosäuren müssen mit der Nahrung aufgenommen werden. Erläutern Sie die Auswirkungen des durch einseitige Ernährung bedingten Mangels einer Aminosäure auf das Translationsgeschehen.

26. Die nachfolgende Abbildung zeigt die Strukturformeln zweier Komplementärbasen. Tragen Sie durch punktierte Linien die möglichen Wasserstoffbrückenbindungen zwischen den Molekülen ein.
Benennen Sie die beiden Nucleotid-Basen.

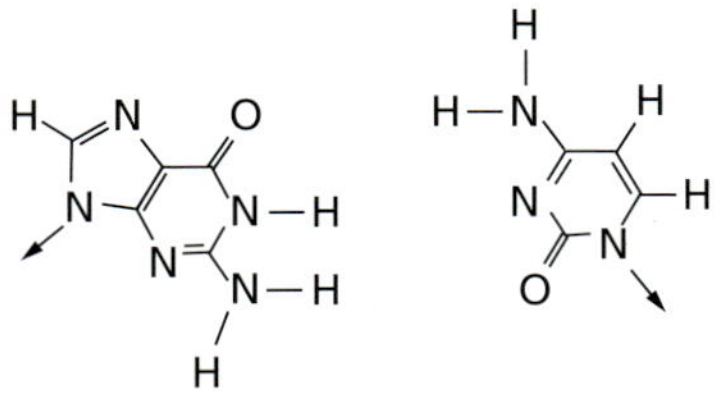

27. Beschreiben Sie, wie Proteine aufgebaut sind. Stellen Sie in diesem Zusammenhang dar, wie Stoffe mit prinzipiell ähnlichem Aufbau so unterschiedliche Funktionen im Organismus erfüllen können.

28. Der Name „Protein" wurde von dem berühmten Chemiker J. J. Berzelius geprägt und um 1840 in einem Lehrbuch erstmals verwendet. Die Bezeichnung geht auf einen griechischen Wortstamm zurück und bedeutet so viel wie „den ersten Platz einnehmen". Informieren Sie sich über die biologische Bedeutung der von Ihnen in Aufgabe 23 bestimmten Proteine im menschlichen Organismus. Ist die Benennung nach Berzelius gerechtfertigt?

29. Das von Bodenbakterien produzierte Antibiotikum *Rapamycin* nimmt u. a. Einfluss auf den Bau der Ribosomen.

a) Erläutern Sie, welche Prozesse der Proteinbiosynthese davon beeinträchtigt werden.

b) Überlegen Sie in diesem Zusammenhang, was ein verantwortungsvoller Einsatz von Antibiotika bedeutet.

Enzyme – Katalysatoren im Organismus

30. Die Spaltung von Saccharose in Fructose und Glucose ist eine exergonische Reaktion, trotzdem läuft sie bei Zimmertemperatur nicht spontan ab. Begründen Sie.

31. Welche der folgenden Stoffwechselreaktionen kann ohne einen Zufluss von Energie aus einem anderen Prozess ablaufen?

a) ADP + Phosphat $\longrightarrow$ ATP + H_2O

b) $C_6H_{12}O_6 + 6\,O_2 \longrightarrow 6\,CO_2 + 6\,H_2O$

c) 2 Aminosäuren $\longrightarrow$ Dipeptid + H_2O

d) Saccharose + H_2O $\longrightarrow$ Glucose + Fructose

32. Erläutern Sie folgende Begriffe: Enzym-Substrat-Komplex, kompetitive Hemmung und nichtkompetitive Hemmung.

33. Erklären Sie, warum eine Enzymreaktion durch Erhöhung der Konzentration des Substrats nicht beliebig beschleunigt werden kann.

34. Begründen Sie den Einsatz von Enzymen in Waschmitteln und führen Sie das an einem konkreten Beispiel aus.

35. Vergleichen Sie die Umsatzgeschwindigkeit einer enzymkatalysierten Reaktion und einer nicht katalysierten bzw. durch einen chemischen Katalysator beeinflussten Reaktion.

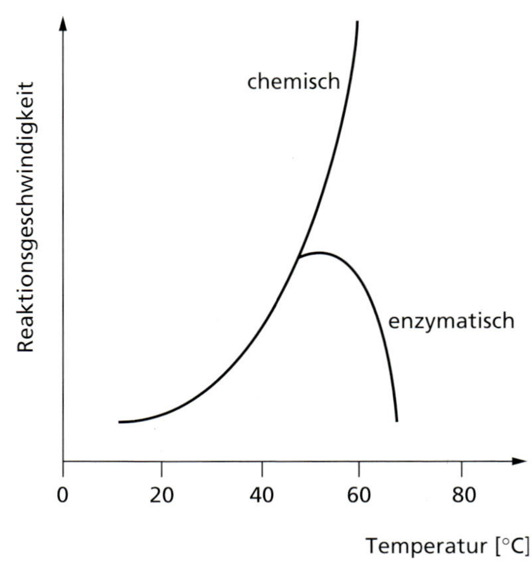

Erschließungsfelder

Seit den Zeiten von SCHWANN, SCHLEIDEN und VIRCHOW hat die **Zellbiologie** gewaltige Fortschritte gemacht (↗S. 11). Sie ist heute untrennbar beispielsweise mit der Genetik, Molekularbiologie oder Stoffwechselphysiologie, sogar mit der Ökologie verbunden.

Durch Kenntnisse von **Strukturen** und ihren **Funktionen** auf den **Ebenen** der Moleküle, Zellbestandteile, Zellen, Gewebe, Organe und Organismen kann die **Angepasstheit** von Organismen an ihre Umwelt beschrieben werden. Die **Wechselwirkung** der Organismen mit ihrer Umwelt erfordert die **Regulation** aller Lebensprozesse. Dazu ist es notwendig, dass auf allen Ebenen **Informationen** ausgetauscht werden.

Rund um die Kartoffel

Die Pflanzenfamilie der Nachtschattengewächse *(Solanaceae)* umfasst etwa 3000 Arten. Zu ihnen gehören z. B. Kartoffel, Paprika und Tomate. Ihr Gehalt an dem Pflanzengift Solanin, ein Alkaloid, war sicherlich ausschlaggebend für den Namen der Familie. Dafür gibt es unterschiedliche Erklärungen: Entweder entstand der Name, weil die Gifte bei Gebrauch nächtliche Halluzinationen „Nachtschatten" hervorriefen oder weil sie „Nachtschaden" durch ihre pharmazeutische Wirkung von den Menschen fernhalten sollten. Nach der Entdeckung Amerikas erlangten Kartoffel, Paprika und Tomate besonders in Europa eine große Bedeutung als Nahrungspflanzen.

Die Kartoffel *(Solanum tuberosum)* wurde anfänglich als Zierpflanze nach Europa eingeführt. Weil ihr Gehalt an Solanin und anderen Alkaloiden nach Verzehr der grünen Beeren, Blätter oder ergrünten Schalen der Kartoffelknollen zu Vergiftungen führte, wurde sie als Nahrungspflanze vorerst gemieden. Heute gibt es weltweit etwa 5000 verschiedene gezüchtete Kartoffelsorten, die in ihren Eigenschaften an ihren Verwendungszweck und die Anbaugebiete angepasst wurden.

1. **Struktur und Funktion, Ebene**
   Beschreiben Sie die angegebenen Strukturen von *Solanum tuberosum* und die daraus resultierenden Funktionen bzw. Eigenschaften auf den Ebenen der Moleküle (Biomembran), der Zellorganellen (Chloroplast), der Zellen (Palisadenzelle), der Gewebe (Palisadengewebe) und der Organe (Blatt).

2. **Angepasstheit**
   Erläutern Sie die Angepasstheit des Blattes und des Palisadengewebes an ihre Funktion.

3. **Struktur und Funktion**
   Stellen Sie in der Skizze einer Kartoffelpflanze den Stofftransport zwischen ihren Organen dar.

1 Kartoffelfeld

2 Verschiedene Kartoffelsorten

1 Larve (oben) und erwachsenes Tier (unten) des Kartoffelkäfers

2 Ursprüngliche Wirtspflanze des Kartoffelkäfers: die Büffelklette

Das Solanin als ein Gift der Kartoffelpflanze bewirkt einen gewissen Fraßschutz gegenüber Pflanzenschädlingen. Der aus Nordamerika stammende Kartoffelkäfer *Leptinotarsa decemlineata* wechselte von seiner ursprünglichen Nahrungspflanze, der Büffelklette *Solanum rostratum,* auf die dort neu eingeführte Kartoffel. Beide Arten bilden Solanin. Die Käferart wurde nach Europa verschleppt, verbreitete sich hier massenhaft und führte zu erheblichen Ertragsverlusten im Kartoffelanbau bis wirkungsvolle Pflanzenschutzmittel eingesetzt wurden.

4. Wechselwirkung und Angepasstheit
Erklären Sie die Existenz und den Futterpflanzenwechsel des Kartoffelkäfers in Amerika und seine Massenvermehrung in Europa.

Das Gift Solanin hemmt an Synapsen (Nervenzellkontaktstellen) das Enzym Acetylcholinesterase, wodurch es zu Vergiftungserscheinungen kommt. Aufgrund seiner strukturellen Eigenschaften (Schlüssel-Schloss-Prinzip) kann es mit dem abzubauenden Transmitter Acetylcholin um das aktive Zentrum des Enzyms konkurrieren.

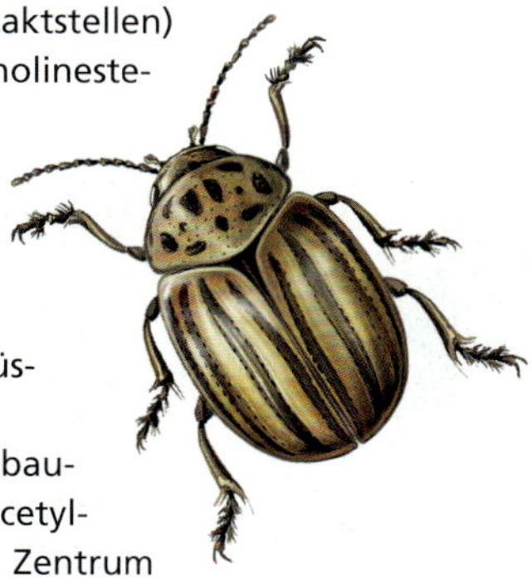

5. Struktur und Funktion, Ebene
Erklären Sie die Form der enzymatischen Hemmung (molekular). Schlussfolgern Sie daraus Vergiftungssymptome (Organismus).

6. Information, Struktur und Funktion
Erstellen Sie ein Fließschema, das die Realisierung der genetischen Information des Gens der Acetylcholinesterase veranschaulicht. Geben Sie dabei auch die entsprechenden Reaktionsorte in der Zelle an.

Solanin ist vor allem in den oberirdischen Pflanzenteilen der Kartoffelpflanze enthalten. In der gelben Knolle sind die Konzentrationen deutlich geringer. Am höchsten sind sie noch in der Schale und direkt unter der Schale. An Knollen, die aus der Erde ragen (und sich dann häufig grün verfärben), sowie an Verletzungsstellen der Knollen steigt der Solaningehalt deutlich an.

7. Regulation, Angepasstheit
Erklären Sie, wie es zu der unterschiedlichen Konzentration von Solanin in verschiedenen Teilen der Kartoffelpflanze kommen kann und deuten Sie dies als Angepasstheit.

8. Wechselwirkung
Erörtern Sie die Problematik des Gifts Solanin für den menschlichen Organismus und somit für die Lagerung der Kartoffel.

2 Assimilation und Dissimilation

Überblick

Das menschliche Auge verbraucht täglich Energie, die der in zwei Gramm Fett entsprechen, um sehen zu können. Die gleiche Menge Fett liefert einer Schwalbe die Energie zur Überquerung des Mittelmeeres.

Lebende Zellen und Organismen sind offene Systeme, sie müssen ständig Stoffe aus der Umwelt aufnehmen und Unverwertbares wieder abgeben. Dazwischen liegen zahllose biochemische Reaktionen zum Abbau, Umbau oder Aufbau der Stoffe. Die Gesamtheit aller Reaktionen wird als Stoffwechsel oder Metabolismus bezeichnet. Stoffwechselvorgänge zur Freisetzung chemischer Energie werden als **Energiestoffwechsel** zusammengefasst. Zum **Baustoffwechsel** gehören Prozesse zum Auf- oder Abbau von Zellstrukturen.

Leben erfordert Energie. Sie wird aus den energiereichen Nährstoffen, wie Kohlenhydraten, Fetten (Lipiden), und Eiweißen (Proteinen), gewonnen.

Es gibt zwei Formen der **Energiefreisetzung,** die Atmung und die Gärung. Bei der Atmung werden organische Stoffe mit Sauerstoff vollständig zu CO_2 und H_2O abgebaut. Bei Sauerstoffmangel liefern Gärungsprozesse die notwendige Energie. Am bekanntesten sind alkoholische und Milchsäuregärung. Hier erfolgt der Abbau unvollständig, die Reaktionsprodukte enthalten noch Energie.

Die Energiefreisetzung aus der **Dissimilation** wird auch zum Umbau körperfremder in körpereigene Stoffe gebraucht. Die heterotrophen Assimilationsvorgänge verlaufen meistens mit Energieaufnahme (endergon). Zu autotropher **Assimilation** sind nur die Chloroplasten in der Lage, die ihre Energie dem Sonnenlicht entnehmen (Fotoautotrophie). Nur einige Bakterien können Energie aus der Oxidation von anorganischen Stoffen gewinnen (Chemosynthese).

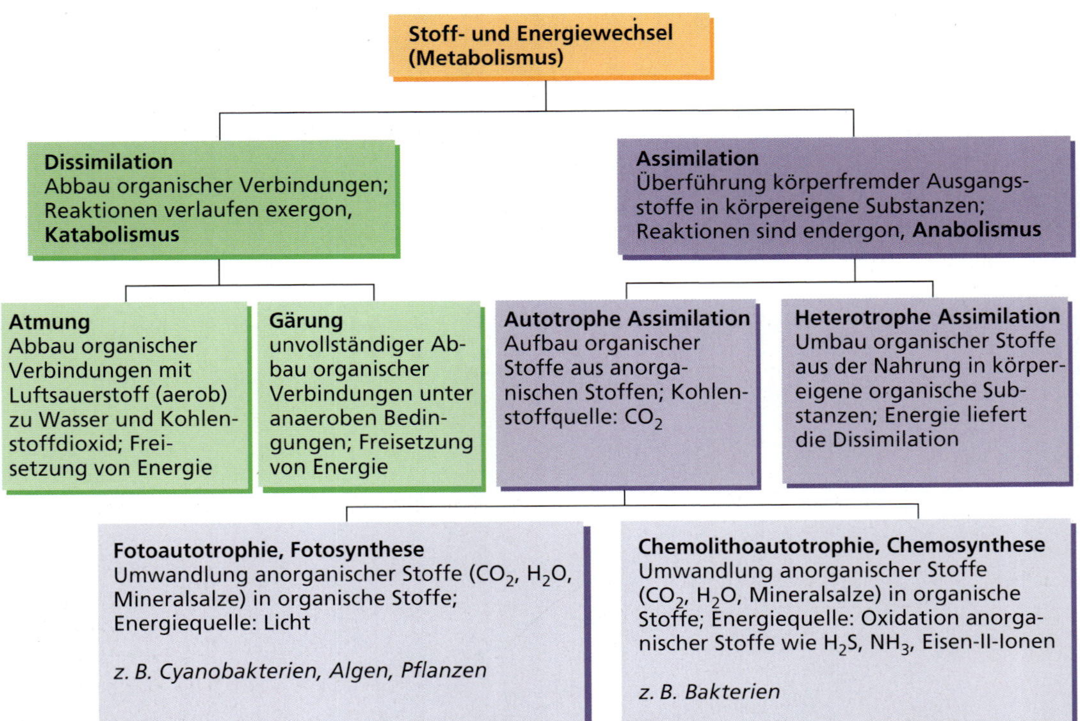

2.1 Fotosynthese

Orte der Fotosynthese – Feinbau der Chloroplasten

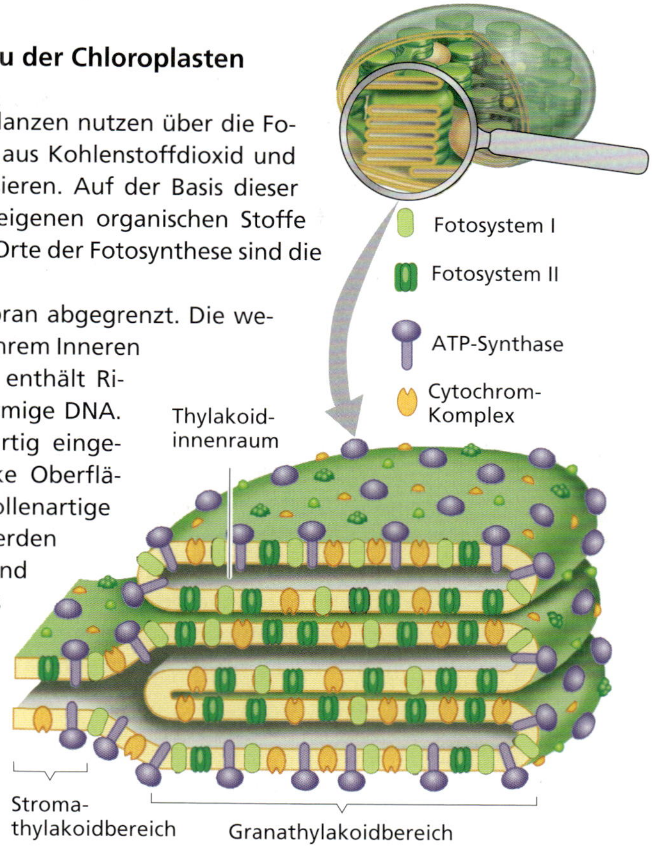

Verschiedene Einzeller sowie die Pflanzen nutzen über die Fotosynthese die Sonnenenergie, um aus Kohlenstoffdioxid und Wasser Kohlenhydrate zu synthetisieren. Auf der Basis dieser Assimilation bauen sie alle körpereigenen organischen Stoffe aus anorganischen Stoffen auf. Die Orte der Fotosynthese sind die **Chloroplasten.**

Diese sind durch eine Doppelmembran abgegrenzt. Die wenig strukturierte Grundsubstanz in ihrem Inneren wird **Stroma** (Matrix) genannt. Sie enthält Ribosomen, Enzyme und eine ringförmige DNA. Die innere Membran ist lamellenartig eingestülpt **(Thylakoide),** was eine starke Oberflächenvergrößerung bewirkt. Geldrollenartige Stapel der Thylakoidmembranen werden als Granathylakoide („Körner") und einfache Lamellen im Bereich des Stromas als Stromathylakoid bezeichnet.

Die **Fotosynthesepigmente** liegen auf den Granathylakoiden. Die Thylakoidmembranen, die ATP-Synthase als Enzym und die beiden Fotosysteme ermöglichen die lichtabhängigen Reaktionen.

Die lichtunabhängige Reaktion (Calvin-Zyklus, ↗S. 77) findet im pigmentlosen Stroma statt. Die Fotosynthesepigmente der Pflanzen **(Chlorophylle und Carotinoide)** können durch die Bildung eines **Fotosystem-Komplexes** verschiedene Wellenlängen des sichtbaren Lichts nutzen. Die angeregten Pigmentmoleküle geben die Energiequanten bis an ein zentrales Chlorophyllmolekül weiter.

Fotosynthese-pigment	**Chlorophylle** (grüne Blattfarbstoffe)	**Carotinoide** (gelbe oder orange Blattfarbstoffe)
Bau	– Porphyrin-Grundgerüst mit Magnesium als Zentralatom – Unterscheidung durch verschiedene Reste in ~ a, ~ b usw.	– kettenförmige Kohlenwasserstoffe mit vielen konjugierten Doppelbindungen
Funktion	– Chlorophyll a: Moleküle bilden Reaktionszentrum in Fotosystemen – Andere Chlorophyllmoleküle sind für die optimale Lichtabsorption im Fotosystem verantwortlich.	– Hilfspigmente für die optimale Lichtabsorption – Schutz der Chlorophylle

Zu den Meilensteinen in der Geschichte der Molekularbiologie gehört die 1845 gewonnene Erkenntnis von JULIUS R. MAYER (1814 – 1878) über die Bedeutung des Chlorophylls bei der Umwandlung von Lichtenergie in chemische Energie während der Fotosynthese.

Die Bilanz (Nettogleichung) der Fotosynthese stellt die Umkehrung der Zellatmung (↗ S. 83) dar.

Die **Fotosynthese** ist eine Form der autotrophen Assimilation. Sie verläuft in zwei Teilschritten:

1. lichtabhängige Reaktionen: Mithilfe der Energie des Sonnenlichts wird mittels Chlorophyll Energie in Form von ATP gebunden.
2. lichtunabhängige Reaktionen (Calvin-Zyklus): Unter ATP-Verbrauch werden Kohlenstoffdioxid und Wasser in Glucose umgewandelt.

Ablauf der Fotosynthese

Lichtabhängige Reaktionen

Lichtabhängige Reaktionen werden auch als Lichtreaktionen bezeichnet.

Im Reaktionszentrum des Fotosystem-Komplexes werden durch die Lichtabsorption eines Chlorophyllmoleküls Elektronen angeregt und an einen primären Akzeptor weitergegeben, bevor sie wieder in einen energieärmeren Zustand zurückfallen können. Vom primären Akzeptor werden die Elektronen an mehrere hintereinandergeschaltete Redoxsysteme weitergegeben. Dafür kommen zwei Wege infrage, ein zyklischer und ein **nichtzyklischer** (linearer) **Elektronentransport.** Die Begriffe beziehen sich darauf, ob die vom Reaktionszentrum des Fotosystems abgegebenen Elektronen an ihren Ursprungsort zurückkehren oder nicht.

1 Nichtzyklischer Elektronentransport

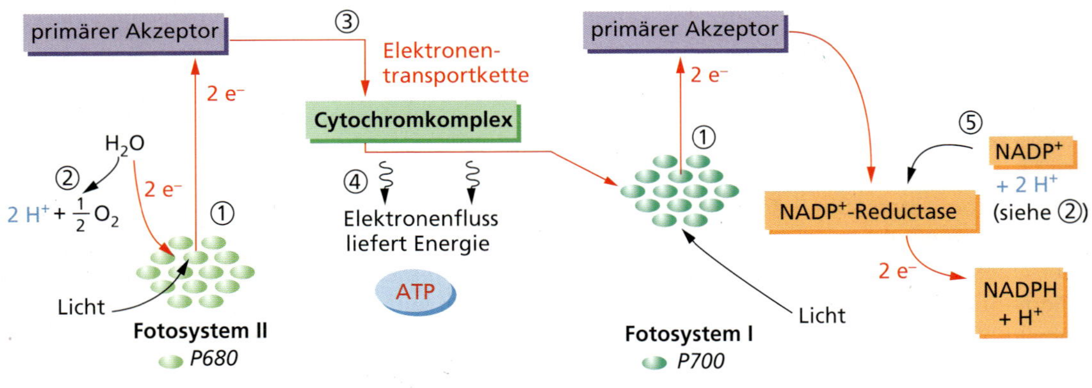

Die Anlagerung von Phosphatgruppen an ADP unter Beteiligung von Lichtenergie (ATP-Bildung) nennt man Fotophosphorylierung.

1. Durch Absorption von Lichtenergie entstehen in den Reaktionszentren der Fotosysteme (P680, P700) zwei energiereiche Elektronen, die von einem primären Akzeptor aufgenommen werden.
2. Das angeregte P680 ist danach ein starkes Oxidationsmittel und in der Lage, dem Wasser Elektronen zu entziehen **(Fotolyse des Wassers).**

$$H_2O \longrightarrow 2\,H^+ + \frac{1}{2}O_2 + 2\,e^-$$

3. Das vom angeregten P680 abgegebene Elektronenpaar wird über eine Elektronentransportkette zum Fotosystem I (P700) weitergeleitet.
4. Die Elektronentransportkette liefert die Energie für die ATP-Bildung.
5. Das angeregte P 700 gibt 2 Elektronen an $NADP^+$ ab, was zusammen mit $2 H^+$ aus ② zu $NADPH + H^+$ reagiert.

Lichtunabhängige Reaktionen (Dunkelreaktionen, Calvin-Zyklus)

Die Bereitstellung von ATP und NADPH + H^+ aus den lichtabhängigen Reaktionen ist die Voraussetzung, dass diese Reaktionsfolge im pigmentlosen Stroma ablaufen kann.

MELVIN CALVIN (1911 bis 1997), ein amerikanischer Chemiker, entdeckte den Kreisprozess, auch als Calvin-Zyklus bekannt. Die Abbildung zeigt ihn an einem Fotosyntheseapparat.

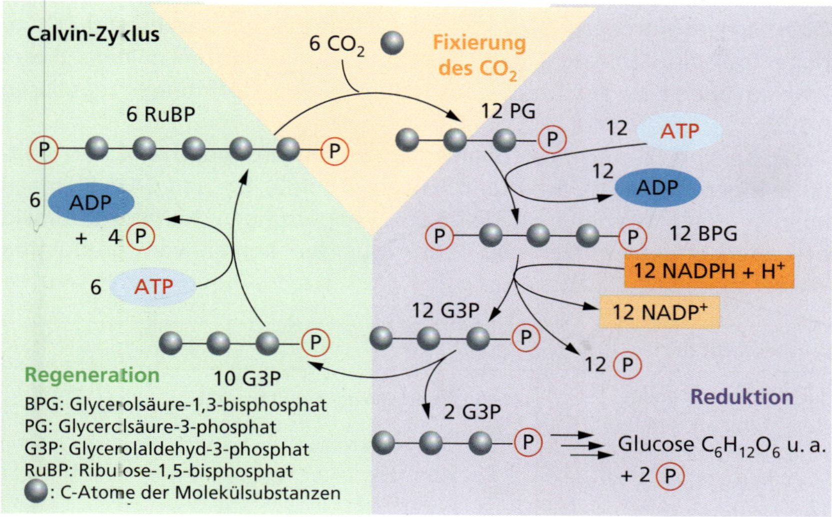

1. **Fixierung von Kohlenstoffdioxid** (Carboxylierende Phase): Kohlenstoffdioxid wird an Ribulose-1,5-bisphosphat (RuBP) gebunden. Die entstandene instabile Zwischenverbindung zerfällt sofort in zwei Moleküle Glycerolsäure-3-phosphat. Alle Pflanzen, die Glycerolsäure (Verbindung mit drei C-Atomen im Molekül) als erstes stabiles Zwischenprodukt in der lichtunabhängigen Phase bilden, werden als C_3-Pflanzen bezeichnet.
2. **Reduktion:** Jedes Molekül Glycerolsäure-3-phosphat wird zu Glycerolaldehyd-3-phosphat (G3P) reduziert. ATP liefert für diesen energieaufwendigen Prozess die Energie und NADPH + H^+ die Elektronen, sowie den erforderlichen Wasserstoff für die Reduktion. Aus jeweils zwei Molekülen Glycerolaldehyd-3-phosphat bildet sich unter Abspaltung der Phosphatgruppen **Glucose.** Daraus kann sich durch Polykondensation Stärke bilden.
3. **Regeneration des Ribulose-1,5-bisphosphats:** Aus jeweils zehn G3P-Molekülen werden sechs Moleküle RuBP regeneriert. Aus jeweils sechs CO_2-Molekülen, die in den Zyklus eingeschleust werden, entsteht ein Glucose-Molekül. Dafür werden 18 ATP-Moleküle und 12 NADPH + H^+-Moleküle verbraucht.

Die Geschichte der Fotosyntheseforschung begann in der 2. Hälfte des 18. Jh. mit der Entdeckung von JOSEPH PRIESTLEY (1733 bis 1804), dass von Tieren verbrauchte Luft von grünen Pflanzen wiederaufbereitet werden kann.

Die Ausgangsstoffe und Reaktionsprodukte der Fotosynthese lassen sich durch einfache Experimente nachweisen.

Gesamtgleichung aller Prozesse der lichtabhängigen und lichtunabhängigen Reaktionen:
Bruttogleichung:
$6\ CO_2 + 12\ H_2O \longrightarrow C_6H_{12}O_6 + 6\ O_2 + 6\ H_2O$

Es wird eine Energiemenge von 2872 kJ umgewandelt, um ein Molekül Glucose zu bilden.

Beeinflussung der Fotosynthese

Da Wasser nicht nur für die Fotosynthese sondern auch für viele andere Lebensprozesse wichtig ist, lässt sich keine eindeutige Beziehung zwischen Wasserangebot und Fotosyntheserate feststellen.

Die Fotosynthese ist vorrangig von der Energie des Sonnenlichts, der Temperatur und dem Kohlenstoffdioxidgehalt der Luft abhängig, wobei jede Art ihre spezifischen Ansprüche an die Umwelt hat (↗ S. 98).
Der geringe CO_2-Gehalt der Atmosphäre zwingt die Landpflanzen zur Oberflächenvergrößerung, wobei die Gefahr des Austrocknens durch zu hohe Transpirationsraten dadurch erhöht wird. Pflanzen mildern dieses Problem, indem sie den Gasaustausch durch die Spaltöffnungen regulieren (↗ S. 36).
Teilweise sind Blätter einer Pflanzenart an unterschiedliche Lichtverhältnisse angepasst (Licht-, Schattenpflanzen; ↗ S. 100). C_4- und CAM-Pflanzen können durch spezielle physiologische Anpassungen Kohlenstoffdioxid besonders effektiv nutzen und dadurch bei der Kohlenhydratproduktion Wasser sparen (↗ S. 142).

Beeinflussung der Fotosyntheseleistung

Bei einer Erhöhung der Lichtintensität steigt zunächst die Fotosyntheseleistung an. Am Lichtkompensationspunkt besteht ein Gleichgewicht zwischen CO_2-Abgabe und CO_2-Aufnahme. Wenn eine weitere Steigerung der Lichtintensität zu keiner weiteren Erhöhung der Fotosyntheseleistung führt, ist die Lichtsättigung erreicht.

Abhängigkeit von der Lichtintensität

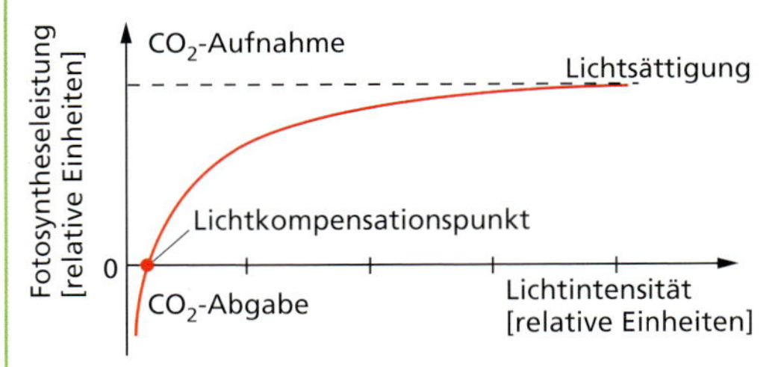

Kohlenstoffdioxid ist in der Natur häufig der begrenzende Faktor für die Fotosyntheseleistung. Die Erhöhung der Kohlenstoffdioxidkonzentration bis ca. 0,1 Vol.-% führt zu einer Steigerung der Fotosyntheseleistung. Danach erfolgt trotz steigendem Kohlenstoffdioxidanteil keine Zunahme der Fotosyntheseleistung (Kohlenstoffdioxidsättigung).

Abhängigkeit von der CO_2-Konzentration (bei konstantem pH-Wert)

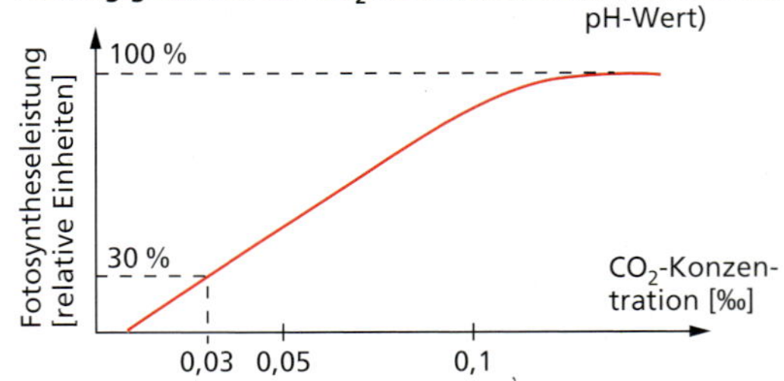

Wie bei allen chemischen Reaktionen steigt die Fotosyntheseleistung bei einer Erhöhung der Temperatur von 10 K um das Zwei- bis Dreifache (RGT-Regel, ↗ S. 61).
Bei mehr als 40 °C sinkt die Fotosyntheseleistung durch die Denaturierung der an den Reaktionen beteiligten Enzyme. Aufgrund der erhöhten Transpiration schließen sich die Spaltöffnungen bei den Pflanzen, was zur verminderten Kohlenstoffdioxidaufnahme führt.

Abhängigkeit von der Temperatur

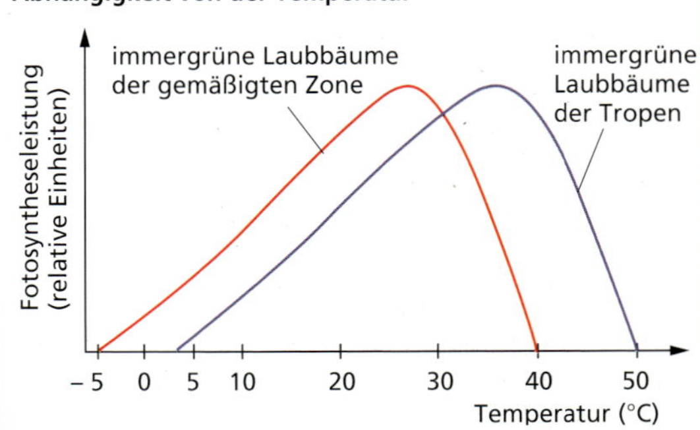

Speicherung chemischer Energie

Bei autotrophen Organismen sind die gebildeten Glucosemoleküle aus dem Calvin-Zyklus Ausgangsstoff für die Bildung weiterer organischer Stoffe. Mithilfe von Mineralstoffen werden Kohlenhydrate, Lipide, Proteine und andere organische Produkte (z. B. Alkaloide, organische Säuren, Nucleinsäuren) hergestellt. Heterotrophe Lebewesen nehmen diese organischen Stoffe mit der Nahrung auf und bauen sie im Organismus entsprechend ihres Bedarfs um.

Kohlenhydrate, Lipide und Proteine stellen als Nährstoffe die wichtigsten Energieträger und Baustoffe für die Organismen dar (↗ S. 144).

Bei der Fotosynthese, z. B. von Bakterien, können neben Wasser auch andere Wasserstoffdonatoren auftreten, z. B. Schwefelwasserstoff.

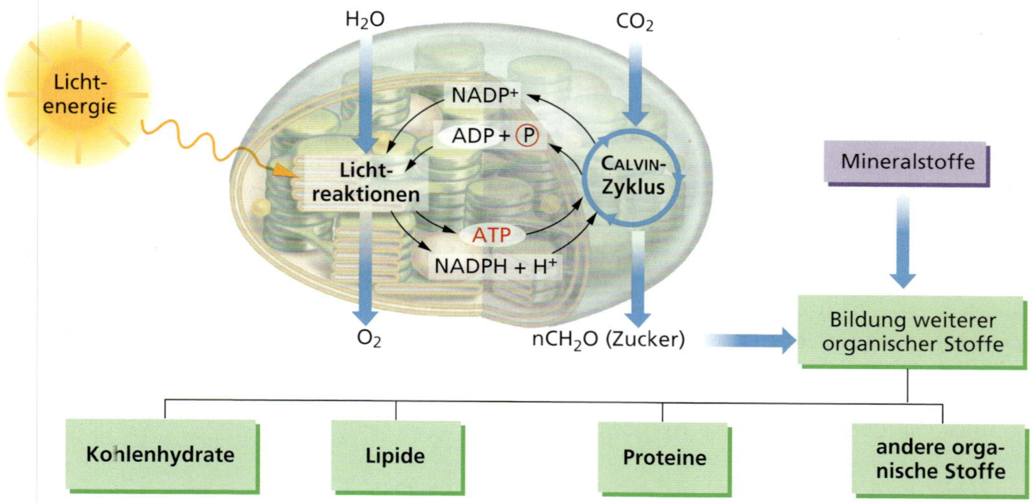

Kohlenhydrate

- **Glucose** und andere Monosaccharide in Früchten
- **Saccharose** und andere Disaccharide in Speicherorganen
- Polysaccharide wie **Stärke** in Speicherorganen und Früchten
- **Cellulose, Pectin** als Zellwandsubstanzen

Lipide

- Membranlipide
- Fette und fette Öle vor allem in Früchten und Samen

Wichtige Nahrungsmittel: *Erdnüsse, Sonnenblumenkerne, Oliven, Rapssaat, Früchte der Ölpalme, Kokosnüsse*

Proteine

- wichtigster Bestandteil des Cytoplasmas
- Speicherung in Früchten, Samen und Speicherorganen

Wichtige Nahrungsmittel: *Erbsen, Bohnen, Linsen, Getreidekörner („Vollkorn")*

andere organische Stoffe

- **ätherische Öle:** *Minze, Rosmarin, Thymian, Kümmel*
- **Alkaloide:** *Morphin (Schlafmohn), Atropin (Tollkirsche), Nicotin (Tabakpflanze)*
- **organische Säuren:** *Äpfelsäure (Johannis-, Stachelbeeren), Citronensäure*
- **Fruchtester:** *Fruchtaromen*
- **Flavonoide**

Die Fotosynthese:

- ist für fast alle Organismen direkt oder indirekt die Nahrungsgrundlage (Biomasseproduktion);
- liefert für die aeroben Organismen den notwendigen Sauerstoff;
- ist ein wichtiger Prozess im Kohlenstoffkreislauf (jährlicher Verbrauch von ca. 400 Mrd. Tonnen CO_2);
- stellt langfristige Energieressourcen bereit (Holz, Kohle, Erdöl, Torf);
- hat einen indirekten Einfluss auf die lebensnotwendige Ozonschicht (Schutz vor UV-Strahlung).

Praktikum: Fotosynthese und ihre Folgen

Blatt während des Versuchs — nach Einwirken der Iodlösung (nach Walter)

1 Lichtstärkeprobe (Schablonenversuch)

S Experiment 1

Aufgabe:
Weisen Sie die fotosynthetische Stärkebildung in Blättern nach.

Vorbereitung:
Pflanze mit flächig entwickelten grünen Blättern (z.B. Holunder, Flieder, Bohnen, Tabak, Kapuzinerkresse). (Ungeeignet sind manche Einkeimblättrige, da sie Zucker statt Stärke speichern, außerdem Blätter mit sehr dicker Kutikula oder Wachsauflagen, da das Nachweisreagenz bei ihnen nur sehr schlecht in die Mesophyllzellen eindringen kann.)
Iod-Kaliumiodidlösung (3 %ig), Spiritus, auch 70%iges Ethanol bzw. Methanol, große Petrischale oder Entwicklerschale, Alufolie oder schwarzer Karton, Büroklammern, Bechergläser, Kochplatte

Durchführung:
Einen Tag vor dem Nachweis wird ein der Sonne zugekehrtes grünes Blatt mit dünner Alufolie oder schwarzem Karton (wegen der starken Erwärmung weniger geeignet) umhüllt. Im Winter oder an trüben Tagen kann man statt des Sonnenlichts auch eine kräftige künstliche Lichtquelle verwenden. Am Nachmittag des folgenden Tages werden ein verdunkeltes Blatt und ein normal belichtetes der unmittelbaren Nachbarschaft abgeschnitten. Kann der Stärkenachweis nicht gleich durchgeführt werden, müssen die Blätter in Alkohol oder Spiritus gelegt werden.

1. Tauchen Sie die Blätter einige Minuten in heißes Wasser. Dadurch werden die Zellmembranen durchlässig gemacht.
2. Legen Sie die Blätter zum Auszug der Blattfarbstoffe in Spiritus. Durch mehrmaligen Wechsel des Lösungsmittels und Umrühren kann man den Chlorophyllauszug beschleunigen.
3. Die entfärbten Blätter werden mit Wasser abgespült und in einer Petrischale mit 3 %iger Iod-Kaliumiodidlösung „entwickelt".

Iod-Kaliumiodidlösung färbt Stärke schwarz bis blauviolett. An den Stellen des Blattes, an denen keine Stärke eingelagert wurde, tritt nur eine gelb-braune Färbung auf (Iodeinlagerung in Cellulose).

Für das Gelingen des Versuchs ist es wichtig, dass das eine Versuchsblatt vorher mindestens zwölf Stunden im Dunkeln gehalten wurde, damit es zu Versuchsbeginn weitgehend stärkefrei ist.

Eine eindrucksvolle Variante des Versuchs wurde bereits von dem Pflanzenphysiologen Hans Molisch (1856 – 1937) beschrieben:
Befestigt man ein fotografisches Negativ auf der dem Licht zugewandten Blattoberseite eines grünen Laubblattes, so entsteht nach ausreichender Belichtung bei Durchführung der Iodprobe auf dem Blatt das Positiv.

Auswertung:
Beschreiben und deuten Sie das Ergebnis des Versuchs. Was würde passieren, wenn man die Blätter erst am nächsten Morgen ernten würde?

S Experiment 2

Aufgabe:
Nutzen Sie die Sauerstoffbläschen als Maß für die Fotosyntheseaktivität von Wasserpflanzen.

Im Gewebe assimilierender Wasserpflanzen wird Sauerstoff erzeugt. Da er im Wasser wenig löslich ist, wird er gasförmig in die Interzellularen der Pflanze abgeschieden. Es entsteht ein Überdruck, der dazu führt, dass an irgendwelchen Verletzungs- bzw. Abschnittsstellen der Pflanze Sauerstoffbläschen austreten.
Die Bläschengröße ist in der Regel in Abhängigkeit von der Öffnung konstant. Sind sie zu groß (zu großer zeitlicher Abstand zwischen den einzelnen Blasen) oder zu klein (zu rasche Blasenfolge), können Sie durch erneutes Abschneiden oder Abkneifen eine günstigere Blasengröße herbeiführen.
Damit hat man eine einfache Möglichkeit, die Abhängigkeit der Fotosyntheserate von Umweltfaktoren zu prüfen: Die Zahl der pro Zeiteinheit aufsteigenden Blasen ist ein Maß für die Fotosyntheseaktivität.

Vorbereitung:
Sprosse der Wasserpest, destilliertes oder abgekochtes Wasser (CO_2-frei), mit CO_2 versetztes Mineralwasser, Hydrogencarbonat, Eiswürfel, Reagenzglas, Becherglas, Thermometer, Lichtquelle, z. B. Schreibtischlampe, Maßband, Stoppuhr oder Uhr mit Sekundenzeiger, einige etwa 1 cm lange Glasrohrstückchen

Durchführung und Auswertung:
Nutzen Sie die Materialien für einen Versuchsaufbau, mit dessen Hilfe Sie die Abhängigkeit der Fotosyntheserate von unterschiedlichen Umweltfaktoren prüfen können. Führen Sie verschiedene Versuchsreihen durch und stellen Sie die Ergebnisse tabellarisch und als Diagramm dar.

S Experiment 3

Aufgabe:
Weisen Sie die Sauerstoffproduktion bei der Fotosynthese nach.

Vorbereitung:
Sprosse der Wasserpest, Indigoblau (Indigosulfonat), Natriumdithionit ($Na_2S_2O_4$) ☒, Hydrogencarbonat ($NaHCO_3$) oder $KHCO_3$, 2 Weithals-Erlenmeyerkolben 200 ml mit Stopfen oder 2 dicht verschließbare Marmeladengläser

Durchführung:
1. Füllen Sie die beiden Probengläser randvoll mit Wasser und geben Sie jeweils eine Messerspitze Indigosulfonat zu. So entsteht eine kornblumenblaue Lösung. Setzen Sie nun tropfenweise Natriumdithionit-Lösung zu, bis sich das Indigo gerade entfärbt. Wichtig ist, dass der Umschlagpunkt kaum überschritten wird.
2. Bestücken Sie die so bereitete schwach gelbliche Indigoweiß-Lösung mit einigen Wasserpflanzensprossen. Um die Voraussetzungen für eine gute Assimilationsleistung zu verbessern, können Sie noch eine Prise Hydrogencarbonat zusetzen. Zum Schluss werden beide Ansätze mit dem dicht schließenden Deckel oder dem Stopfen verschlossen, sodass zwischen Wasser und Verschluss möglichst keine Luftblase bleibt. Anschließend stellt man ein Glasgefäß mit Wasserpflanze dunkel, das andere ins helle Sonnenlicht oder vor eine andere helle Lichtquelle.

Auswertung:
Schildern und interpretieren Sie Ihre Beobachtungen.

S Experiment 4

Aufgabe:
Überprüfen Sie die Veränderung des pH-Wertes in Blättern.

Vorbereitung:
Blätter vom Pfennigbaum *(Crassula ovata)* oder von anderen Dickblattgewächsen, Knoblauchpresse, kleine verschließbare Plastiktüten, Tiefkühlfach oder Gefriertruhe, pH-Indikatorstäbchen (Bereich 4 – 7), einige kleine Schnappdeckelgläschen (5 bis 10 ml)

Durchführung:
Blätter des Pfenningbaums oder einer anderen Pflanze mit dickfleischigen Blättern werden vor Beginn der Hellperiode, in der Mitte der Hellperiode und am Ende der Hellperiode sowie in der Mitte der Dunkelperiode abgeschnitten und sofort im Tiefkühlfach eingefroren. Füllen Sie die Blätter dazu in einen kleinen, verschließbaren Plastikbeutel und schreiben Sie mit einem wasserfesten Filzschreiber die Uhrzeit auf den Beutel.
Zur Auswertung werden die Blätter aufgetaut und ihr Saft wird mit einer Knoblauchpresse in ein kleines Schnappdeckelgläschen gepresst. Auch hier ist auf korrekte Beschriftung zu achten. Dann wird der pH-Wert des Presssafts mit einer pH-Elektrode oder mit Indikatorpapier auf 0,1 genau bestimmt.

Auswertung:
1. Stellen Sie die Messwerte in einem Diagramm dar und interpretieren Sie die Ergebnisse.
2. Beschreiben Sie einen Kontrollversuch.
3. Erläutern Sie den Vorteil der Sukkulenz für Pflanzen mit einem Säurezyklus während der täglichen Hellperiode (↗ S. 142).

Fotosynthese

Bei der Fotosynthese wird Sonnenenergie genutzt, um aus Kohlenstoffdioxid und Wasser Kohlenhydrate zu synthetisieren. Dabei wird Sauerstoff freigesetzt. Die Orte der Fotosynthese bei Pflanzen sind Chloroplasten.

Die Fotosynthesereaktionen lassen sich in eine **lichtabhängige** und eine **lichtunabhängige Reaktionsfolge** untergliedern. Bei der lichtabhängigen Reaktionsfolge handelt es sich um die Fotolyse des Wassers und zwei Elektronentransportketten, über die NADPH + H^+ und ATP gebildet werden. Diese Elektronentransportketten werden an zwei Stellen durch Photonen angetrieben.
Die für diese Reaktion verantwortlichen Pigmente liegen auf Thylakoidstapeln der Chloroplasten.

ATP und NADPH + H^+ sind die Voraussetzung dafür, dass die lichtunabhängige Reaktionsfolge im pigmentlosen Stroma der Chloroplasten ablaufen kann. Hier wird in einem zyklischen Prozess (Calvin-Zyklus) Kohlenstoffdioxid gebunden und letzten Endes zu Glucose reduziert. Viele Glucosemoleküle werden in den Chloroplasten zu Stärke verknüpft.

Die Fotosynthese ist vor allem von der Energie des Sonnenlichts, der Temperatur und dem Kohlenstoffdioxidgehalt der Luft abhängig. Außerdem kann Wassermangel die Fotosynthese stark beeinträchtigen, da die Landpflanzen sich durch Schließen der Spaltöffnungen vor zu hohem Wasserverlust schützen müssen. Besondere **Fotosynthese-Spezialisten,** wie die C_4-Pflanzen (z. B. Mais und Hirse) und die CAM-Pflanzen (z. B. Mauerpfeffer), können CO_2 sehr effektiv nutzen und dadurch bei der Kohlenhydratproduktion Wasser sparen.

Zusammen mit Mineralstoffen aus dem Boden werden die Assimilationsprodukte zu Kohlenhydraten, Lipiden, Proteinen und anderen organischen Stoffen aufgebaut.

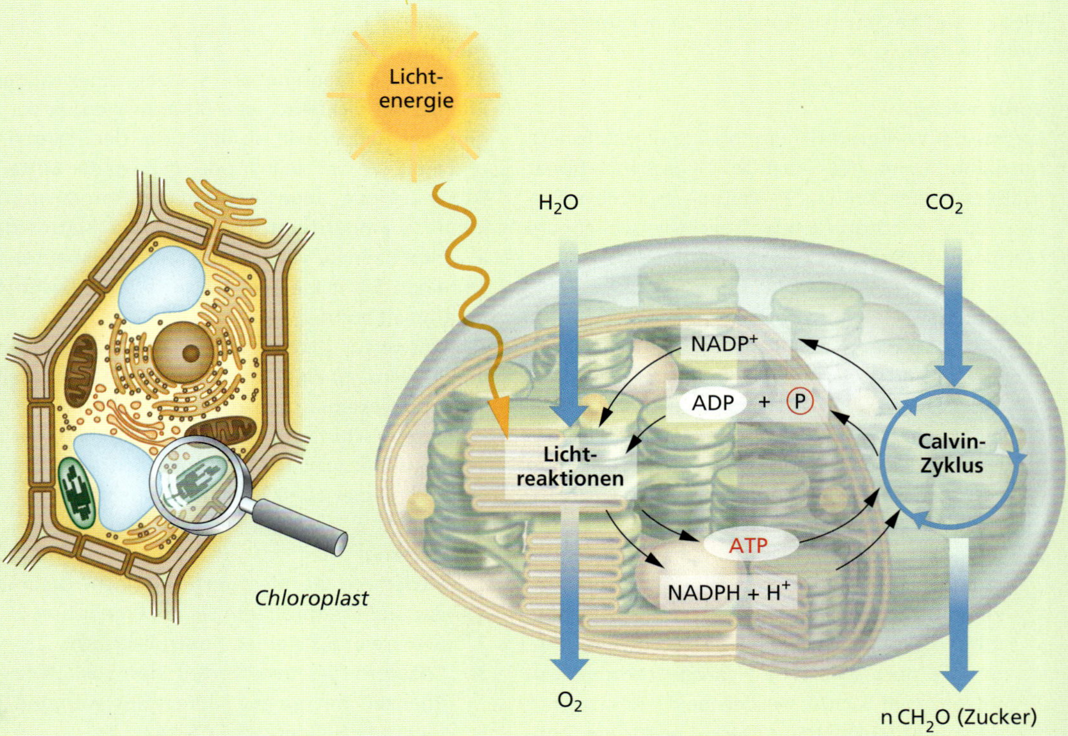

2.2 Zellatmung

Überblick

Lipide und Kohlenhydrate dienen vorwiegend dem Betriebsstoffwechsel zur Energiefreisetzung. Die Energiefreisetzung erfolgt in der Zelle durch biologische Oxidation von Glucose. Der notwendige Sauerstoff stammt aus der äußeren Atmung.
Glucose und Wasser reagieren mit Sauerstoff zu Kohlenstoffdioxid und Wasser. In der Bilanz ist die Reaktion die Umkehrung der Fotosynthese (↗S. 77).

Voraussetzung für die Zellatmung (innere Atmung) ist für die meisten Tiere die äußere Atmung, d. h., die Aufnahme von Sauerstoff über Kiemen, Lungen, Tracheen oder die Haut.

$$C_6H_{12}O_6 + 6\,O_2 + 6\,H_2O \underset{\text{Zellatmung}}{\overset{\text{Fotosynthese}}{\rightleftharpoons}} 6\,CO_2 + 12\,H_2O$$

$$\Delta G = -2\,870\ \text{kJ} \cdot \text{mol}^{-1}$$

Die zahllosen Reaktionsschritte der Zellatmung lassen sich zu drei Komplexen zusammenfassen: Glykolyse, Citronensäurezyklus und Atmungskette.

Die Zellatmung ist eine Form der Dissimilation. Durch die biologische Oxidation von Glucose erfolgt in kleinen Reaktionsschritten die Freisetzung großer Mengen Energie (ATP), die für vielfältige Lebensprozesse genutzt wird.
Die **Zellatmung** verläuft in drei großen Reaktionskomplexen:
(1) **Glykolyse** (im Cytoplasma),
(2) **Citronensäurezyklus** (in der Mitochondrienmatrix),
(3) **Atmungskette** (in der inneren Mitochondrienmembran).

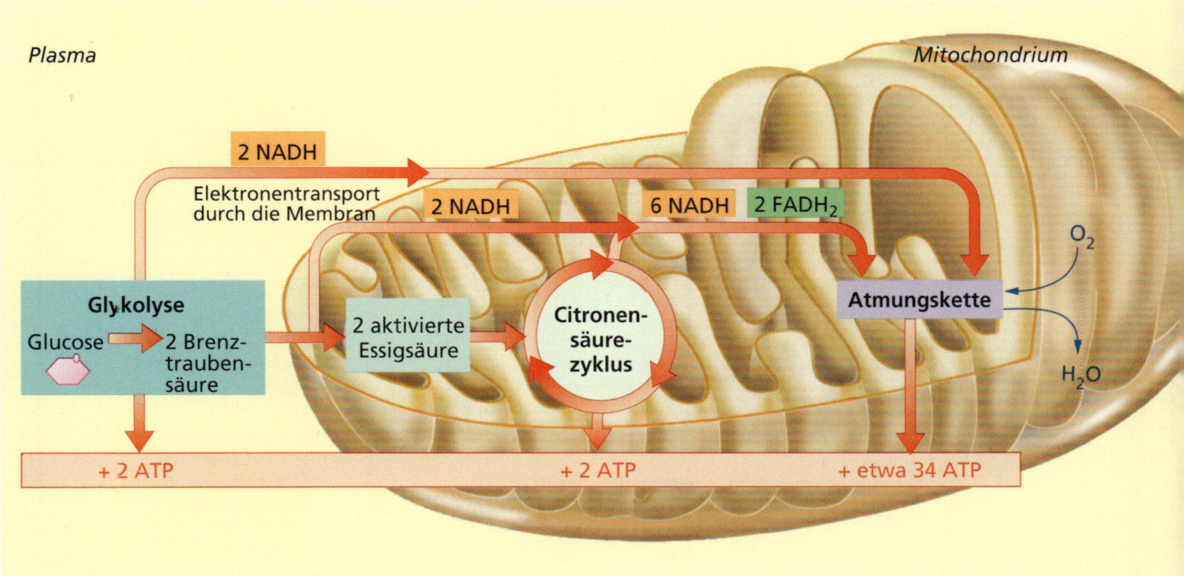

1 Die Zellatmung im Überblick

Glykolyse

griech.: *glycos* = süß
lysis = Auflösung

Die erste Phase der Zellatmung ist die Glykolyse. Sie findet im **Cytoplasma** der Zelle ohne Sauerstoff statt. Ausgangsstoff ist die energiereiche **Glucose.** In einer Reihe von Reaktionsschritten wird Glucose stufenweise zu Brenztraubensäure abgebaut. Da die **Brenztraubensäure** ($C_3H_4O_3$) dissoziiert vorliegt, spricht man auch von Pyruvat ($C_3H_3O_3$), dem Säurerestion der Brenztraubensäure. Jeder der mehr als zehn Reaktionsschritte, z. T. Redoxreaktionen, wird durch ein anderes Enzym katalysiert. Das Coenzym NAD^+ spielt bei der Elektronenübertragung innerhalb der Redoxreaktionen eine wichtige Rolle.

Im Ergebnis der Reaktionen finden folgende Umsetzungen statt:

Glucose wird nicht immer restlos abgebaut. Der Abbau richtet sich nach dem ATP-Bedarf. Ist eine bestimmte Menge ATP vorhanden, wird der Prozess durch eine nichtkompetitive Enzymhemmung unterbrochen.

1. Das Glucosemolekül ($C_6H_{12}O_6$) wird in zwei Moleküle Brenztraubensäure zerlegt.
2. Ein Vergleich der Teilchenzusammensetzung von Glucose und der zwei Moleküle **Brenztraubensäure** ergibt fehlende Wasserstoffatome (H). Sie wurden an das Coenzym NAD^+ übertragen. Es wird zu $NADH + H^+$ reduziert. **$NADH + H^+$** bindet den Wasserstoff und transportiert ihn zur Atmungskette.
3. Das Glucosemolekül ist energiereicher als das Molekül der Brenztraubensäure. Während der Glykolyse wird Energie übertragen, indem sie in die ADP/ATP-Reaktion eingeht.

ADP + Ⓟ ⟶ ATP $\Delta G = -30{,}5\,\text{kJ} \cdot \text{mol}^{-1}$
Adenosindiphosphat + Phosphat ⟶ Adenosintriphosphat

Während der Glykolyse entstehen **zwei Moleküle ATP.**

Bilanz der Glykolyse:
Glucose ⟶ 2 Brenztraubensäure
2 NAD^+ ⟶ 2 $NADH + 2\,H^+$
2 ADP + 2 Ⓟ ⟶ 2 ATP

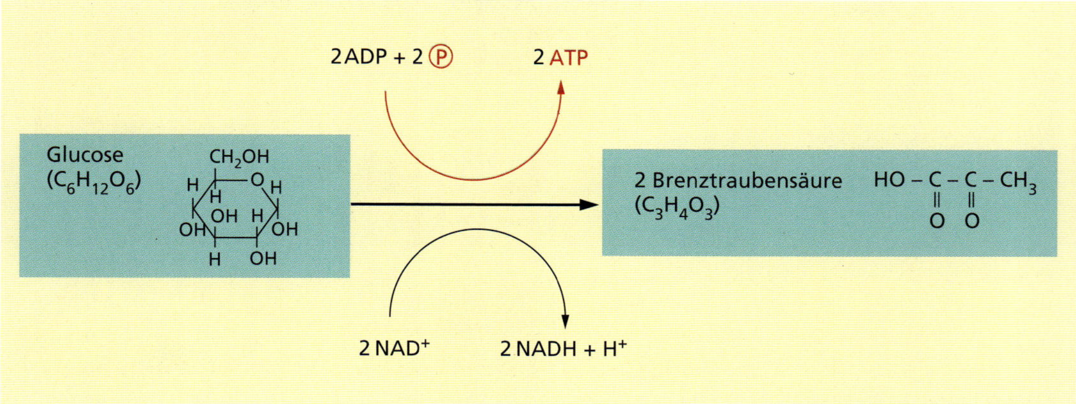

Thema

Hans Adolf Krebs

1 Hans Adolf Krebs

Zeitgeschehen

Hans A. Krebs wurde am 25.08.1900 als Sohn jüdischer Eltern in Hildesheim geboren. Dort legte er 1923 sein Staatsexamen ab, ging dann als Mitarbeiter an die III. Medizinische Klinik der Universität Berlin und promovierte 1924 in Hamburg zum Dr. med.

Zunächst in Cambridge, später in Sheffield, forschte der 1945 Habilitierte intensiv über den intermediären Stoffwechsel. 1936/1937 gelang ihm die Aufdeckung des **Citronensäure-, Citrat-** oder **Tricarbonsäurezyklus,** auch Krebs-Zyklus genannt. Bei Tieren wie bei Pflanzen bewirkt diese Reaktionsfolge in den Mitochondrien den oxidativen Endabbau der Nahrungsstoffe. Der von Krebs postulierte Zyklus bestimmte in den folgenden Jahren zahlreiche experimentelle Ansätze in der Biochemie und konnte in den 1940er-Jahren durch Versuche lückenlos bewiesen werden.
Hans A. Krebs Pionierarbeit wurde 1953 mit der höchsten Ehrung für Wissenschaftler, dem **Nobelpreis** für Physiologie oder Medizin, ausgezeichnet. 1958 erhob Königin Elisabeth II. den seit 1939 britischen Staatsbürger in den Adelsstand. Bis zu seiner Emeritierung 1967 arbeitete er als Professor in Sheffield und Oxford, danach leitete er das Metabolic Research Laboratory am Radcliffe-Krankenhaus in Oxford. Sir Hans A. Krebs, ein trotz aller Erfolge immer bescheiden auftretender Mann, starb im Alter von 81 Jahren in Oxford.

Wissenschaftliche Arbeit / Bedeutung für die Biochemie

Die Biochemie ist eine relativ junge Disziplin. Erst in den 1920er-Jahren etablierte sie sich als eigenständige Wissenschaft und errang erste Durchbrüche in der Grundlagenforschung. 1922 hatte der Arzt und Biochemiker Otto Heinrich Warburg (1883–1970), Professor am Kaiser-Wilhelm-Institut für Biologie in Berlin-Dahlem, mit seinen Forschungen über den Stoffwechsel von Tumorzellen begonnen. Sein bedeutendster Schüler wurde Hans A. Krebs, der nach eigenem Bekunden während seiner vierjährigen Assistenz (1926–30) bei Warburg mehr als von jedem anderen Lehrer lernte.

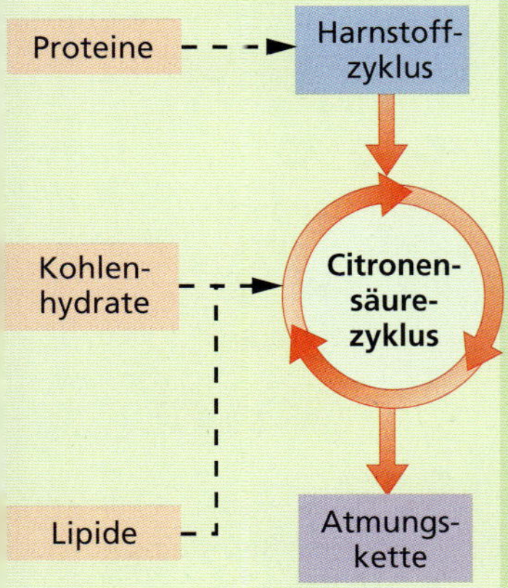

2 Der Citronensäurezyklus ist die Drehscheibe des Zellstoffwechsels

... und mehr

Informieren Sie sich auch unter: *Atmungskette, Citratzyklus, Energiefreisetzung, Struktur der Mitochondrien, Freisetzung chemischer Energie durch unterschiedliche Stoffwechselwege, Zellatmung im Überblick*

Citronensäurezyklus (Citratzyklus)

Das Endprodukt der Glykolyse, die 2 Moleküle **Brenztraubensäure,** ist noch sehr energiereich. Der weitere Abbau dieser Verbindung und die damit verbundene Energiefreisetzung erfolgen im Citronensäurezyklus. Dieser Reaktionszyklus findet im Inneren der Mitochondrien **(Mitochondrienmatrix)** statt, wo sich auch die notwendigen Enzyme befinden.

Zunächst muss die Brenztraubensäure aus dem Cytoplasma durch die Doppelmembran der Mitochondrien in die Matrix transportiert werden. Das übernimmt ein Transportprotein. Es schleust die Brenztraubensäure in das Mitochondrium. Von jedem Molekül Brenztraubensäure wird hier Kohlenstoffdioxid abgespalten. Der verbleibende Acetylrest wird an das **Coenzym A** (CoA) gebunden. Gleichzeitig werden Protonen und Elektronen als Wasserstoff (H) wie in der Glykolyse an das Coenzym NAD^+ gebunden. So entsteht **aktivierte Essigsäure.**

In den Molekülsymbolen sind nur die C-Atome ● dargestellt.

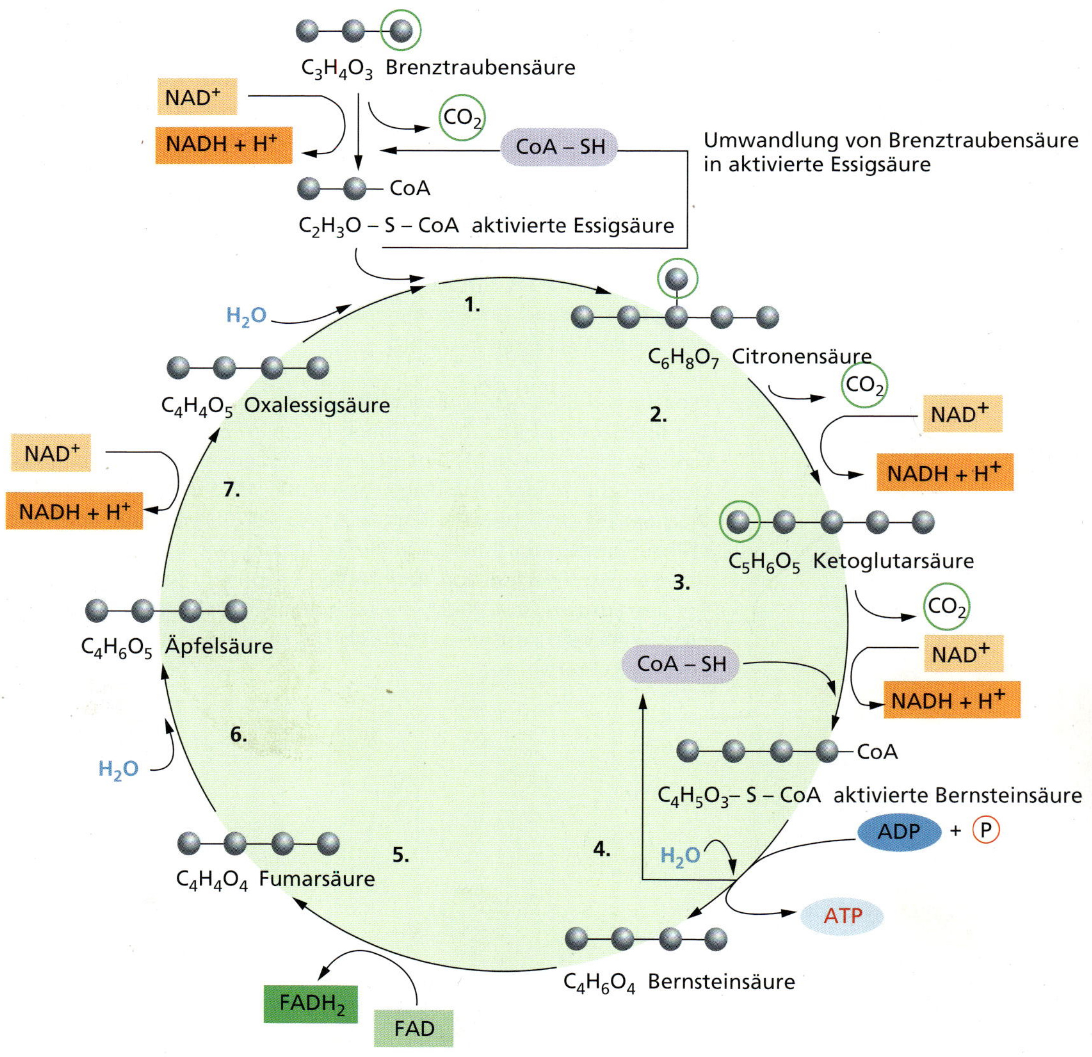

Die wichtigsten Teilreaktionen des Citronensäurezyklus:

1. Aus einer Verbindung mit vier Kohlenstoffatomen (Oxalessigsäure) entsteht unter Wasseraufnahme und Bindung von aktivierter Essigsäure eine Verbindung mit sechs Kohlenstoffatomen, die **Citronensäure.**
2. Aus der Citronensäure werden CO_2 und H-Atome abgespalten, sodass eine Verbindung mit fünf Kohlenstoffatomen **(Ketoglutarsäure)** entsteht.
3. Die Ketoglutarsäure spaltet wieder CO_2 und Wasserstoff ab. Der Rest bindet an ein Coenzym A, sodass die **aktivierte Bernsteinsäure,** eine Verbindung mit vier C-Atomen, entsteht.
4. Durch Trennung des Coenzyms A von der aktivierten **Bernsteinsäure** entsteht die Bernsteinsäure. An dieser Stelle wird Energie auf ADP übertragen und als **ATP** gespeichert.
5. Unter Abspaltung von Wasserstoff entsteht **Fumarsäure**.
6. Aus Fumarsäure entsteht **Äpfelsäure** und aus ihr unter Abspaltung von Wasserstoff wieder **Oxalessigsäure** (7.). Damit ist der Zyklus geschlossen.

Im Citronensäurezyklus liegen die Substrate als Ionen vor, deshalb werden auch oft die Ionen benannt und nicht die Säuren selbst (z. B. Citrat als Anion der Citronensäure), daher auch der Name Citratzyklus.

Im Citronensäurezyklus werden die sechs Atome Kohlenstoff des ehemaligen Glucosemoleküls als Kohlenstoffdioxid ($6\,CO_2$) freigesetzt. Es wird Wasser aufgenommen ($6\,H_2O$). Der freiwerdende Wasserstoff wird coenzymatisch gebunden. Bei dem Zyklus entstehen zwei Moleküle ATP pro Glucosemolekül.

Aus jedem Glucosemolekül entstehen zwei Moleküle Brenztraubensäure, die jeweils in den Citronensäurezyklus eingehen.

Der Citronensäurezyklus ist die „Drehscheibe des Zellstoffwechsels". Seine Zwischenprodukte können Ausgangsstoffe für andere Stoffwechselvorgänge sein. Außerdem werden Spaltprodukte der Proteine, Lipide und Kohlenhydrate in den Zyklus eingeschleust. Aminosäuren gelangen nach Abspaltung der Aminogruppe als Carbonsäuren in den Citronensäurezyklus, Glycerol in die Glykolyse und Fettsäuren werden zu aktivierter Essigsäure abgebaut.

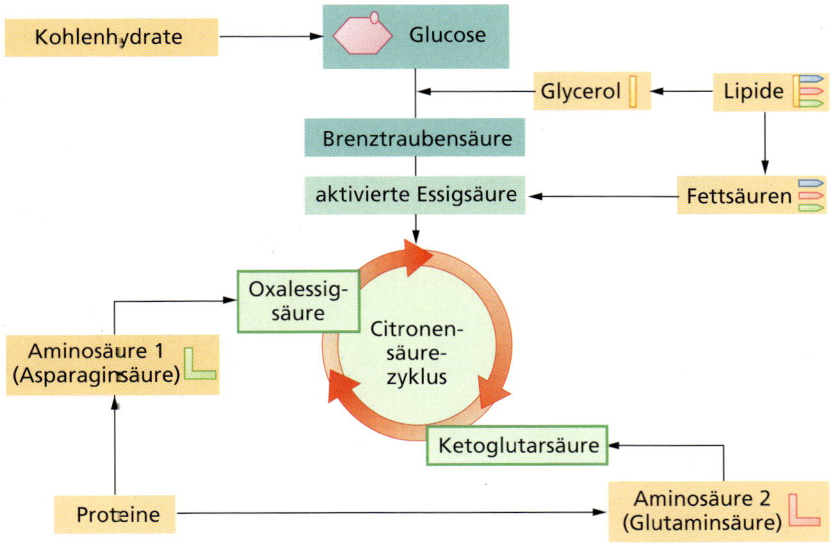

Atmungskette und Elektronentransport

Die Enzymkomplexe bestehen jeweils aus vier Komplex-Enzymen, dem Cytochrom c und dem Enzym, das ATP herstellt (ATP-Synthase).

Die innere Mitochondrienmembran ist dicht besetzt mit Enzymkomplexen. An diesen Enzymen finden die Reaktionen der Atmungskette statt.
Die mit Wasserstoff beladenen Coenzyme NADH und FADH übertragen die Elektronen des Wasserstoffs auf den Enzymkomplex I:

$$H \longrightarrow H^+ + e^-.$$

Das Eisenion des Enzyms nimmt das Elektron auf, es entsteht Fe^{2+}.
Dieses Elektron wird an den nächsten Enzymkomplex II weitergegeben, sodass im ersten Komplex wieder Fe^{3+} entsteht (↗ Abb. 1).
Auf diese Weise werden die Elektronen von Enzym zu Enzym übertragen. Man nennt die Reaktionskette deshalb **Elektronentransportkette.** Am Ende der Kette werden die Elektronen vom Sauerstoff aufgenommen.

$$Fe^{3+} + e^- \longrightarrow Fe^{2+} \qquad Fe^{2+} \longrightarrow e^- + Fe^{3+} \ldots \qquad \tfrac{1}{2} O_2 + 2e^- \longrightarrow O^{2-}$$

Übrig bleiben die Protonen (H^+), die sich im Intermembranraum sammeln (↗ Abb. 2). Es entsteht ein Konzentrationsgefälle. Protonen diffundieren durch das Enzym ATP-Synthase (eine Art Tunnelprotein). Die Protonen reagieren in der Matrix mit Sauerstoff und bilden Wasser.

$$2\,H^+ + O^{2-} \longrightarrow H_2O$$

Dabei wird Energie auf ADP übertragen.

Bilanz der Atmungskette: 34 ADP + 34 Ⓟ ⟶ 34 ATP

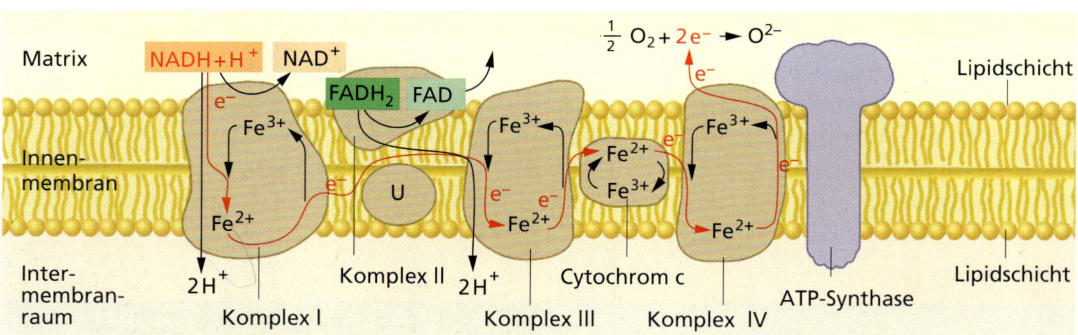

1 Transport der Elektronen in der Atmungskette

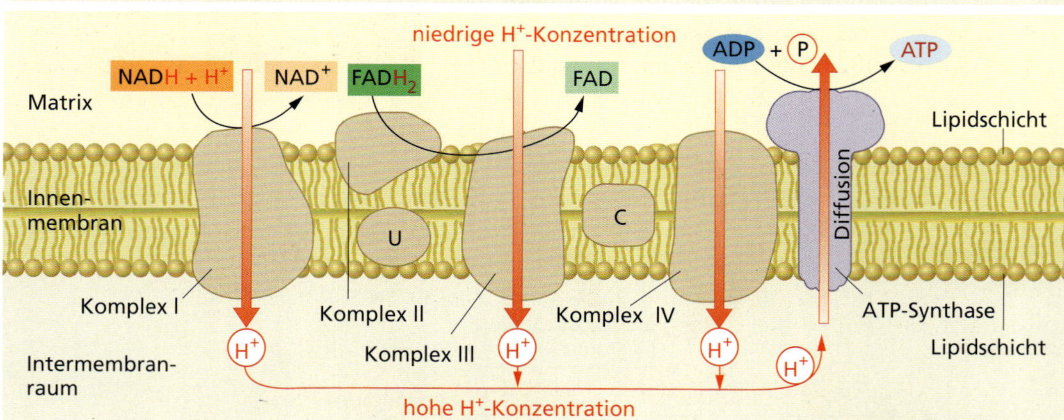

2 ATP-Synthese

Abhängigkeit der Atmung von äußeren und inneren Bedingungen

Wichtige äußere Bedingungen für die Atmung sind Temperatur und Sauerstoffgehalt der Umgebung sowie das Nahrungsangebot. Innere Bedingungen sind die notwendigen Zellstrukturen, Organe und Organsysteme, der Wasser- und Ionengehalt sowie pH-Wert und die erforderlichen Enzyme.

Sauerstoff

Die meisten Organe sind dem O_2-Gehalt der Luft von 21 % angepasst. Während die Luft einen Gesamtdruck von 101 kPa ausübt, beträgt der Teildruck von Sauerstoff auf die Lunge nur 21,3 kPa. Über Lungenbläschen und Blutgefäße verringert er sich bis zum Gewebe auf 5,3 kPa, entsprechend auch die O_2-Konzentration. Durch das Konzentrationsgefälle gelangt O_2 zu den Zellen.

1 Bergsteiger mit Atemmaske

Auf dem Mount Everest beträgt der Teildruck von Sauerstoff nur 6,4 kPa. Die Diffusion verläuft so langsam, dass Sauerstoffmangel im Gewebe entsteht. Der Mensch benötigt Atemhilfen. Bergbewohner gleichen den niedrigen Druck durch eine größere Anzahl roter Blutzellen aus, die den Sauerstoff transportieren.

Temperatur

Gleichwarme Lebewesen verbrauchen einen Teil der aus der Atmung stammenden Energie zur Aufrechterhaltung der Körpertemperatur von 37° C.
Jedes Lebewesen hat aber ein eigenes Temperaturoptimum (↗S. 98). Darunter verlangsamen sich die Stoffwechselprozesse, der Organismus schränkt seine Aktivität ein. Aktives Leben ist für die meisten Lebewesen nur in einem Temperaturbereich von 0°– 50° C möglich.

2 Siebenschläfer im Winterschlaf

Wechselwarme Tiere verfallen in Kältestarre, gleichwarme Tiere halten Winterschlaf oder Winterruhe. Die Atemfrequenz kann auf 1 Atemzug/h, der Energieumsatz bis auf 2 % des Normalumsatzes sinken.

Nährstoffe

Um die Leistungsfähigkeit aufrechtzuerhalten, ist eine ausreichende und ausgewogene Ernährung lebensnotwendig. Unterernährung hemmt die geistige Entwicklung und schwächt die Abwehrkräfte des Organismus; sonst harmlose Krankheiten können tödlich sein. Übergewicht entsteht durch fett- und kohlenhydratreiche Nahrung und zu wenig Bewegung. Es ist oft die Ursache für Herz-Kreislauf-Erkrankungen.

18-Jährige haben täglich etwa einen Energiebedarf von 13 000 kJ (männlich) und 10 500 kJ (weiblich) sowie einen Eiweißbedarf von 1,2 g pro kg Körpergewicht.

Praktikum: Experimente zur Atmung

S Experiment 1

Aufgabe:
Weisen Sie Kohlenstoffdioxid in der Ausatemluft nach.

Vorbereitung:
- 10 %ige NaOH-Lösung,
- Thymolblau-Kresolrot-Indikatorgemisch (0,2 g Thymolblau und 0,1 g Kresolrot in 20 ml Ethanol lösen und mit 1000 ml einer 1 %igen Natriumhydrogencarbonatlösung vermischen. (Diese Stammlösung muss vor dem jeweiligen Gebrauch auf ein Zehntel mit destilliertem Wasser verdünnt werden.)
- Waschflasche mit doppelt durchbohrtem Stopfen und passenden Glasrohren
- dicker Gummischlauch für den Anschluss an eine Wasserstrahlpumpe
- kurzes Gummi- oder Silikonschlauchstück mit Glasmundstück
- Wasserstrahlpumpe

Das Indikatorgemisch aus Thymolblau und Kresolrot zeigt die in der Tabelle angegebenen Umschlagbereiche. Leitet man Kohlenstoffdioxid in die Indikatorlösung ein, wird der pH-Wert durch Kohlensäurebildung erniedrigt.

pH-Wert	Kresolrot	Thymolblau	Mischfarbe
12	purpur	blau	blau-violett
11		9,3–10,6	
10			
9	7,2–8,8	farblos	purpur
8			
7	gelb		
6			
5			
4			
3			
2	0,2–1,8		gelb
1	rot		rot
0			

1 Farbumschlagbereiche des Thymolblau-Kresolrot-Indikators (in den grau unterlegten Feldern sind die für den jeweiligen Farbumschlag geltenden pH-Bereiche angegeben)

Die Indikatorlösung sollte nach dem Einfüllen in die Atemflasche blauviolett sein. Ist sie purpurrot, müssen mit einer Pipette vorsichtig einige Tropfen 10 %ige Natronlauge zugegeben werden.

Durchführung:
Eine Versuchsperson bläst so lange Ausatemluft durch die Atemflasche, bis sich die Farbe des Indikators nicht mehr verändert.
Um zu prüfen, ob der Farbumschlag eventuell auch mit normaler Zimmerluft gelingt, schließt man den gleichen Ansatz an eine Wasserstrahlpumpe an und saugt Zimmerluft durch die Atemflasche.

Auswertung:
1. Beschreiben und erklären Sie das Ergebnis.
2. Wie könnte man nachweisen, dass tatsächlich Kohlenstoffdioxid für die Umfärbung verantwortlich ist?
3. Machen Sie einen Vorschlag, wie man durch Zufügen eines Stoffes den Umschlag von Gelb nach Rot erreichen könnte. Warum lässt sich dies mit der Ausatemluft nicht erreichen, auch wenn man ganz lange durchbläst?

S Experiment 2

Aufgabe:
Führen Sie einen Modellversuch zur Elektronenübertragung bei der Atmungskette durch.

Vorbereitung:
ca. 1 g Cystein, Natriumacetatlösung 0,1 molar (8,2 g Natriumacetat in 100 ml destilliertem Wasser lösen), pH = 6,5 –7; 10 g Eisen(II)-Sulfat ($FeSO_4$ x 7 H_2O)

Durchführung:
Lösen Sie zunächst 0,5 g Cystein in 100 ml 0,1-molarer wässriger Natriumacetatlösung. Geben Sie dann zu der farblosen Lösung 0,2 g Eisen(II)-Sulfat und rühren Sie so lange, bis eine violette Lösung entsteht. Für die Violettfärbung ist eine Komplexverbindung von Cystein und Fe^{3+} verantwortlich.
Beim Stehen entfärbt sich die Lösung innerhalb von 1–2 Minuten. Durch Umrühren oder Schütteln kann man eine erneute Violettfärbung erreichen, die ebenso schnell wieder vergeht. Wiederholen Sie dieses Spiel, bis es beim Schütteln zu keiner Umfärbung mehr kommt.

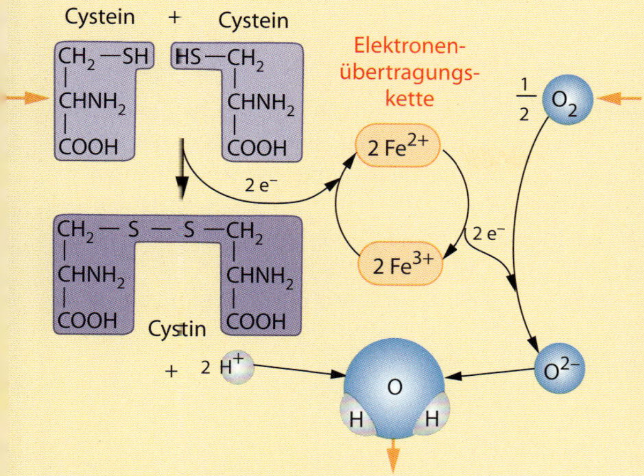

2 Modellversuch zur Atmungskette

Auswertung:

1. Erklären Sie den beobachteten Vorgang mithilfe des dargestellten Reaktionsschemas.
2. Beschreiben Sie, wie man erreichen könnte, dass die Reaktion wieder in Gang kommt (d.h., dass es beim Schütteln wieder zu einer violetten Färbung kommt).
3. Begründen Sie, warum man den Versuch als „Modellversuch zur Atmungskette" bezeichnen kann. Welcher Vorgang wird modelliert?

S Experiment 3

Aufgabe:
Weisen Sie nach, dass auch Pflanzen atmen.

Vorbereitung:

- größere Menge an Blütenblättern, z.B. von gefüllten Blüten (Rosen, Pfingstrosen, Mohn etc.);
- es ist darauf zu achten, dass die Blütenblätter kein Blattgrün enthalten)
- Barytwasser ($Ba(OH)_2$) oder Kalkwasser
- 2 luftdichte Plastiksäcke, möglichst 2-3 l fassend
- 4 Glasrohre (10 cm lang)
- 2 Aquarienschläuche mit 2 Schlauchklemmen
- Becherglas
- Filtrierpapier, Küchenrolle
- Schnur- oder Kupferdraht

Durchführung:
In einen großen Plastiksack werden feuchte Filtrierpapierschnitzel und zwei Handvoll Blütenblätter einer Pflanze mit gefüllten Blüten (z.B. von Rosen, Pfingstrosen, Mohn o.Ä.) gegeben und mit etwas Wasser besprengt.
Binden Sie nun ein etwa 10 cm langes Glasrohr dicht in den Sack ein. Am besten gelingt die Dichtung, wenn man an dieser Stelle ein Stück Gummischlauch über das Glasrohr schiebt. Am freien Ende des Glasrohrs wird ein etwa 50 cm langer Gummi- oder Kunststoffschlauch befestigt und mit einer Schlauchklemme verschlossen. In sein vorderes Ende steckt man ein zu einer Pipette ausgezogenes Glasrohr. Der Plastiksack sollte 2-3 l Luft enthalten, damit die Blütenblätter nicht zu früh anfangen zu gären. Ein paralleler Ansatz sollte statt mit Blütenblättern nur mit feuchtem Papier einer Küchenrolle gefüllt werden.

Lassen Sie die Blütenblätter etwa einen Tag in dem dicht verschlossenen Plastiksack. Dann öffnen Sie das Schlauchende und tauchen es in ein Becherglas mit Baryt- oder Kalkwasser. Langsam wird die Luft aus dem Plastiksack gepresst. Ebenso verfährt man mit dem Kontrollansatz.

Auswertung:

1. Schildern Sie Ihre Beobachtungen und geben Sie eine Erklärung.
2. Entwickeln Sie eine Versuchsanordnung, mit der man nachweisen könnte, dass auch grüne Pflanzenblätter atmen.

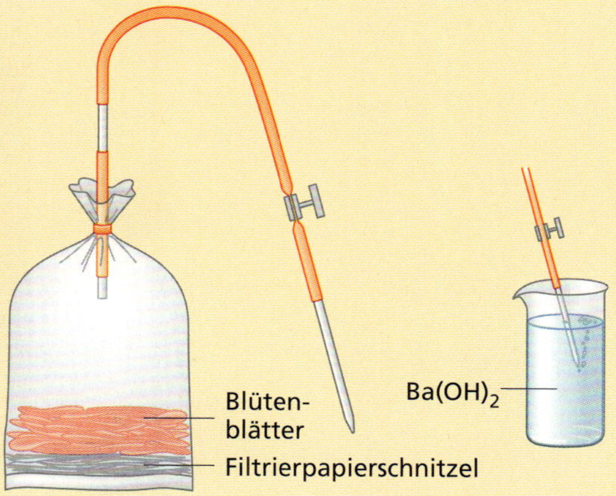

3 Versuchsaufbau

Zellatmung

Die Zellatmung ist ein energieliefernder Stoffwechselprozess. Sie verläuft in drei großen Reaktionskomplexen: Glykolyse, Citronensäurezyklus, Atmungskette. **Mitochondrien** sind die Orte der Zellatmung und damit die Kraftwerke der Zelle. Der Citronensäurezyklus läuft in der Mitochondrienmatrix ab, die Atmungskette in der inneren Mitochondrienmembran.
Bei der **Glykolyse,** die im Cytoplasma abläuft, wird ein Molekül Glucose (C_6-Verbindung) zu zwei Molekülen Brenztraubensäure (C_3-Verbindung) abgebaut.
Im Citronensäurezyklus werden die Brenztraubensäure bzw. die beiden C_3-Körper aus der Glykolyse zu CO_2 abgebaut, dabei wird NADH + H^+ gebildet.
Bilanz des **Citronensäurezyklus** (pro Glucosemolekül):

1. Sechs CO_2-Moleküle werden gebildet.
2. Zwei Moleküle ATP werden gebildet.
3. Der größte Teil der chemischen Energie wird auf NAD^+ und FAD übertragen.
   Die beiden Coenzyme NAD^+ und FAD übertragen mit dem Wasserstoff den größten Teil der Energie zur Atmungskette.
4. Im Citronensäurezyklus werden sechs Moleküle H_2O für die Oxidation der Kohlenstoffverbindungen verbraucht.

In der **Atmungskette** wird der Wasserstoff des NADH + H^+ auf Sauerstoff übertragen. Bei der Veratmung eines Glucosemoleküls können bis **38 ATP-Moleküle** entstehen.

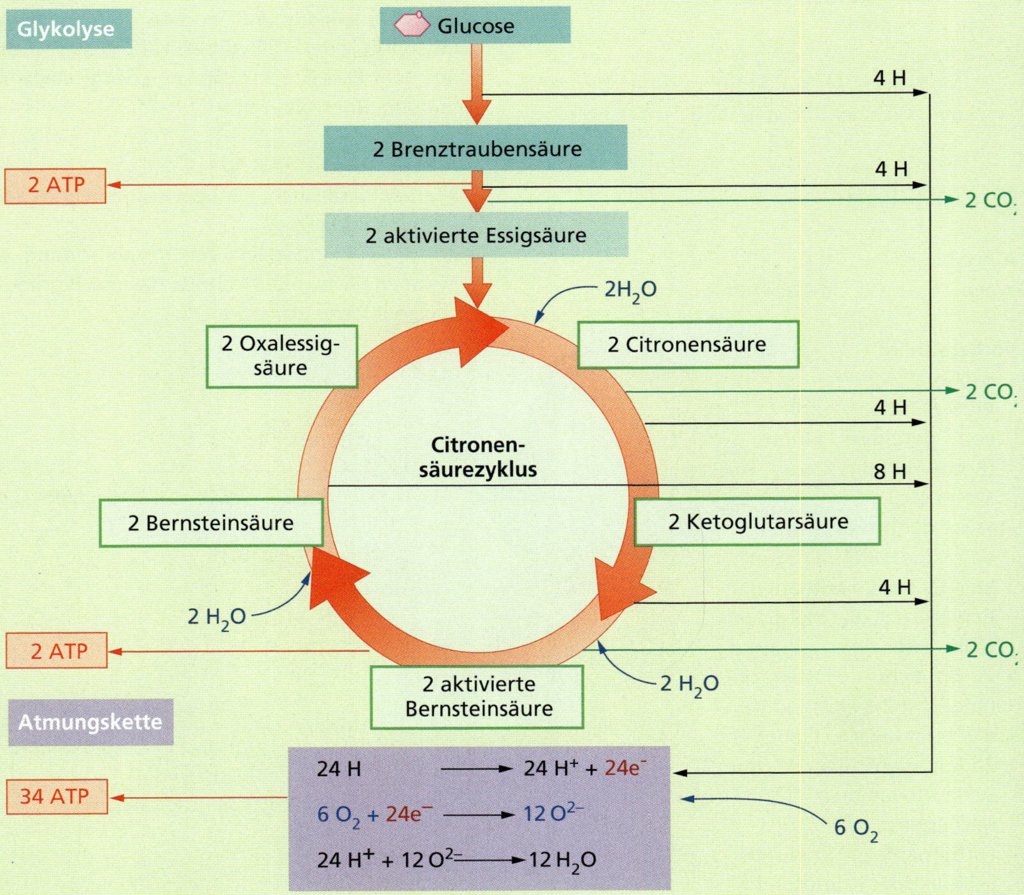

Aufgaben

1. Erweitern Sie Ihr Glossar durch folgende Begriffe:
Assimilation, Dissimilation, Fotosynthese, Zellatmung, Chloroplast, Mitochondrium, Atmungskette, ATP, Calvin-Zyklus, Citronensäurezyklus, Glykolyse.

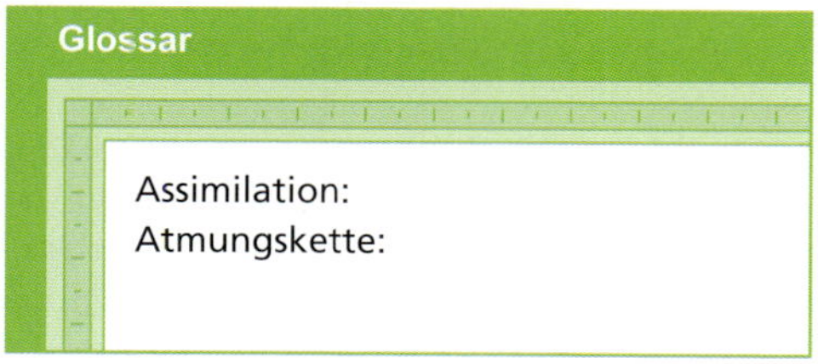

2. Erläutern Sie die Unterschiede zwischen aufbauendem und abbauendem Stoffwechsel.

Fotosynthese

3. Vergleichen Sie anhand der beiden Abbildungen die Absorption durch Chlorophyll und die Aktionskurve der Fotosynthese. Erklären Sie die Gemeinsamkeiten und Unterschiede bei der spektralen Absorption durch Chlorophyll und der relativen Intensität der Fotosynthese.

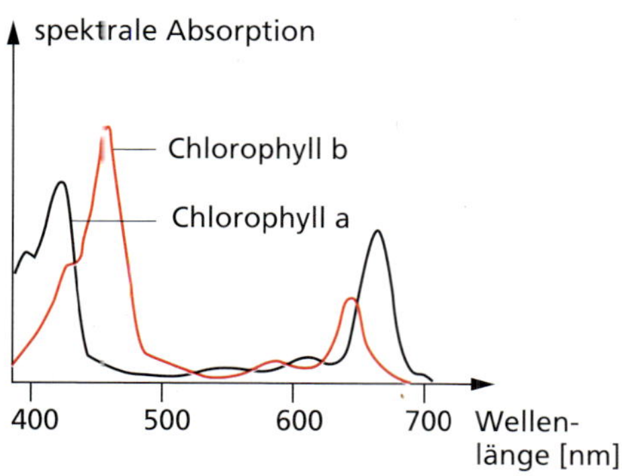

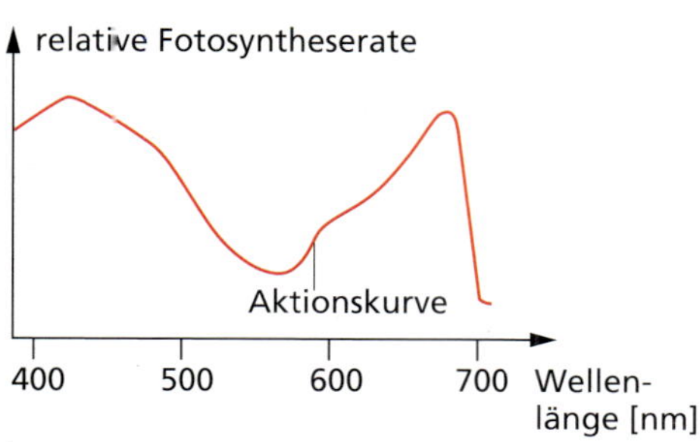

4. Fertigen Sie eine beschriftete Skizze eines Chloroplasten an und erläutern Sie an diesem Beispiel die Zusammenhänge zwischen Bau und Funktion.

5. Formulieren Sie die Bruttogleichung für den Prozess der Fotosynthese.

6. Zur Beheizung von Gewächshäusern wird Propangas verbrannt. Aus 1 kg Propan entstehen 3 kg Kohlenstoffdioxid und 1,6 kg Wasser. Erläutern Sie die Bedeutung dieser Maßnahme.

7. Erläutern Sie die zentrale Bedeutung der grünen Pflanzen für das Wirkungsgefüge der Biosphäre.

8. Beschreiben Sie die Produktion von Kohlenhydraten im Verlauf der lichtunabhängigen Reaktionen der Fotosynthese. Stellen Sie die Wechselbeziehungen zwischen lichtabhängiger und lichtunabhängiger Reaktion schematisch dar.

9. Der Prozess der Fotosynthese ist von äußeren und inneren Faktoren abhängig. Interpretieren Sie den Kurvenverlauf der folgenden Abbildungen. Erläutern Sie die Anwendung dieser Erkenntnisse in der Praxis.

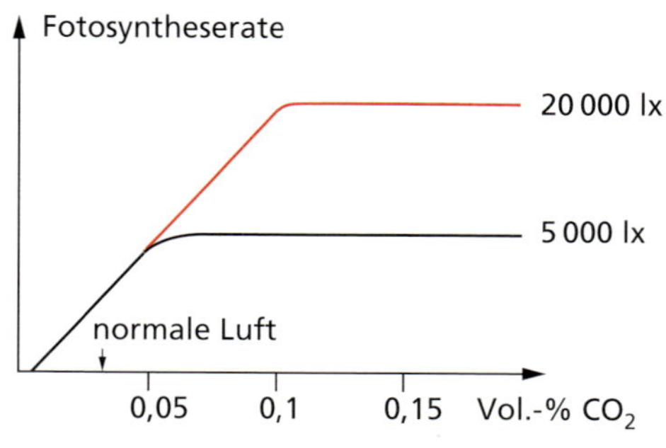

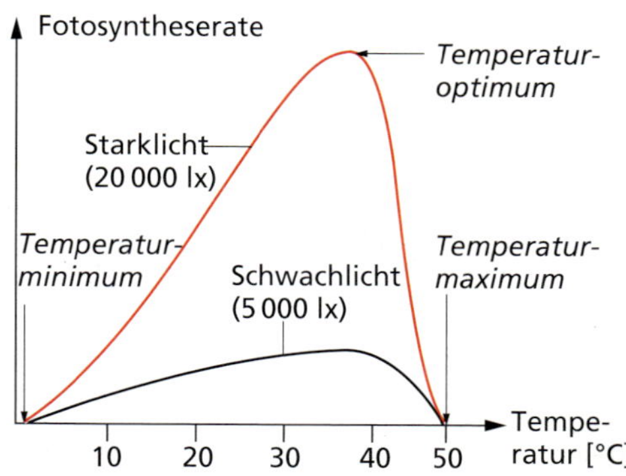

10. S Chloroplasten wurden isoliert und in ein Reagenzglas mit isotonischer wässriger Lösung gebracht. Man möchte, dass sie bei völliger Dunkelheit Zucker produzieren.
Nennen und begründen Sie die dazu notwendigen Versuchsbedingungen.

11. Fotosynthetisch aktive Pflanzen sind meist grün gefärbt.
- **a)** Erklären Sie, wie diese Farbe zustande kommt.
- **b)** Welche Farbe müsste man bei Blättern erwarten, die das sichtbare Licht maximal ausnützen können? Welche Nachteile könnten damit verbunden sein?
- **c)** Manche Pflanzenarten – wie Echter Salbei oder Wolliger Ziest – haben eine hellgraugrüne oder sogar fast weiße Blattoberfläche. Auf welchen natürlichen Standort dieser Gartenpflanzen kann man daraus schließen?

Zellatmung

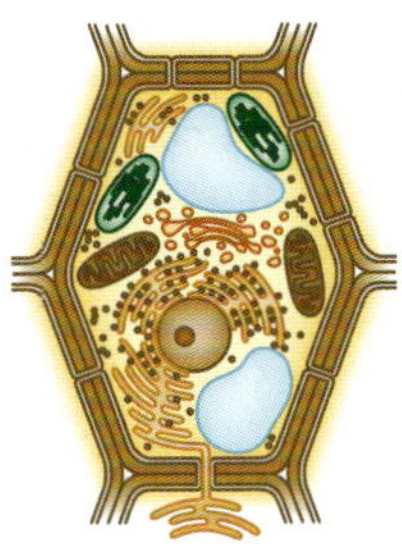

12. Fertigen Sie eine beschriftete Skizze eines Mitochondriums an.

13. Erläutern Sie am Beispiel des Mitochondriums den Zusammenhang zwischen Bau und Funktion.

14. Für Experimente wurden Zellen aufgeschlossen und intakte Zellbestandteile gewonnen. In Reagenzgläsern mit unterschiedlichen Inhalten wurde Brenztraubensäure (Pyruvat) oder Glucose hinzugefügt und der Sauerstoffverbrauch gemessen. Erklären Sie die Versuchsergebnisse. Vergleichen Sie den Sauerstoff-Verbrauch in den Versuchsansätzen 1 bis 5. Ziehen Sie Rückschlüsse zur ATP-Ausbeute und begründen Sie Ihre Ausführungen.

15. Cyanide, wie z.B. Cyankali, hemmen bereits in sehr geringen Konzentrationen die Übertragung der Elektronen in der Atmungskette vom letzten Cytochromsystem auf Sauerstoff. Erklären Sie die tödliche Wirkung von Cyaniden.

16. S Ein Glaskolben wird bepflanzt und anschließend fest verschlossen. Das Licht dringt ungehindert durch das Glas. Erklären Sie, wie die Pflanze ohne Sauerstoff-, Kohlenstoffdioxid- und Wasserzufuhr von außen gedeihen kann.

17. Das Schneeglöckchen überwintert als Zwiebel. Im zeitigen Frühjahr nutzt die Pflanze den in der Zwiebel enthaltenen Nährstoffvorrat zum Austreiben. Dabei schmilzt das Schneeglöckchen den Weg durch den Schnee frei. Erklären Sie die wesentlichen biochemischen Grundlagen für diesen Prozess.

18. Formulieren Sie für die Teilschritte beim oxidativen Abbau von 1 Molekül Glucose die entsprechenden Teilgleichungen und fassen Sie die Stoffbilanz in Form einer Gesamtbilanz zusammen.

19. Erfassen Sie die energetische Gesamtbilanz für den oxidativen Abbau von 1 Molekül Glucose in Form der vorgegebenen Tabelle.

	ATP	NADH + H^+	$FADH_2$
1	2	4	–
2	2	8	2
3	34 ←	= ATP × 30	= ATP × 4
Summe	38		

1: Glykolyse und oxidative Decarboxylierung,
2: Citronensäurezyklus,
3: Atmungskette

Versuchs-Nr.	Reagenzglasinhalt	hinzugefügter Stoff	O_2-Verbrauch
1	Mitochondrien	Brenztraubensäure	stark
2	Zellplasma	Brenztraubensäure	nicht nachweisbar
3	Mitochondrien	Glucose	nicht nachweisbar
4	Zellplasma	Glucose	nicht nachweisbar
5	Mitochondrien und Zellplasma	Glucose	stark

Erschließungsfelder

MELVIN CALVIN (1911–1997) und HANS ADOLF KREBS (1900–1981) gehören zu den Protagonisten der **Stoffwechselphysiologie.** Der reduktive Pentosephosphatzyklus wurde maßgeblich von CALVIN in den Fünfzigerjahren aufgeklärt. 1937 beschrieb KREBS den Citratzyklus. Beide Zyklen sind heute unter ihren Namen bekannt – Calvin- bzw. Krebs-Zyklus.

Der aufbauende und abbauende Stoffwechsel (Assimilation – Dissimilation) findet auf molekularer Ebene statt, ist aber auf allen Ebenen des Lebendigen erkennbar. Ständige **Umwandlungen von Stoffen und Energie** lassen Zellorganellen existieren, Zellen leben, Organe funktionieren und Organismen den Kampf ums Dasein überstehen. Schlussendlich ist die Biosphäre ohne Stoffwechselprozesse nicht denkbar. Jeder der unzähligen Prozesse steht mit den anderen in **Wechselwirkung.** Sich ständig ändernde Umweltbedingungen erfordern die **Regulation** der Stoffwechselvorgänge auf allen **Ebenen.**

Glöckchen im Schnee

Das Kleine Schneeglöckchen, *Galanthus nivalis,* steht in der Natur unter gesetzlichem Schutz. Als beliebte Gartenzierpflanze ist der Frühblüher sehr beliebt und bekannt. Je nach Wintertemperaturen blüht es von Februar bis April. Nach Abschluss der Vegetationsphase überdauert das Schneeglöckchen als Geophyt in Form seiner Zwiebel im Boden.

1 Schneeglöckchen – ein Frühblüher

1. **Struktur und Funktion**
Stellen Sie in einer Tabelle die Prozesse des aufbauenden und des abbauenden Stoffwechsels innerhalb einer Pflanzenzelle zusammen. Nennen Sie dabei auch die entsprechenden Zellstrukturen.

2. **Stoff und Energie, Ebene, Wechselwirkung**
Stellen Sie jeweils die Zusammenhänge zwischen den stoff- und energieumwandelnden Prozessen innerhalb eines Chloroplasten, eines Mitochondriums und einer autotrophen Pflanzenzelle dar. Nutzen Sie dazu die Abbildungen.

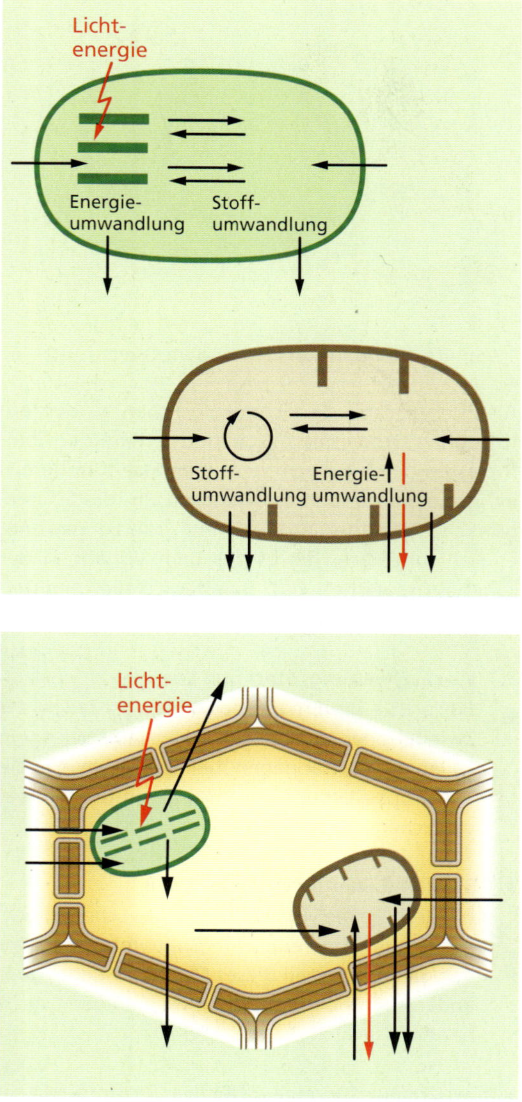

2 Stoff- und Energieumwandlung in der Zelle

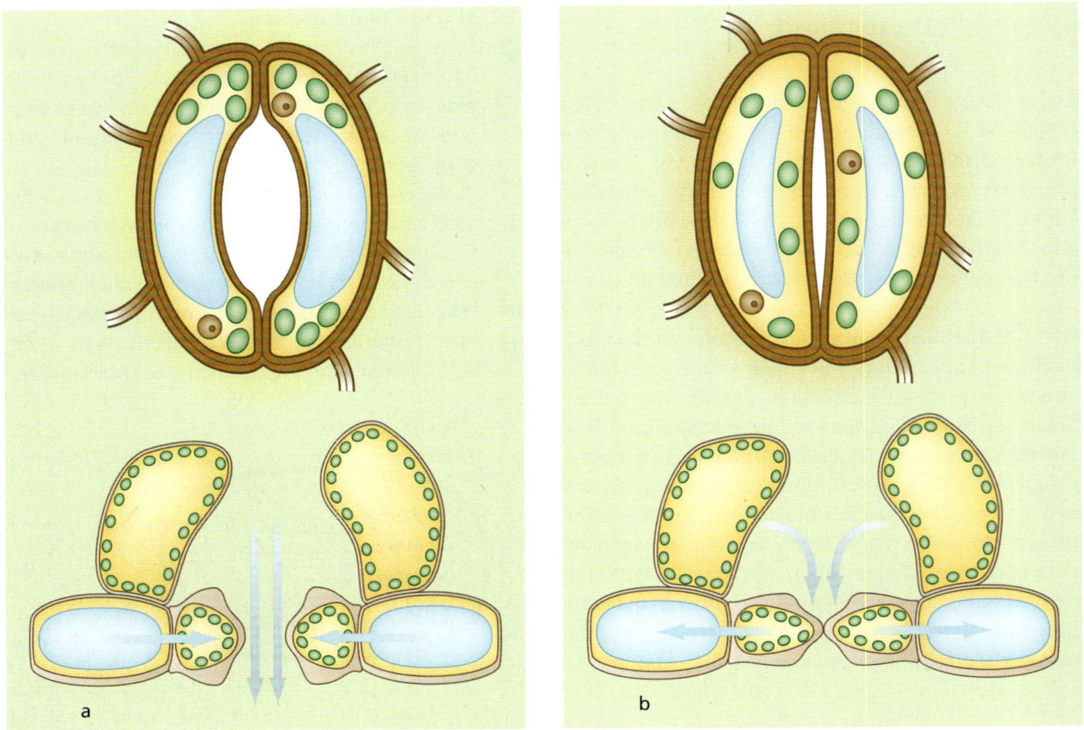

1 Spaltöffnung in Aufsicht und im Querschnitt – a) geöffnet, b) geschlossen

Als Pflanze zählt das Schneeglöckchen zu den autotrophen Organismen. Es bildet mithilfe der Chloroplasten durch Fotosynthese Biomasse. Um bereits im Schnee austreiben zu können, kann das Schneeglöckchen Wärme „produzieren". Hierzu veratmet es Kohlenhydrate, die es aus dem Vorjahr in der Zwiebel gespeichert hat. Damit wird die unmittelbare Umgebung der Pflanze frostfrei gehalten.

3. Wechselwirkung, Stoff und Energie

Stellen Sie die Ernährungsweise von Zellen der Zwiebel oder Wurzel der Ernährungsweise von Zellen der Blätter gegenüber. Begründen Sie die autotrophe Lebensweise des gesamten Schneeglöckchens.

4. Stoff und Energie, Angepasstheit

Erklären Sie die Wärmebildung des Schneeglöckchens zum Austreiben im Spätwinter. Begründen Sie den Vorteil dieses Merkmals gegenüber anderen Frühblühern, die diese Fähigkeit nicht haben.

Voraussetzung für eine effektive Stoffproduktion durch die Fotosynthese ist die Aufnahme anorganischer Stoffe. Dazu müssen die Spaltöffnungen offen sein, um genügend Kohlenstoffdioxid in das Blatt zu lassen. Da über diesen Weg gleichzeitig Wasser transpiriert wird, muss das Öffnen und Schließen der Spaltöffnungen reguliert sein.

5. Stoff und Energie

Begründen Sie, warum offene Spaltöffnungen eine wichtige Vorrausetzung für eine effektive Stoffproduktion sind.

6. Regulation, Struktur und Funktion

Beschreiben Sie den Aufbau der Spaltöffnungen mithilfe der Abbildung 1. Erklären Sie daran den Mechanismus des Öffnens und Schließens der Spaltöffnungen in Abhängigkeit der Umweltbedingungen.

7. Struktur und Funktion

Mikroskopieren und zeichnen Sie jeweils einen Abschnitt von der oberen und unteren Epidermis eines Schneeglöckchenblattes (keine Naturentnahme!). Vergleichen Sie den Aufbau und ziehen Sie eine Schlussfolgerung bezüglich der Funktion beider Gewebe.

3 Ökologie und Nachhaltigkeit

3.1 Lebewesen in Ökosystemen

Justus von Liebig (1803–1873) formulierte das **Gesetz des Minimums:** Den entscheidenden Einfluss auf die Lebenserscheinungen hat immer der Umweltfaktor, der im Minimum vorliegt und so auf die Lebenserscheinungen begrenzend wirkt.

Die Konkurrenz zwischen den Organismen verändert den Verlauf der Toleranzkurven **(ökologische Potenz),** sodass sie sich von Organismen in Reinkultur **(physiologische Potenz)** unterscheiden.

Die Einflüsse der Organismen untereinander (z. B. Symbiose, Konkurrenz) werden als **biotische Umweltfaktoren** zusammengefasst.

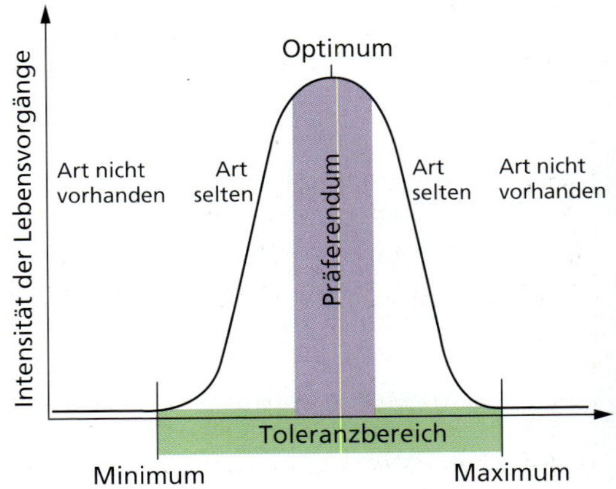

1 Toleranzkurve

Lebewesen können in Bezug auf einen **Umweltfaktor** nur innerhalb bestimmter Grenzen existieren. Dieser **Toleranzbereich** eines Lebewesens in Beziehung zu einem Umweltfaktor umfasst die Spanne zwischen dem kleinsten **(Minimum)** und dem größten Wert **(Maximum),** die vom Organismus gerade noch ertragen werden. Die Toleranz ist weitestgehend genetisch bestimmt und kann als die Reaktionsnorm einer Art betrachtet werden. Stellt man diese Daten gegen die Intensität der Lebensvorgänge in einem Diagramm dar, erhält man eine Toleranzkurve (↗ Abb. 1). Aus ihr geht der für das Lebewesen günstigste Punkt **(Optimum)** hervor. Außerdem kann in die Kurve der Bereich eingetragen werden, der von der jeweiligen Art bevorzugt wird **(Präferendum).** Wenn Arten einen engen Toleranzbereich in Bezug auf einen Umweltfaktor besitzen, können sie als **Bioindikatoren** (Zeigerarten) zur Beurteilung von Standorten genutzt werden.

Abiotische Umweltfaktoren umfassen Einwirkungen der unbelebten Natur, wie z. B. Wasser, Licht, Temperatur, chemische und mechanische Einflüsse (Wind, Schnee).

Einfluss des Umweltfaktors Wasser

Wasser hat z. B. als Transport- und Lösungsmittel eine zentrale Bedeutung für die Organismen. Lebewesen zeigen je nach Wassergehalt im Biotop anatomische, morphologische und physiologische Anpassungen. Die besonderen Eigenschaften von Wasserpflanzen, Feuchtpflanzen und Trockenpflanzen sind in der Tabelle zusammengestellt (↗ S. 99). Die meisten Pflanzen sind auf einen mehr oder weniger konstanten Wassergehalt angewiesen. Wechselfeuchte Pflanzen findet man z. B. bei den Moosen. Sie ertragen periodische Austrocknungen. Pflanzen, die in Bezug auf Luftfeuchtigkeit und Bodenwasser eine Mittelstellung zwischen Feuchtpflanzen **(Hygrophyten)** und Trockenpflanzen **(Xerophyten)** einnehmen, werden **Mesophyten** genannt. Sie sind zwar nicht an ständig feuchte Standorte gebunden, besitzen aber auch keine besonderen morphologischen oder physiologischen Einrichtungen zur Herabsetzung starken Wasserverlusts. Zu den Mesophyten zählen viele Kulturpflanzen und einheimische Laubbäume.

Wasserpflanzen (Hydrophyten)	Feuchtpflanzen (Hygrophyten)	Trockenpflanzen (Xerophyten)
Blattquerschnitt Sumpfschraube 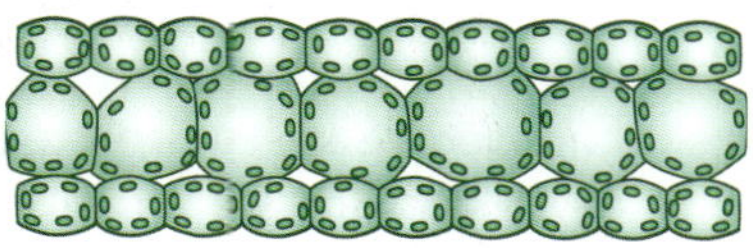	**Blattquerschnitt Ruellie** 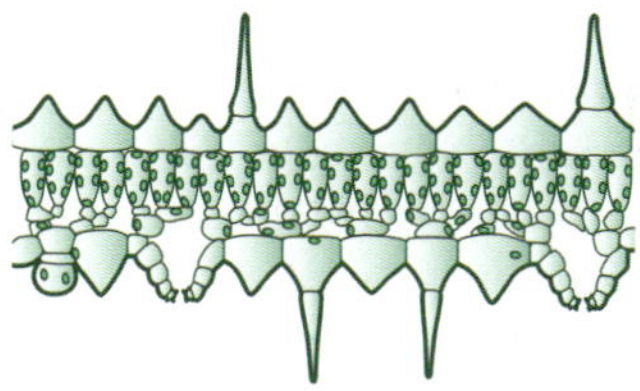	**Blattquerschnitt Oleander** 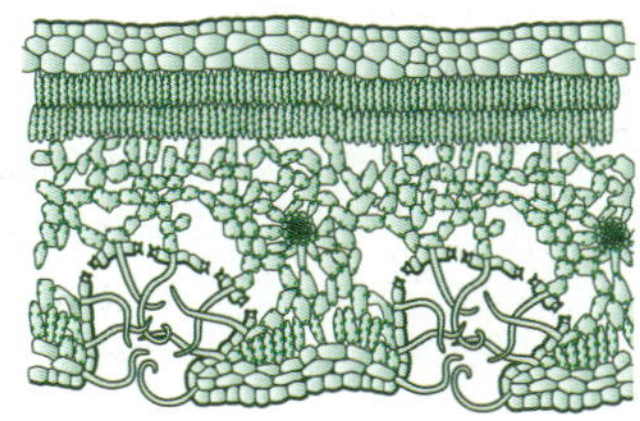
– dünne, oft stark aufgeteilte Blätter – Kutikula fehlend oder schwach ausgebildet – Spaltöffnungen fehlend, bei Schwimmblättern auf der Oberseite – große, luftgefüllte Interzellularen – Wurzelsystem fehlend oder zurückgebildet – teilweise aktive Wasserabscheidung **(Guttation)** durch Wasserspalten (Hydathoden)	– Blätter dünn, großflächig – Epidermis mit dünner Kutikula – dünnes Assimilationsgewebe – Spaltöffnungen über die Epidermisfläche herausgehoben – oft lebende Haare – Wurzelsystem oft flach – teilweise aktive Wasserabscheidung (Guttation) durch Wasserspalten (Hydathoden)	– Blätter klein, eingerollt oder fehlend – oft mehrschichtige Epidermis mit dicker Außenwand und Kutikula – mehrschichtiges Assimilationsgewebe – eingesenkte Spaltöffnungen – oft mit abgestorbenen Haaren bedeckt – Wurzelsystem ausgedehnt und kräftig

Auch alle Landtiere verlieren durch Ausscheidung und Verdunstung ständig Wasser. Anders als Pflanzen können sich die meisten Tiere jedoch aktiv fortbewegen und damit auch feuchtere Stellen oder Wasservorkommen aufsuchen. Trotzdem sind auch für Tiere Feuchtigkeit und die Verfügbarkeit von Wasser prägende Umweltfaktoren. Je nach Ansprüchen an den Lebensraum werden Feuchtlufttiere (z. B. Grasfrosch) und Trockenlufttiere (z. B. Waldeidechse) unterschieden.

Grasfrosch

Waldeidechse

Feuchtlufttiere besitzen mit ihrer nackten, schleimigen Haut nur einen geringen Verdunstungsschutz. Ihr Wasserhaushalt wird u. a. über die Haut reguliert, sodass sie in feuchten Gebieten leben müssen. Ein entscheidender Entwicklungsschritt bei der Emanzipation vom Wasser war bei den Wirbeltieren der Übergang von Amphibien zu Reptilien.
Reptilien sind im Gegensatz zu den Amphibien auch während ihrer Embryonalentwicklung nicht mehr auf Wasser angewiesen, da sie besondere Eihäute ausbilden, in deren Schutz sich die Entwicklung des Embryos vollziehen kann. **Trockenlufttiere** zeigen verschiedene Einrichtungen des Verdunstungsschutzes, wie z. B. eine trockene Haut, Hornbildungen der Haut (Reptilien, Vögel, Säuger) oder Chitinpanzer (Insekten). Besondere Anpassungen und Verhaltensweisen einzelner Tierarten gestatten es diesen Spezialisten, auch noch in trockensten Wüstengebieten zu überleben (↗ S. 140). Dazu wird z. B. der Salzgehalt der Körpersäfte bei Tieren durch ihr Exkretionssystem (z. B. Niere, Schweißdrüsen) in relativ engen Grenzen reguliert.

Einfluss des Umweltfaktors Licht

Eine ausreichende Lichtintensität ist für die fotosynthetisch aktiven Pflanzen lebensnotwendig. Viele Pflanzen wachsen dem Licht entgegen **(positiver Fototropismus).**

Unter Lichtgenuss versteht man das Verhältnis von Beleuchtungsintensität am Standort einer Pflanze zu der des gesamten Tageslichtes oberhalb der Vegetationsdecke.

In Anpassung an unterschiedliche Lichtintensitäten können sich sogar die Blätter von einer Pflanze in Aufbau und Gestalt unterscheiden **(Licht- und Schattenblätter,** ↗ Abb. 1). Lichtpflanzen sind im Gegensatz zu Schattenpflanzen auf eine hohe Lichtintensität angewiesen. Schattenpflanzen können ihre höchste **Fotosyntheseleistung** bei ca. 10 % des vollen Lichtgenusses erreichen. Der Lichtkompensationspunkt, bei dem sich die CO_2-Assimilation durch Fotosynthese und CO_2-Abgabe durch Atmung die Waage halten, wird je nach Lichtbedarf schon bei ca. 1 % Lichtgenuss überschritten (↗ S. 78).

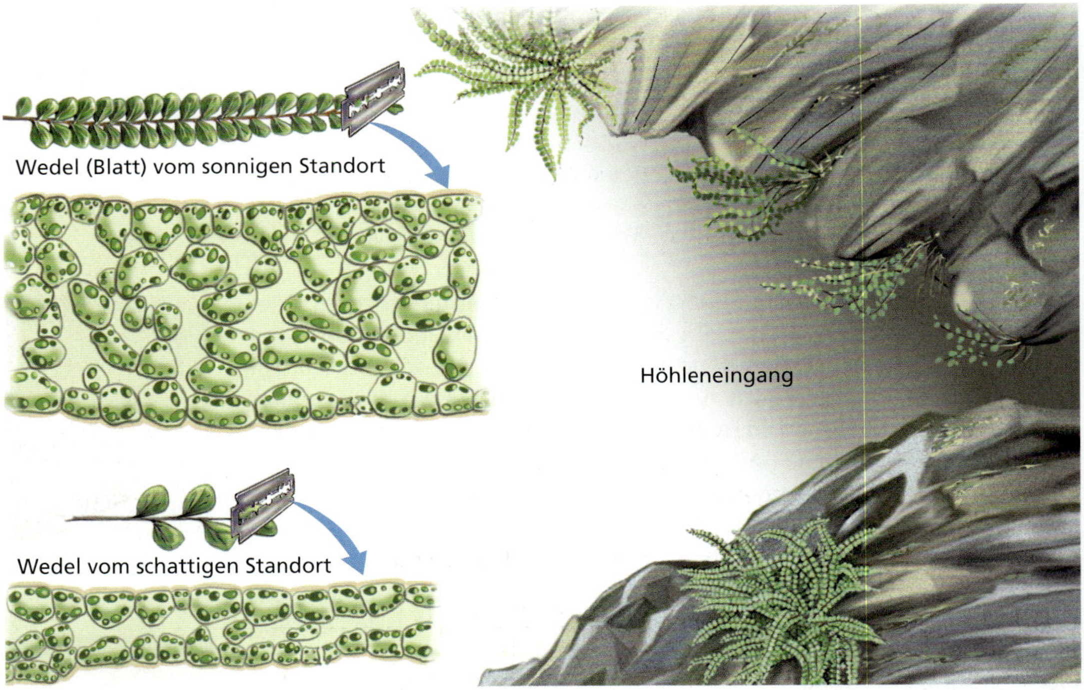

1 Sonnen- und Schattenblatt des Braunstieligen Streifenfarns *(Asplenium trichomanes)* von einer besonnten Felswand und aus einem Höhleneingang

Die Belichtungsdauer bzw. Tageslänge beeinflusst die Entwicklungsprozesse von Pflanzen (Fotoperiodizität). **Langtagpflanzen** (z. B. Zuckerrübe, Salat) blühen, wenn sie über die kritische Tageslänge von 12 Stunden belichtet werden. Mais, Hirse und Chrysanthemen als **Kurztagpflanzen** bilden dagegen ihre Blüten aus, wenn die Belichtung unter der kritischen Tageslänge liegt. Auf die Blütenbildung von Sonnenblume oder Hirtentäschel hat die Tageslänge keinen Einfluss **(Tagneutrale).**

Tiere als Konsumenten sind alle über die pflanzlichen Produzenten vom Licht abhängig. Gleichzeitig besteht eine direkte Beeinflussung der Tiere durch das Licht. Dies kann sowohl über die Lichtintensität (Helligkeit) als auch über die Qualität (Wellenlänge, Farbe) erfolgen.
Tiere mit ungeschützten Körpern, wie Regenwürmer oder manche Insekten und ihre Larven, besitzen nur einen geringen Toleranzbereich in Bezug auf den Umweltfaktor Licht. Sie sterben bei Überschreiten der Grenze am Lichttod. Durch **Schutzanpassungen** kann die Lichttoleranz erhöht werden (z. B. durch Pigmente, verdickte Körperoberflächen, Verhaltensweisen).
Eine kritische **Tageslänge** löst bei vielen Insekten, Säugetieren oder Zugvögeln den Startpunkt zum Aufsuchen der Winterquartiere aus.
Das Lichtangebot kann sich auch auf Entwicklungsvorgänge und Verhaltensweisen auswirken. Das führt mitunter zu verschiedenen Ausprägungen von Körpergestalt und Farbmusterung.

Landkärtchen

Frühjahrsform

Sommerform

In Abhängigkeit von der Tageslänge entwickelt sich das Landkärtchen, eine einheimische Schmetterlingsart, entweder zur helleren Frühjahrsform (Tageslänge < 16 h Licht) oder zur dunkleren Sommerform (Tageslänge > 16 h Licht): **Saisondimorphismus.**

Für Tiere ist das Licht vor allem für die **Orientierung** im Zusammenhang mit dem Sehsinn von Bedeutung. Für die Richtungsfindung dienen z. B. die Sonne (Bienen) oder auch nächtliche Gestirne (Zugvögel). Da v. a. nachtaktive Insekten ferne Lichtquellen zur Orientierung nutzen, werden nahe Lichtquellen oft zu Lichtfallen.
In Abhängigkeit vom Licht werden verschiedene **Aktivitätszeiten** beschrieben, wie tag-, nacht- und dämmerungsaktiv. Bei tagaktiven Vögeln setzt der Gesang artspezifisch bei bestimmten Helligkeitsstufen ein (Vogeluhr).
Der Mensch ist ebenfalls tagaktiv mit zwei Leistungsmaxima, wobei sich durch exogene Faktoren (z. B. Schichtarbeit) vorübergehende Verschiebungen zwischen den unterschiedlichen Aktivitätsphasen einstellen können.
Dabei wirkt das Licht als Zeitgeber einer inneren (endogenen) Rhythmik, die auch ohne Lichteinwirkung abläuft. Der tägliche Helligkeitswechsel synchronisiert diese Tagesrhythmik. Auch bei jahresperiodischen Rhythmen kann die wechselnde Tageslänge koordinierend wirken (z. B. beim Winterschlaf).
Die bei manchen Menschen auftretende Winterdepression wird damit erklärt, dass die Tagesrhythmik gestört ist, wenn in dunklen Wintermonaten Licht als Zeitgeber fehlt. Eine Therapie besteht in zusätzlichen morgendlichen Lichtgaben (Lichttherapie).

Vogeluhr

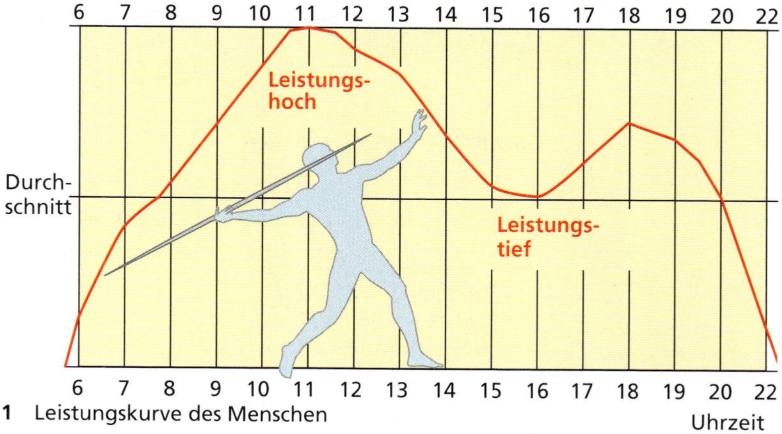

1 Leistungskurve des Menschen

Einfluss des Umweltfaktors Temperatur

Der Verlauf der Toleranzkurven ist durch die RGT-Regel und die Steuerung der chemischen Reaktionen in den Organismen durch Enzyme begründet (↗S. 61).

Verholzte Früchte der Myrtenheide *(Melaleuca)*, einem australischen Pyrophyten

Die in den Organismen ablaufenden chemischen Reaktionen der Lebensprozesse sind abhängig von der Temperatur. Viele Lebewesen besitzen einen relativ engen Toleranzbereich, aber z. B. Bärtierchen überstehen einen monatelangen Aufenthalt in flüssiger Luft (–200 °C) und verschiedene Archäen können Temperaturen bis 110 °C aushalten.
Pflanzen sind sehr stark von der Außentemperatur abhängig. Transpirationskälte und Atmungswärme können nur begrenzt zur Regulation der Pflanzentemperatur beitragen. Eine größere Rolle spielt die Erwärmung durch Absorption der Sonneneinstrahlung. Für viele Pflanzen ist der jahreszeitliche Temperaturwechsel von Bedeutung. So benötigen viele Frühblüher eine Kälteperiode, bevor sie austreiben können. Zweijährige Pflanzen wie Möhren oder Wintergetreide bilden erst nach der Überwinterung Blütentriebe. Einige Bäume und Sträucher, z. B. einige Kiefernarten, entlassen ihre Samen erst aus den Zapfen, wenn sie durch Feuer einer hohen Temperatur ausgesetzt waren **(Pyrophyten).**

Die Artspezifität der Toleranzbereiche bestimmt wesentlich die Verteilung der Pflanzen in den **Klimazonen.** Auf diese Art entstehen Vegetationszonen bzw. Vegetationsgürtel, wobei die Temperatur vom Äquator zu den Polen hin abnimmt. Einen ähnlichen Einfluss auf die Pflanzenvegetation hat die Veränderung der Temperatur mit zunehmender Höhe, wodurch sich die typischen **Höhenstufen** der Gebirge herausbilden. Deshalb können nur solche Pflanzen in höhere Regionen vordringen, die geringe Ansprüche an die Temperatur bzw. einen breiten Toleranzbereich haben (Abnahme der Artenvielfalt und Vegetationsdichte mit zunehmender Höhe).

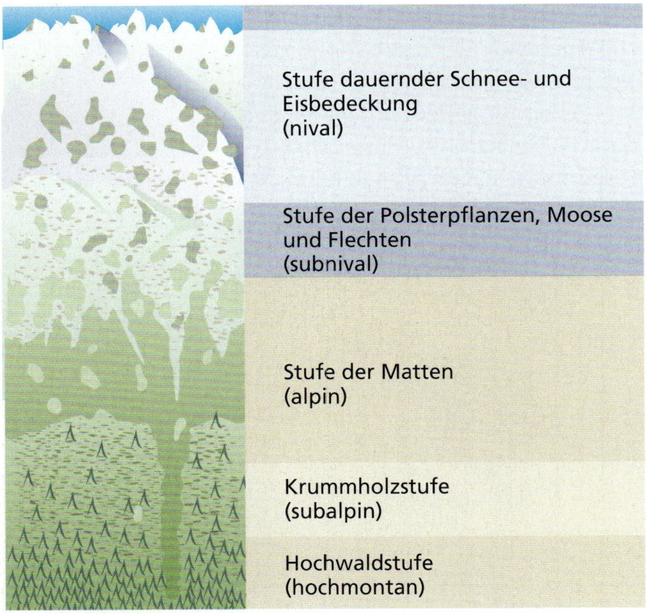

1 Höhenstufen der Vegetation im Hochgebirge

Fische, Amphibien, Reptilien und wirbellose Tiere gehören zu den **wechselwarmen (poikilothermen)** Organsimen. Ihre Körpertemperatur und damit ihre Aktivität sind stark von der Außentemperatur abhängig (↗Abb. 1, S. 103). Die Körpertemperatur von Vögeln und Säugetieren unterliegt nur geringen Schwankungen, weshalb sie auch als **gleichwarm (homoiotherm)** bezeichnet werden. Die konstante Körpertemperatur wird durch einen großen Nahrungsbedarf bzw. hohen Energieumsatz erreicht (Wärmeproduktion). Gegen großen Wärmeverlust helfen Fell und Federkleid bzw. eine dicke Speckschicht, die gleichzeitig als Energiespeicher dient.

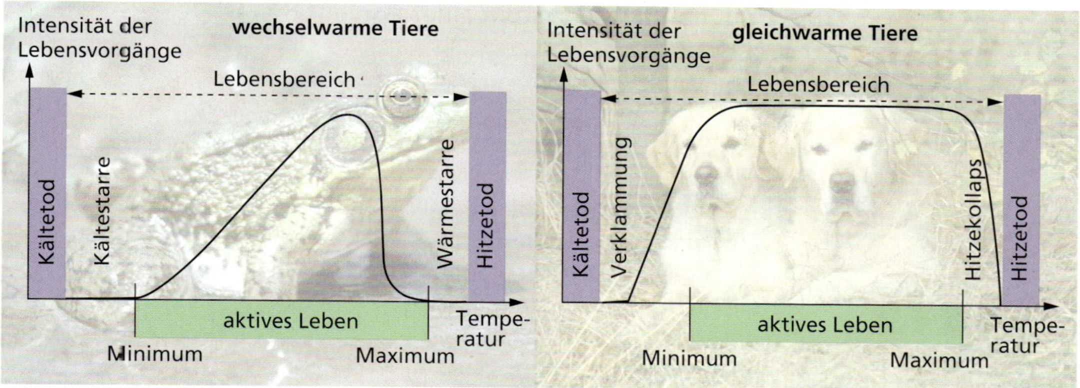

1 Toleranzkurven wechsel- und gleichwarmer Tiere

Zusätzlich zeigen gleichwarme Tiere verschiedene **Überwinterungsstrategien.** Zugvögel ziehen in der kalten Jahreszeit in wärmere Regionen, insbesondere wegen des winterlichen Nahrungsmangels. Viele Tiere und Pflanzen vermindern im Winter ihre Aktivitäten. Viele wechselwarme Tiere verfallen im Winter in **Kältestarre.** Durch das Aufsuchen geschützter Plätze und die Veränderung der Körpersäfte (Frostschutzsubstanzen) können sie dadurch ein Gefrieren vermeiden. Manche Säugetiere, wie Igel und Siebenschläfer, können ihre Körpertemperatur im Winter stark absenken und dabei den Energieumsatz weit zurückfahren. Während dieses **Winterschlafes** nehmen sie keine Nahrung und Flüssigkeit auf. Andere Säugetiere – wie die Eichhörnchen – vermindern zwar ihre Stoffwechselaktivität, unterbrechen aber die Schlafperioden in regelmäßigen Abständen zur Nahrungsaufnahme. Dabei ist die Körpertemperatur nur wenig herabgesetzt **(Winterruhe).** Auch einige Insekten zeigen Ansätze zur Temperaturregulation, z. B. Bienen, die durch Muskelzittern oder Eintrag von Wasser die Stocktemperatur nahezu konstant halten, oder Hummeln, die ihre Flugmuskulatur zur Erhöhung der Körpertemperatur nutzen.

Beim Winterschlaf wird die Körpertemperatur stark herabgesetzt.

Bei der Verbreitung naher verwandter homoiothermer Tierrassen oder -arten treten klimabedingt morphologische und physiologische Unterschiede auf, die in bestimmten **Klimaregeln** beschrieben werden. Nach der **bergmannschen Regel** sind Tiere einer Art oder eines Verwandtschaftskreises in kälterem Klima größer als in wärmerem Klima (z. B. Kolkrabe, Pinguine, Füchse), nach der **allenschen Regel** werden die Körperanhänge in kälterem Klima kleiner (z. B. sind die Ohren beim Wüstenfuchs sehr groß, beim Polarfuchs klein, ↗ Abb. 2).

2 Füchse: a Wüstenfüchse, b Polarfüchse

Entwicklung und Wachstum einer Population

Alle Individuen einer Art, die in einem abgegrenzten Gebiet leben, werden als **Population** zusammengefasst.

Brutkolonie von Pinguinen (kontinuierliche Verteilung)

Für die ökologische Wirksamkeit einer Population sind folgende Merkmale von Bedeutung:
- Häufigkeit der Individuen (Populationsgröße und -dichte),
- Verteilung der Lebewesen (räumlich und zeitlich),
- Zahlenverhältnis der Geschlechter,
- Fortpflanzungsrate,
- Altersstruktur.

Die Populationsgröße gibt die Anzahl der Lebewesen in einem bestimmten Gebiet an. Daraus ergibt sich die **Populationsdichte (Abundanz).** Sie ist u.a. vom Verhalten, dem Nahrungsangebot, dem Klima und den Fressfeinden abhängig. Entsprechend diesen Bedingungen fasst ein Lebensraum nur eine maximale Individuenanzahl **(Umweltkapazität K),** wobei der jeweils ungünstigste Faktor begrenzend wirkt (Gesetz des Minimums, ↗S. 98). Die Verteilungen der Organismen einer Population können unregelmäßig (z.B. Spinnen auf dem Waldboden), kontinuierlich (z.B. Einhalten der Hackdistanz bei Pinguinen in ihren Brutkolonien) oder gehäuft sein (z.B. Fliegen an Kothaufen). Neben der räumlichen Verteilung lassen sich in Abhängigkeit des Biorhythmus und der Aktivitätszeit der Tiere auch zeitliche Verteilungsmuster erkennen (z.B. Schlafplätze, Futterplätze).

Es existieren auch bisexuelle Populationen mit höherem Weibchen- (Kiefernblattwespe: 75 %) oder Männchenanteil (Kiefernspanner: 63 %).

Das **Wachstum einer Population** ist von der Fortpflanzung abhängig. Diese wird vom Zahlenverhältnis der Geschlechter beeinflusst. Häufig sind bisexuelle (zweigeschlechtliche) seltener unisexuelle (eingeschlechtliche) Populationen. Die häufigste Form ist die bisexuelle Population mit einem Geschlechterverhältnis von annähernd 1 : 1, wie man dies auch von menschlichen Populationen kennt.

Individuen einer Population unterscheiden sich. Diese Variabilität hat sowohl genetische als auch von Umwelteinflüssen bestimmte Ursachen (Modifikationen). Ergeben sich bei einer genetischen Variante Vorteile gegenüber den anderen Populationsmitgliedern, so hat sie einen höheren Fortpflanzungserfolg.

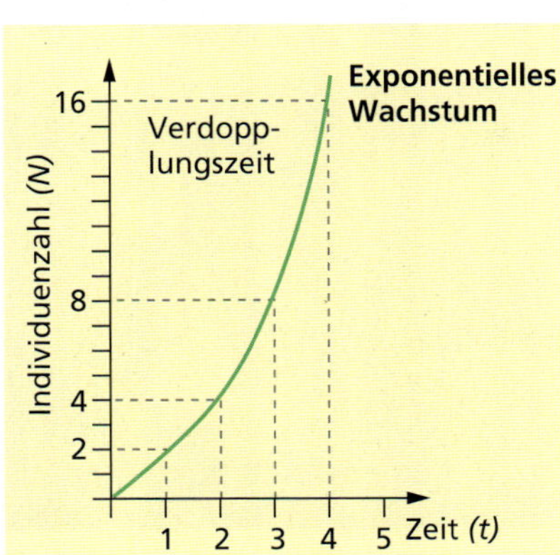

1 Unter idealen Bedingungen, wie z.B. bei der Besiedlung eines neuen Lebensraumes, wachsen Populationen exponentiell.

Um das Wachstum einer Population zu beschreiben, sind die Geburts- **(Natalität b)** und Sterberate **(Mortalität m)** einer Population von Bedeutung. Beide Faktoren sind von genetischen und ökologischen Einflüssen abhängig. Die Differenz bestimmt das Populationswachstum und wird in der **Zuwachsrate (r)** ausgedrückt:

$r = b - m$.

Mit zunehmender Individuenzahl steigt die Mortalitätsrate bis Mortalität und Natalität sich die Waage halten (m = b). Dieser Wert entspricht der **Umweltkapazität K,** dem maximalen Fassungsvermögen für eine bestimmte Art in ihrer Umwelt. Die Population kann so lange wachsen, wie zwischen der erreichten **Individuenzahl N** und der Kapazität eine Differenz besteht. Die Gesamtheit der wachstumshemmenden Faktoren wird **Umweltwiderstand** genannt. Wächst die Population über ihre Kapazitätsgrenze weiter exponentiell **(Massenvermehrung),** kommt es nach einer gewissen Zeit zum Zusammenbruch. Am häufigsten sind Schwankungen der Individuenzahl um die Kapazitätsgrenze zu beobachten, die zusammenfassend als **Massenwechsel** bezeichnet werden. Im Allgemeinen ist das Wachstum einer Population am größten, wenn ihre Individuenzahl N die Hälfte der Kapazität K erreicht hat. Die Ermittlung von $\frac{K}{2}$ ist deshalb für die Produktionsbiologie in Land-, Forst- und Fischereiwirtschaft von Bedeutung.

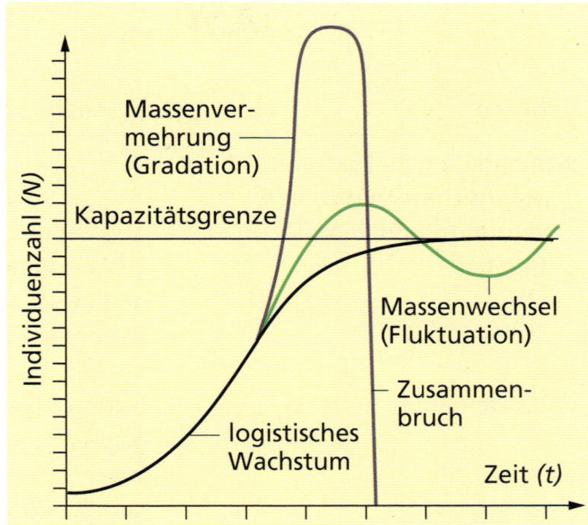

1 Wachstumskurve mit verschiedenen Begrenzungen

Zum **Erhalt einer Population** unterscheiden Biologen zwei verschiedene, durch Übergänge verbundene Strategien:

1. die **Vermehrungsstrategie (r-Strategie),** bei der ein sehr großer Überschuss an Nachkommen erzeugt wird (hohe Zuwachsrate r; z. B. Feldmäuse, viele Insekten),
2. die **Anpassungsstrategie (K-Strategie),** bei der wenige Nachkommen optimal geschützt werden (Individuenzahl nahe bei K; z. B. Mensch, Elefanten, Sonderfall: soziale Insekten).

Das ideale Wachstum einer Population kann man in folgender Wachstumsformel ausdrücken:

$$\frac{dN}{dt} = r \cdot N$$

Populationen können eine verschiedene **Altersstruktur** haben, d. h. das Zahlenverhältnis der Individuen unterscheidet sich in ihren Altersstufen bzw. Entwicklungsstadien. Dies lässt sich grafisch in **Alterspyramiden** darstellen: Bei einer stark wachsenden Population ist die Anzahl der Jungtiere am höchsten (Pyramide). Wenn die Anzahl der Kinder und Jugendlichen geringer ist als die der Alten, hat die Alterspyramide die Form einer Urne. Dies ist charakteristisch für schrumpfende Populationen. Wenn die Populationsgröße ungefähr gleich bleibt, sieht die Altersstruktur dem Bild einer Glocke ähnlich.

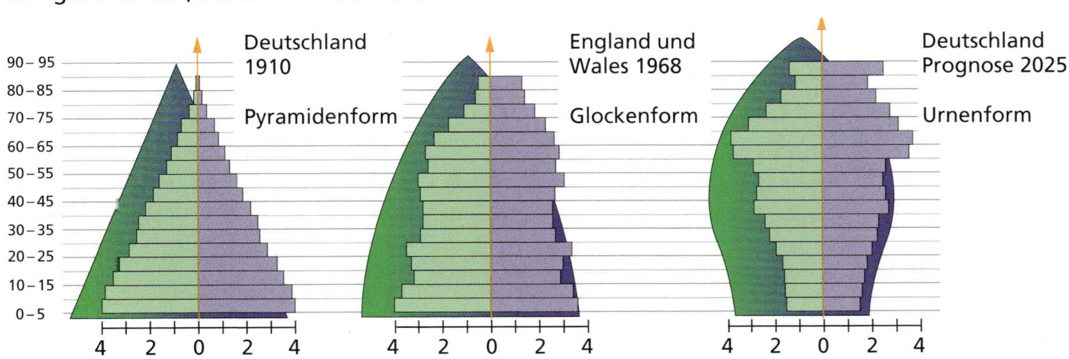

2 Alterspyramiden

Regulation der Populationsdichte

Für die Schwankungen von Populationsgrößen ist der Umweltwiderstand verantwortlich, wobei man **dichteabhängige** und **dichteunabhängige Faktoren** unterscheiden kann:

Faktoren	Verminderung der Populationsdichte durch:
dichteabhängige Faktoren (innerartliche Konkurrenz):	
– Nahrungs- und Energieangebot	– Abwandern bzw. Aussterben einer Art – Erhöhung der Sterblichkeitsrate (z. B. durch Krankheiten, geringeres Wachstum von Pflanzen bei Lichtmangel) – Verminderung der Geburtsrate (z. B. geringere Fruchtbarkeit)
– Platzangebot	– Territorialverhalten (Verteidigung des Reviers gegenüber Artgenossen, mehr Kontakte zu Artgenossen) – Stress (erhöhte Aggressivität, Abnahme der sexuellen Aktivität, Kannibalismus) – hormonelle Regulation
dichteunabhängige Faktoren:	
– Witterungsbedingungen (Licht, Temperatur, Feuchte, Wind)	– z. B. Hochwasser – Vernichtung der Nester bodenbrütender Vögel – z. B. Erfrieren von Insekten im Winter
– Katastrophen (Erdbeben, Überschwemmungen ...)	– Verdursten durch Dürre – Vernichtung durch Brände

Der **Lärchenwickler,** ein Schmetterling, der in ganz Nord- und Mitteleuropa verbreitet ist, zeigt im Populationswachstum regelmäßige Zyklen. Die Hauptfutterpflanze für die Raupen ist die Lärche, aber das Weibchen legt seine Eier auch an Zirbelkiefern ab. Die Populationsdichte kann sich in 8–10 Jahren so stark erhöhen, dass ein großflächiger Kahlfraß entsteht und die Population aus Nahrungsmangel zusammenbricht. Danach baut sich die Population über Jahre hinweg wieder auf, und der Zyklus beginnt von vorn.

Nonne

Einige Populationen (viele Insekten, kleine Nagetiere, einjährige Pflanzen) unterliegen einer **inneren Dynamik,** ohne dass andere Arten einen Einfluss ausüben (innerartliche Konkurrenz). So kann sich unter günstigen Witterungsbedingungen (dichteunabhängiger Faktor) die Nahrungssituation so verbessern, dass es zu einem Anstieg der Populationsdichte um ein Vielfaches über die Kapazitätsgrenze kommt **(Gradation).** Der wachsende Umweltwiderstand bewirkt den Rückgang oder Zusammenbruch der Population.

Massenvermehrungen bei Forstschädlingen (Kiefernspanner, Lärchenwickler, Nonne, Feldmaus) führen oft zu hohen wirtschaftlichen Schäden **(Kalamität).**

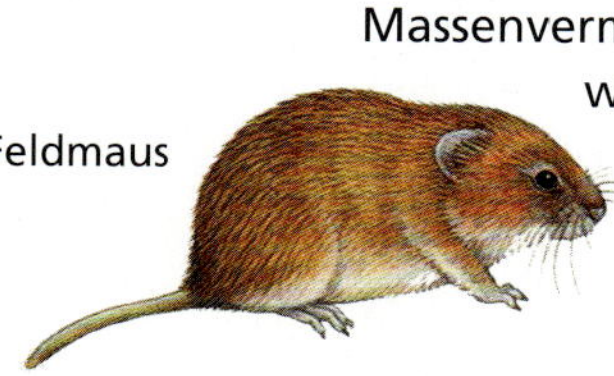

Feldmaus

Neben der inneren Dynamik einer Population durch das Zusammenwirken von dichteabhängigen und -unabhängigen Faktoren können sich Populationen auch gegenseitig beeinflussen.

Gut untersucht sind Beziehungen zwischen **Prädatoren (Räubern)** und **Beute.** Wenn in einem Biotop eine große Anzahl von Beute vorkommt, wirkt sich dies fördernd auf die Nahrungssuche und den Fortpflanzungserfolg der Räuber aus. Dadurch steigt die Populationsdichte der Räuber, die dann nicht mehr so viel Beute finden und somit nur eine geringere Anzahl an Nachkommen großziehen können. Dadurch sinkt die Anzahl der Räuber und der Kreislauf beginnt von vorn.

Das wohl bekannteste Beispiel für eine **Räuber-Beute-Beziehung** ist die Abhängigkeit von Kanadischem Luchs und Schneeschuhhase in Kanada. Die abgelieferten Felle der Tiere wurden bei der *Hudson Bay Company* seit 1800 registriert. So konnte man den Bestand der Populationen weit zurückverfolgen. Es zeigte sich, dass in einem Abstand von ca. zehn Jahren viele Felle der Luchse erfasst wurden und es ca. zwei Jahre vor den Luchsen zu einer Häufung der Hasenfelle kam.

In den in der Landwirtschaft üblichen Monokulturen (↗S. 116) steigt die Populationsdichte von Schädlingen, z. B. Raupen oder Blattläusen, stark an. Vernichtet man diese durch den Einsatz von Giften, so trifft man zeitverzögert auch ihre „nützlichen" Fressfeinde, wie etwa Florfliegen oder Marienkäfer. Nach der Verminderung beider Arten erholen sich die Pflanzenschädlinge schneller, sodass eine erneute **Massenvermehrung** auftritt (↗Abb. 3, 3. Regel).

Für diese wechselseitigen Räuber-Beute-Beziehungen wurden von G. F. GAUSE, A. J. LOTKA und **VITO VOLTERRA** (1860–1940) mathematische Modelle entwickelt **(Volterra-Regeln):**

1. Die Populationsdichten von Beute und Fressfeind schwanken periodisch und zeitlich gegeneinander verschoben.
2. Die Dichte jeder Population schwankt um einen Mittelwert.
3. Eine Erhöhung der Beutedichte bewirkt eine Zunahme der Räuber. Nach einer gleich starken Verminderung beider Arten erholt sich die Population der Beute schneller als die des Fressfeindes.

1 Räuber-Beute-Beziehung

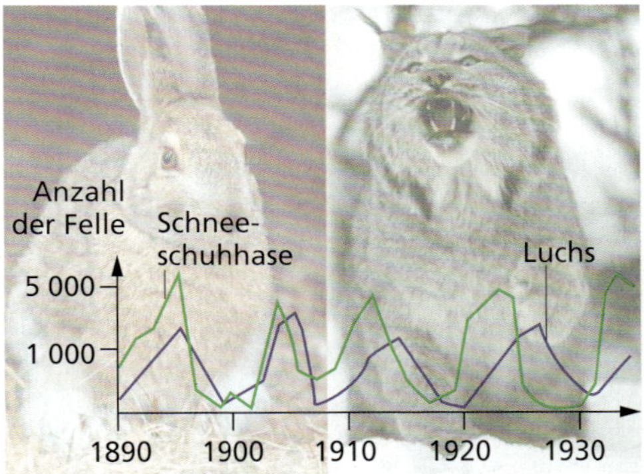

2 Populationsschwankungen bei Schneeschuhhasen und Kanadischem Luchs

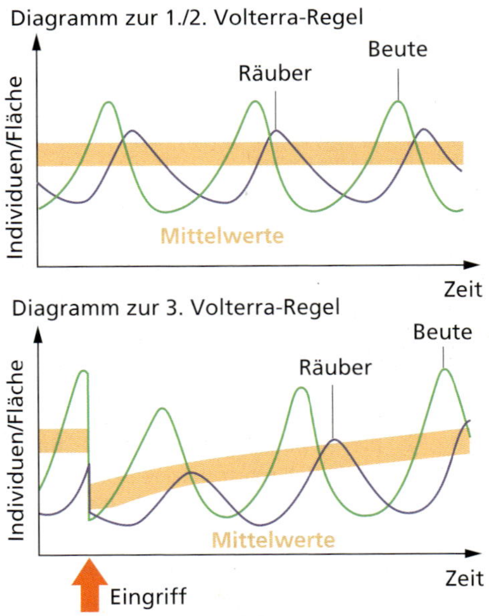

3 Volterra-Regeln

Lebewesen in Ökosystemen

Lebewesen können in Bezug auf einen Umweltfaktor nur innerhalb eines **Toleranzbereiches** existieren, der durch Minimum, Optimum und Maximum charakterisiert ist.

Der abiotische Umweltfaktor **Wasser** hat eine zentrale Bedeutung für alle Organismen und so zeigen Pflanzen und Tiere anatomische, morphologische und physiologische Anpassungen an die unterschiedlichen Wasserverhältnisse. Bei Pflanzen kann man Hydro-, Hygro-, Meso- und Xerophyten unterscheiden. Tiere werden je nach besiedeltem Lebensraum nach Feucht- und Trockenlufttieren differenziert.

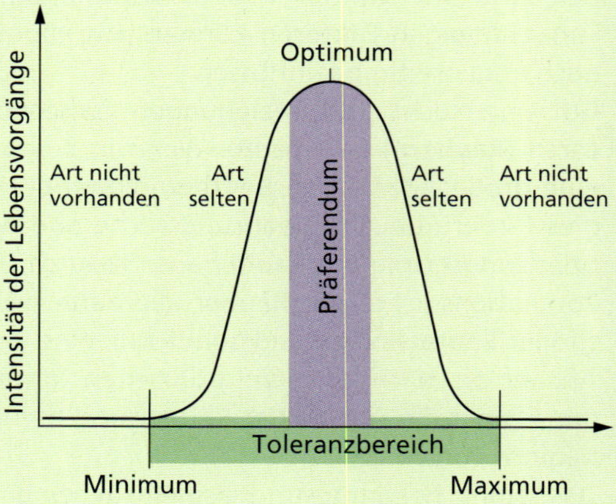

Eine ausreichende **Licht**intensität ist vor allem für die fotosynthetisch aktiven Pflanzen notwendig. In Anpassung an die Lichtverhältnisse werden Licht- und Schattenpflanzen bzw. -blätter unterschieden. Entwicklungsvorgänge (z. B. Keimen, Blütenansatz) und Wachstum können durch Licht gesteuert werden. Tiere orientieren sich mithilfe von Lichtsinnesorganen. Auch Entwicklungsvorgänge und Verhalten der Tiere werden durch Lichtverhältnisse beeinflusst.

Pflanzen sind stark vom **Temperatur**faktor abhängig. Dies spiegelt sich in ihrer Verbreitung in den Vegetationszonen und Höhenstufen wider. Je nach Abhängigkeit der Körpertemperatur und Aktivität von der Außentemperatur unterscheidet man zwischen wechselwarmen oder gleichwarmen Tieren. Bei der Verbreitung gleichwarmer Tierrassen oder -arten treten klimabedingt morphologische und physiologische Unterschiede auf, die in den **Klimaregeln** (z. B. bergmannsche und allensche Regel) beschrieben werden.

Alle Individuen einer Art, die in einem begrenzten Gebiet leben, werden als **Population** bezeichnet. Für die ökologische Wirksamkeit einer Population sind folgende Merkmale von Bedeutung:
(1) Populationsgröße und -dichte,
(2) Verteilung der Lebewesen (räumlich und zeitlich),
(3) Zahlenverhältnisse der Geschlechter,
(4) Zuwachsrate,
(5) Altersstruktur.
Die Populationsgröße ist u. a. vom Nahrungs- und Raumangebot, Verhalten, Klima und den Fressfeinden abhängig. Entsprechend diesen Bedingungen fasst ein Lebensraum nur eine maximale Individuenzahl (Umweltkapazität K).

Im Allgemeinen sind für das Wachstum von Populationen zwei verschiedene Strategien zu unterscheiden:
1. die **Vermehrungsstrategie (r-Strategie):** hohe Vermehrungsrate, geringer Schutz, kurze Lebensdauer,
2. die **Anpassungsstrategie (K-Strategie):** wenige Nachkommen, optimaler Schutz, lange Lebensdauer.

Stellt man die verschiedenen **Altersklassen** einer Population in einem Diagramm dar, ergibt sich das Bild einer **Pyramide,** wenn die Population in der Wachstumsphase ist (Anzahl der Jungtiere am höchsten). Wenn weniger Kinder geboren werden als alte Menschen leben, schrumpft die Bevölkerung (Urne). Bei gleichbleibender Populationsgröße sieht die Altersstruktur dem Bild einer Glocke ähnlich.

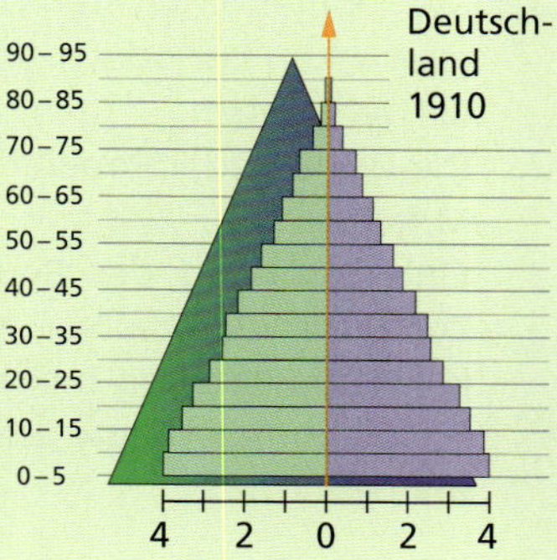

3.2 Ökosysteme

Energiefluss und Stoffkreislauf in der Biosphäre

Die **Biosphäre** ist die belebte Außenschicht unseres Planeten und auf ständige **Energiezufuhr** angewiesen. Dies ist in allererster Linie die Strahlungsenergie der Sonne. Fotosynthetisch aktive, grüne Pflanzen fixieren Sonnenenergie bei der Synthese von organischen Kohlenstoffverbindungen aus Kohlenstoffdioxid der Luft, Wasser und Mineralstoffen aus dem Boden unter Freisetzung von Sauerstoff. Bei der Atmung werden in den Zellen aller Lebewesen organische Moleküle wiederum in Kohlenstoffdioxid und Wasser umgewandelt, wobei Energie für die verschiedenen Lebensprozesse freigesetzt wird. Totes organisches Material wird durch Mikroorganismen wieder in Kohlenstoffdioxid und Wasser sowie in anorganische Stickstoff-, Phosphor- und Schwefelverbindungen zerlegt. Nur ein kleiner Teil der Gesamtmasse wird diesem kurzfristigen **Kreislauf** entzogen und bildet als fossiles Kohlenstoffvorkommen (Kohle, Erdöl, Erdgas) und als karbonathaltige Sedimente (Kalkstein) einen Kohlenstoffpool, der erst allmählich wieder der Biosphäre zugeführt wird.

Der Begriff „Biosphäre" wurde 1875 von EDUARD SUESS (1831–1914) geprägt. Eine ausführliche Darstellung gab WLADIMIR I. WERNADSKIJ (1863–1945) in seinem Werk *„Die Biosphäre"* von 1926.

Kalkgebirge bestehen zum größten Teil aus Schalen und Skeletten fossiler Lebewesen.

Die **Biosphäre** umfasst den von Organismen bewohnten Raum der Erde, also den bodennahen Luftraum (unterer Teil der Atmosphäre bis etwa 100 m über der Bodenoberfläche), die dünne Schicht der Festlandsoberfläche (oberer Teil der Lithosphäre, Boden bis etwa 100 m Tiefe) und die gesamte Hydrosphäre (Flüsse, Seen und Meere), deren größte Tiefe über elf Kilometer ausmacht.

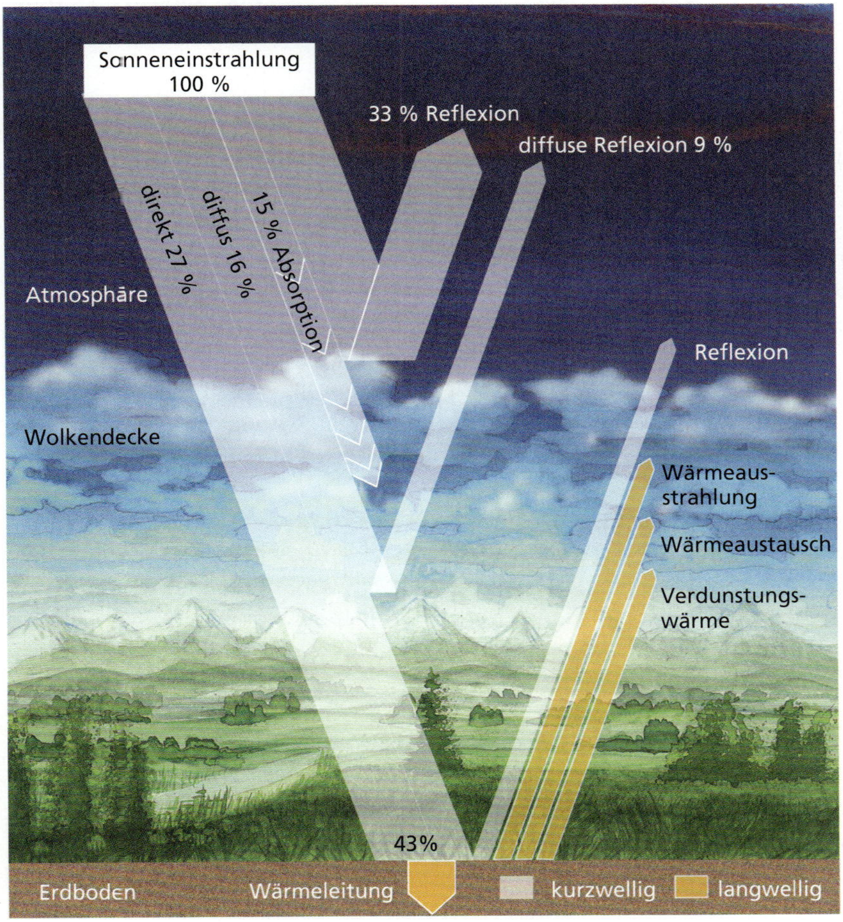

1 Energiehaushalt in der Biosphäre

Durch die fotosynthetische Nutzung von 1 % des sichtbaren Lichts werden pro Jahr ca. 170 Mrd. Tonnen Biomasse (Trockensubstanz) produziert.

Von der auf die Außenseite der Atmosphäre auftreffenden **Sonnenstrahlung** gelangt nur ein Teil auf die Erdoberfläche (↗S. 109). Dies sind in mittleren Breiten der Nordhalbkugel durchschnittlich 43 %. In den wolkenarmen Subtropen können dies bis 70 % sein. Ein Großteil der Sonnenstrahlung, der die Erdoberfläche erreicht, fällt auf vegetationslose Flächen oder auf Wasserkörper, wo sie entweder absorbiert oder reflektiert wird. Nur ein kleiner Teil trifft tatsächlich auf Blaugrüne Bakterien, Algen oder Pflanzenblätter und davon entfällt wiederum nur ein kleiner Teil auf den Spektralbereich, der durch die Fotosynthese genutzt werden kann.

Die Gesamtstoffmenge, die bei der Fotosynthese umgesetzt wird, nennt man **Bruttoprimärproduktion** (BPP). Zieht man von der Bruttoprimärproduktion die Stoffmenge ab, die als Betriebsstoff für die eigene Zellatmung verwendet wird, bleibt die **Nettoprimärproduktion** (NPP) übrig. Diese Nettoprimärproduktion gibt an, wie viel gespeicherte chemische Energie die Konsumenten und Destruenten eines Ökosystems (↗S. 112) von den Primärproduzenten zur Verfügung gestellt bekommen.

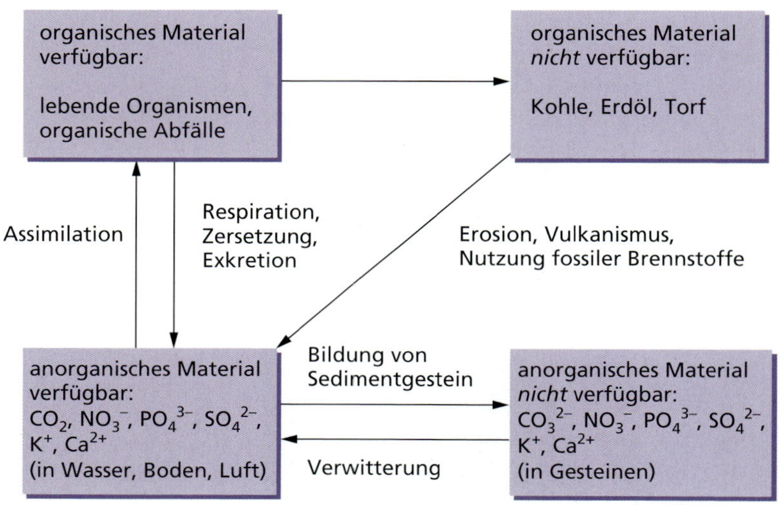

1 Prinzip des Stoffkreislaufs in der Biosphäre

Im Gegensatz zu dem viele Jahrmilliarden anhaltenden Energiefluss von der Sonne sind die stofflichen Ressourcen auf der Erde begrenzt. Somit bestand im Laufe der Evolution die unbedingte Notwendigkeit eines **stofflichen Recyclings.** Im günstigsten Fall werden alle durch die Fotosynthese aufgebauten organischen Substanzen in kurzer Zeit wieder in anorganische Substanzen zurückverwandelt. Ein solcher fast vollständiger **Kreislauf** ist z. B. in tropischen Wäldern gegeben.

Allerdings kommt es in vielen Ökosystemen zu einer gewissen Depotbildung organischer Abfallstoffe, die erst in erdgeschichtlichen Zeiten dem Stoffkreislauf wieder zugeführt werden. So wurden die meisten der heute genutzten Steinkohlelager im Karbon in einer Zeit vor 380 bis 280 Millionen Jahren abgelagert. Aber auch die viel jüngere Torfbildung in den Hochmooren stellt einen solchen Prozess dar, der sich in Jahrtausenden messen lässt. Schließlich werden kurzfristiger auch im Humuskörper der Böden organische Stoffe gespeichert. Einen weiteren erdgeschichtlichen Kohlenstoffspeicher stellen die karbonathaltigen Sedimentgesteine dar.

Fossile Brennstoffe sind in früheren Erdzeitaltern dadurch entstanden, dass organische Abfallstoffe nicht vollständig abgebaut wurden.

Die von den Primärproduzenten aufgenommene **Sonnenenergie** ist der Hauptmotor für den **Stoffkreislauf** in der Biosphäre.

Aufbau der Ökosysteme

Der Energiefluss und die Stoffkreisläufe in der Biosphäre spielen sich nicht in einer gleichmäßigen Wechselwirkung aller Organismen ab, vielmehr kann man bestimmte, räumlich benachbarte Organismengruppen abgrenzen, die untereinander besonders zahlreiche Verflechtungen und Wechselwirkungen zeigen. Nach außen besitzen diese Gemeinschaften deutlich weniger Verbindungen. Solche räumlich begrenzten **Lebensgemeinschaften (Biozönosen)** werden zusammen mit ihrer **unbelebten Umwelt (Biotop)** als **Biogeozönosen** oder **Ökosysteme** bezeichnet. Dabei legt der erste Begriff den Schwerpunkt auf den räumlichen Bezug, der zweite auf die funktionellen Verknüpfungen.

Der Begriff Biogeozönose wurde 1947 von VLADIMIR N. SUKACHEV (1880–1967) geprägt. Der Begriff Ökosystem aus dem Jahr 1935 geht auf ARTHUR G. TANSLEY (1871 bis 1955) zurück.

Ökosystem = Biotop + Biozönose

Eine Kombination von abiotischen Standortfaktoren führt zu einer Besiedelung dieses Standorts durch eine ganz bestimmte Lebensgemeinschaft. Wie alle Lebensprozesse ist auch dieser Prozess nicht von vornherein festgelegt. Die Entwicklung einer solchen Biozönose an einem definierten Standort ist ein sehr komplexer Vorgang, insbesondere deshalb, weil die besiedelnden Organismen sofort auf die Bodenbildung, den Wasserhaushalt, die Strahlungsintensität, das Mikroklima usw. zurückwirken. Zufallsereignisse können dabei für die weitere Entwicklung des Systems Weichen stellen.

Wie ein Organismus so ist auch jedes Ökosystem ein offenes System, das nur dadurch in einem Gleichgewichtszustand bleibt, dass sich zwischen der Umgebung und dem System eine ausgeglichene **Stoff- und Energiebilanz** einstellt. Die Wechselwirkungen innerhalb des Systems sind individuell sehr verschieden, sie lassen sich aber doch in ein gemeinsames Grundschema einordnen.

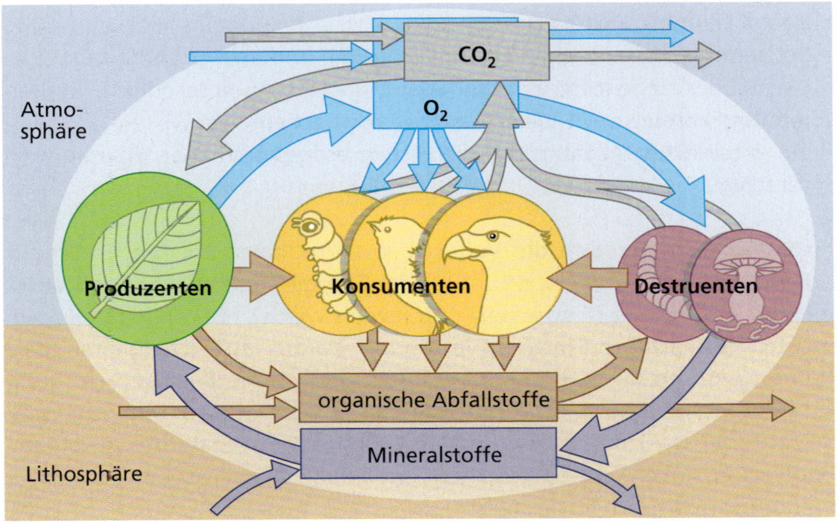

1 Schema eines Ökosystems

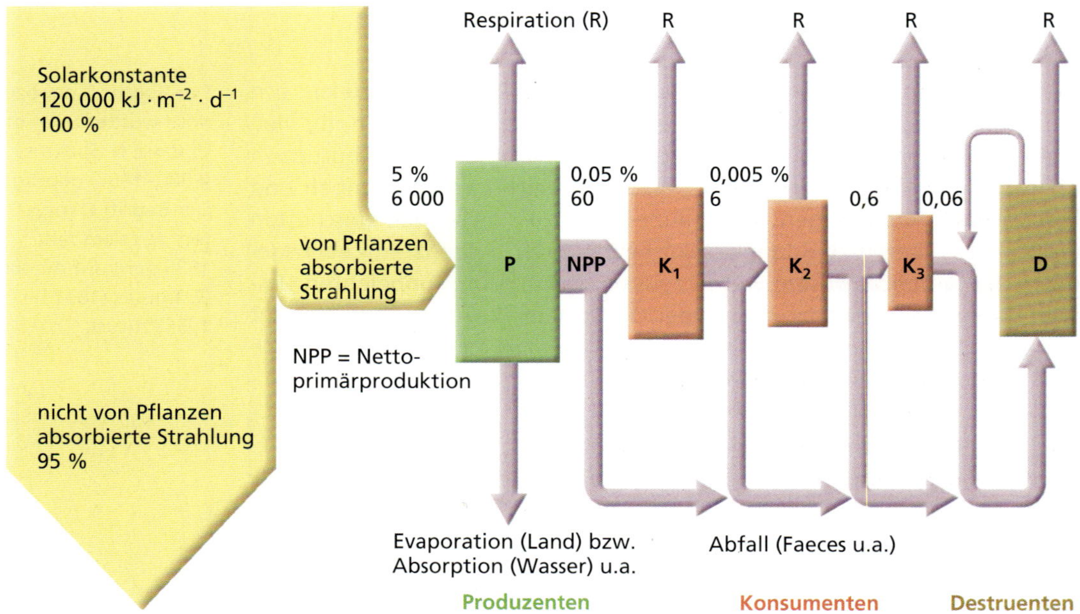

1 Energieflussdiagramm für ein Ökosystem

Als **Solarkonstante** bezeichnet man die pro Zeit- und Flächeneinheit auf die äußere Erdatmosphäre treffende Strahlungsenergie der Sonne.

In der Abbildung wird dargestellt, wie sich der **Energiefluss** in einem Ökosystem im Allgemeinen vollzieht.
Die Solarkonstante, also die von der Sonne eingestrahlte Energie, beträgt durchschnittlich 120 000 kJ $\cdot$ m^{-2} $\cdot$ d^{-1}. Wenn von 100 % unter günstigen Bedingungen 5 % von fotosynthetisch aktiven Lebewesen absorbiert werden, ergibt sich das dargestellte **Energieflussdiagramm.**

Die Nettoproduktion der **Primärproduzenten** stellt die mögliche Nahrungsenergie für die **Pflanzenfresser** (Phytophagen) dar, jedoch reduziert sich diese auf viererlei Weise:
- Ein gewisser Teil kann nicht verbraucht werden (Bestandsabfall, totes Holz, Falllaub).
- Bestimmte Substanzen sind nicht verdaulich und im Kot enthalten.
- Ein Teil der Nährstoffe wird abgebaut, und die Abbauprodukte werden mit der Exkretion (z. B. Urin, Schweiß) abgegeben.
- Ein erheblicher Teil der mit der Nahrung aufgenommenen Energie wird veratmet.

Insgesamt belaufen sich die Verluste an verfügbarer Energie im Schnitt pro Trophiestufe auf 90 %, d. h., 10 % der Energie stehen dann den **Konsumenten 2. Ordnung (Tierfresser)** und jeweils wieder nur 10 % den Konsumenten der nächsten Stufe zur Verfügung. Daraus lässt sich ableiten, dass **Nahrungsketten** in ihrer Länge begrenzt sind, da die Energieversorgung für Konsumenten höherer Ordnung immer unsicherer wird. Mit steigender Stufe in der Nahrungskette muss auch die Individuenzahl der jeweiligen Population sinken, dies umso mehr, wenn die Körpergröße der Konsumenten von Stufe zu Stufe steigt.

Mit der **Energiepyramide** wird dargestellt, welche auf die Biomasse bezogene Energiemenge auf jeder Trophiestufe zur Verfügung steht.

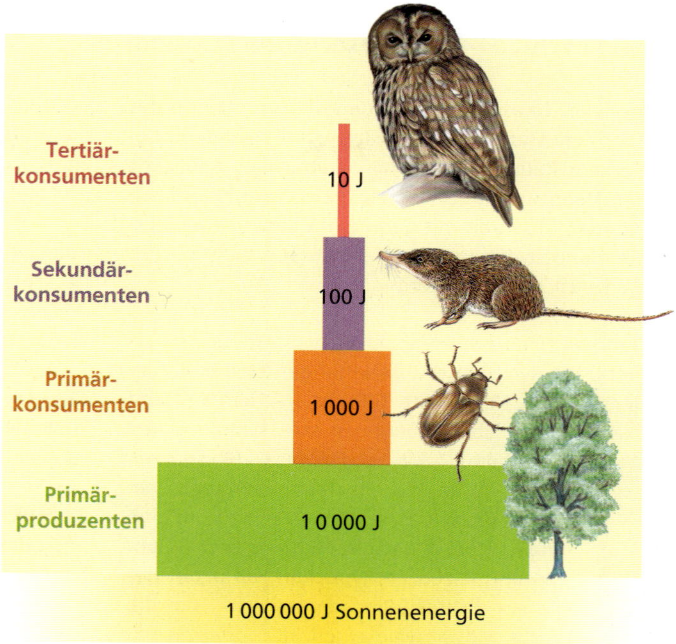

1 Energiepyramide

Mengenmäßig überwiegen in allen Ökosystemen die **Primärproduzenten.** Sie alleine können Sonnenenergie binden, weshalb man sie auch als Energieautotrophe bezeichnet. In terrestrischen Ökosystemen, wie Wiesen oder Hecken, sind dies vor allem die Pflanzen. In marinen Ökosystemen nutzen Mikro- und Makroalgen sowie Cyanobakterien die Sonnenenergie. Sie stellen die Energiequelle für die **Konsumenten 1. Ordnung**, die Pflanzenfresser und Pflanzenparasiten, dar. Der Stoff- und Energiefluss geht dann mit der Nahrungskette weiter zu den Fleischfressern und Tierparasiten, den **Konsumenten 2. und höherer Ordnung.** Organische Abfallstoffe, wie abgestorbene Pflanzenteile, Kot oder Tierleichen, werden von einer dritten Organismengruppe, den **Destruenten** (Zersetzern), ausgenutzt. Die Zersetzer kann man unterteilen in Saprovoren (Streufresser), zu denen etwa Regenwürmer, viele Bodeninsekten und Aasfresser zählen, und mikrobielle Zersetzer, wie Pilze und Bakterien. Sie wandeln als Reduzenten organische Stoffe in anorganische Stoffe um. Anorganische Abbauprodukte stehen den Primärproduzenten wieder als Nährmineralien zur Verfügung.

Der Begriff „Reduzenten" ist etwas irreführend, da durch sie organische Stoffe oxidiert werden (z. B. zu CO_2, H_2O, NO_3^-).

Auch die verschiedenen Entwicklungsstadien einer Art können unterschiedliche Plätze in diesem Nahrungsnetz einnehmen: So leben die Larven der Raupenfliegen *(Tachinidae)* parasitisch von Raupen oder anderen Insektenlarven, während sich die Imagines von Pollen oder Nektar ernähren. Die Weibchen der Bremsen *(Tabanidae)* saugen das Blut von Säugetieren, während die Männchen sich von Nektar ernähren.

2 Tachinideneier an Raupe

3 Imago an Pflanze

Man kann versuchen, die komplizierten **Nahrungsbeziehungen** eines Ökosystems in einem **Nahrungsnetz** darzustellen. Auch wenn solche Darstellungen meist lückenhaft sind, kann man doch für viele Ökosysteme quantitative Aussagen machen, da die Hauptstoffmengen oft über relativ einfache Ketten und Netze laufen. Bedeutungsvoll werden andere weniger benutzte „Nebenstraßen" erst, wenn ein Glied durch irgendwelche Einflüsse plötzlich ausfällt.

Mykorrhiza – eine besondere Beziehung

In vielen Ökosystemen können die Hauptwege des Energieflusses von Jahr zu Jahr stark wechseln. Bei starkem Raupenbefall eines Laubwaldes z.B. geht der Hauptweg über Primär- und Sekundärkonsumenten, in Jahren mit geringem Raupenbefall wird die Hauptstoffmasse über den Bestandsabfall und die Detrituskette weitergegeben.

Darüber hinaus spielen bei allen Stoff- und Energieflüssen symbiotische Beziehungen eine entscheidende Rolle. Der größte Teil des auf dem Festland existierenden Lebens hängt von einer symbiotischen Wechselbeziehung, der **Mykorrhiza** (Pilzwurzel; griech.: *mykos* = Pilz, *rhiza* = Wurzel), ab. Bei dieser Symbiose handelt es sich um eine enge Wechselbeziehung zwischen Pflanzen und Pilzen. Im typischen Fall bildet der Pilz ein dichtes „Pilzfadengeflecht" um die Wurzelendverzweigungen des pflanzlichen Organismus. Die Pilzfäden können sich nur eng an die Pflanzenzellen anlegen (äußere Mykorrhiza) oder sogar mehr oder weniger weit in die Wurzelrindenzellen eindringen (innere Mykorrhiza).

Die Mykorrhiza-Pilze sind darauf spezialisiert, Mineralstoffe sowie Wasser aus dem Boden aufzunehmen. Ein Teil dieser Stoffe gelangt in die Wirtspflanzen und dient ihrem Stoffaufbau. Die Pilze erhalten von den Pflanzen Kohlenhydrate (z.B. Glucose). Diese dienen ihnen zur Ernährung.

Es wird angenommen, dass die Partnerschaft von Pflanzen und Pilzen die Besiedlung des damals kargen Festlandes durch die ersten Landpflanzen und -tiere vor 450 bis 400 Millionen Jahren erst ermöglicht hat.

Heute nehmen die Mykorrhiza-Pilze zwischen 10 und 20 % der fotosynthetischen Primärproduktion von Pflanzen direkt auf. Das sind bis zu $2 \cdot 10^{10}$ t pro Jahr.

Besondere Bedeutung haben sie für den Phosphor- und Stickstoffhaushalt, da sie kurzschlussartige Verbindungen zwischen organischen Abfallstoffen und Primärproduzenten herstellen und so den Export der Verbindungen dieser Elemente aus Ökosystemen deutlich verringern. Schließlich können Pilze auch tierische Eiweißquellen für höhere Pflanzen erschließen. Der Zweifarbige Lacktrichterling *(Laccaria bicolor)* „frisst" beispielsweise Springschwänze. Da der Lacktrichterling mit Waldbäumen eine Mykorrhiza eingeht, werden die tierischen Stickstoffverbindungen über den Pilz an die Bäume weitergegeben.

1 Die *Mykorrhiza* verursacht einen Kurzschluss zwischen organischen Abfallstoffen und Primärproduzenten.

Methode: Wissenschaftliche Bestimmung eines Lebewesens

Um den Namen eines unbekannten Lebewesens herauszufinden, kann man Bestimmungsbücher nutzen. Dort finden sich Beschreibungen und Abbildungen, die man mit dem unbekannten Objekt vergleichen kann. Da jedoch meist eine sehr große Anzahl unterschiedlicher Arten zur Wahl steht, ist ein solcher Vergleich sehr umständlich und zeitaufwendig. Außerdem kann es bei der Vielzahl der zu beachtenden Merkmale leicht zu Verwechslungen kommen.

In der Biologie hat sich deshalb schon lange eine wissenschaftliche Bestimmungsmethode durchgesetzt, bei der das Ergebnis Schritt für Schritt nach dem Ausschlussprinzip gewonnen wird. Ein solches Bestimmungsprogramm wird **„Bestimmungsschlüssel"** genannt. Manchmal muss man bei solchen Bestimmungsschlüsseln bei jedem Bestimmungsschritt eine Entscheidung zwischen mehr als zwei Möglichkeiten treffen. Solche Bestimmungsschlüssel nennt man „polytom".

Meist muss man nur zwischen zwei Möglichkeiten unterscheiden. Eine Reihe solcher alternativer oder „dichotomer" Entscheidungen führt zum richtigen Ergebnis. Ein solcher Bestimmungsschlüssel wird deshalb „dichotom" genannt.

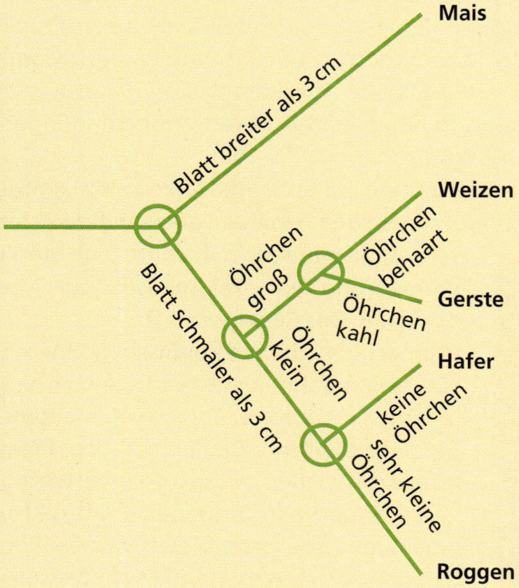

Dichotomer Schlüssel zum Bestimmen der mitteleuropäischen Getreidearten vor der Blüte:

1 Blätter breiter als 3 cm .... **Mais**

1* Blätter schmaler als 3 cm 2

2 am Übergang von der Blattspreite zur Blattscheide auffällige, den Stängel umgreifende Öhrchen 3

2* am Übergang von der Blattspreite zur Blattscheide keine auffälligen Öhrchen 4

3 Öhrchen kahl............................ **Gerste**

3* Öhrchen behaart...................... **Weizen**

4 keine Öhrchen, Pflanzen frischgrün .... **Hafer**

4* kleine Öhrchen vorhanden, Blätter bläulich bereift .... **Roggen**

Meistens wird in wissenschaftlichen Bestimmungsschlüsseln nicht nur ein Merkmal als Alternative angeboten, sondern mehrere, wie im vorliegendem Beispiel unter 4: es wird einmal nach den Öhrchen am Spreitengrund, zum anderen nach der bläulichen Bereifung der Blätter gefragt.

Monokulturen

griech.: *monos* = allein, „nur"
lat.: *cultura* = Landwirtschaft

Reisfeld

Eine Monokultur ist eine **Form der Bodenbewirtschaftung,** bei der auf einer land- oder forstwirtschaftlichen Nutzfläche nur eine bestimmte Art angebaut wird. Verbreitet sind Monokulturen z. B. im Reis-, Getreide-, Kartoffel- Rüben-, Kaffee-, Tee-, Wein- und Tabakanbau. In der Forstwirtschaft werden in Mitteleuropa vor allem Fichten u. a. Nadelhölzer in **Reinkulturen** angebaut. Monokulturen gibt es schon seit dem Beginn des Ackerbaus in der Jungsteinzeit, doch damals waren die Kulturen wegen der vielen „Unkräuter" nicht so einartig wie heute und die Felder waren klein. Erst durch die zunehmende Mechanisierung der Landwirtschaft im 20. Jahrhundert wurden die Schläge immer größer, Unkräuter durch Herbizideinsatz immer seltener und die Landwirtschaftsmaschinen immer größer. Damit konnten die Agrarerträge zwar enorm gesteigert werden, weil mit wenigen Arbeitskräften Flächen bearbeitet werden konnten, für die man früher Hunderte von Landarbeitern einsetzen musste. Langfristig sind mit dieser Form der Bewirtschaftung aber **ökologische** und in der Folge auch **ökonomische Nachteile** verbunden.

1930 entstanden in den USA in den *Great Plains* in den riesigen Weizenfeldern Staubstürme.

Wenn immer nur eine Pflanzenart angebaut wird, führt dies zu einer Verarmung (Mangel an Mineralstoffen, geringere Erträge). Dies kann nur durch vermehrten Düngereinsatz ausgeglichen werden, was nicht nur Kosten verursacht, sondern auch negative Folgen für die natürlichen Bodenorganismen hat. Mit der Ernte werden große Flächen ihrer Vegetation beraubt, damit verbunden ist ein geringerer Schutz gegenüber abiotischen Umweltfaktoren (↗ S. 98), sodass z. B. starker Wind, Regen oder Schnee starke wirtschaftliche Schäden hervorrufen können.
Die Schaffung großer Areale zur Bewirtschaftung führt gleichzeitig zu einer Vernichtung zahlreicher Lebensräume für z. B. natürliche Fressfeinde von Schädlingen. Gerade durch Schädlinge, die auf die angebaute Kulturpflanzenart spezialisiert sind (Maiszünsler, Kartoffelkäfer) oder Krankheitserreger (Weizenrostpilz, Maisbrandpilz, Kartoffelfäule) sind Monokulturen besonders stark gefährdet. In den riesigen Beständen aus einer Art finden Schädlinge ideale Wachstums- und Ausbreitungsbedingungen. Es kommt zur Massenvermehrung (Gradation, ↗ S. 105).
Dadurch können einerseits die Ernteerträge stark sinken (Kalamität, ↗ S. 106) und andererseits unter ökologischen Aspekten auch andere Arten verdrängt werden (z. B. führt eine starke Vermehrung von Feldmäusen zur Verdrängung des Regenwurms).

In einartigen Forsten können z. B. Borkenkäfer zur gefährlichen Massenvermehrung kommen. Während Borkenkäfer vorwiegend geschwächte Bäume befallen, legen Nonnenweibchen (Nachtschmetterling) ihre Eier gerne in besonders kräftige Nadelbäume. Ihre gefräßigen Raupen können ganze Fichtenbestände kahl fressen.

Durch die Artenverknappung in den Monokulturen geht die **Fähigkeit zur Selbstregulierung verloren,** die in natürlichen Ökosystemen möglich ist. Hier werden die Populationsdichten über Nahrungsketten und -netze reguliert (Räuber-Beute-Beziehungen, ↗ S. 107). Aufgrund der Massenvermehrungen entstehen enorme wirtschaftliche Schäden. Wenn Organismen durch ihre Lebensprozesse die Erträge von Nutz- und Kulturpflanzen mindern, werden sie als **Schädlinge** bezeichnet.

Jährlich wird weltweit ca. ein Drittel der Weltnahrungsproduktion durch Schädlinge vernichtet.

Um diese wirtschaftlichen Verluste einzudämmen, werden verschiedene Formen der **Schädlingsbekämpfung** eingesetzt. Pestizide als **chemische** Schädlingsbekämpfungsmittel können z. B. in Form von Herbiziden (Unkrautvernichtungsmittel) oder Insektiziden (Insektenvernichtungsmittel) angewendet werden. Als Insektizid wurde z. B. DDT ab 1940 weltweit verwendet, zunächst um die Malaria übertragende Anopheles-Mücke zu vernichten, später auch in der Landwirtschaft. Die anfänglichen Erfolge wurden durch die spätere Erkenntnis getrübt, dass sich der schwer abbaubare Stoff in der **Nahrungskette** anreichert und dann auch Wirbeltieren und dem Menschen gefährlich werden kann. Außerdem werden von DDT nicht nur Schädlinge sondern fast alle Insekten und andere Wirbellose vernichtet. Schließlich entwickeln Schädlinge häufig Resistenzen gegenüber den verwendeten Pestiziden. Obwohl bei der Neuentwicklung auf einen leichten Abbau und eine selektive Wirkung geachtet wird, sind diese Probleme immer noch aktuell.

DDT (**D**ichlor**d**iphenyl**t**richlorethan)

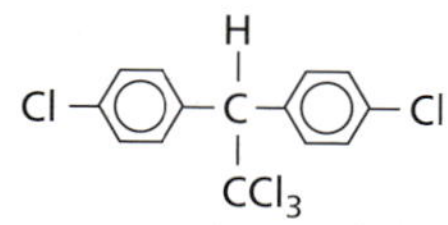

giftig

umweltgefährlich

Als Alternative gelten deshalb **biologische Methoden** der Schädlingsbekämpfung. Die Hauptform dieser Maßnahmen besteht in der gezielten Förderung der spezifischen Feinde des zu bekämpfenden Schädlings. Weiterhin werden auch Pheromone (Sexuallockstoffe) genutzt, um die Schadinsekten zu fangen. Grundlage für den wirksamen Einsatz sind genaue Kenntnisse über die Lebensweise des eingesetzten Organismus, damit unvorhergesehene Wirkungen vermieden werden. Für diese Form sprechen einige deutliche Vorteile, wie die Verschonung der nützlichen Organismen und die Vermeidung von Nebenwirkungen. Ein Problem stellen jedoch die hohen Kosten dar.

1 Borkenkäferfallen mit Pheromonen

Um die Nachteile der Schädlingsbekämpfung zu verringern und die Kosten für den Pestizideinsatz zu mindern, wurde die **Methode des integrierten Pflanzenschutzes** entwickelt. Chemische und biologische Bekämpfungsmethoden werden dabei kombiniert und genau auf den Befall abgestimmt. Eine wichtige Rolle vor der Einleitung von Bekämpfungsmaßnahmen spielt die Ermittlung der Schadensschwelle. Es muss also festgestellt werden, wie hoch die Anzahl der Schädlinge an einer Pflanze konkret ist, bevor mit möglichst gezielten Bekämpfungsmaßnahmen begonnen wird.

Hecke

Hecken sind meistens nur wenige Meter breit und lang gestreckt. Oft begrenzen Hecken offene Acker- oder Weideflächen. Durch ihren Einfluss ändern sich die klimatischen und ökologischen Bedingungen beiderseits der Hecke stark. Hecken bieten somit auf kleinem Raum einen Standort für eine Vielzahl von Pflanzen- und Tierarten.
Sie können aus Bäumen (z.B. Esche, Traubenkirsche, Feldahorn), Sträuchern (z.B. Weißdorn, Liguster, Schlehe, Holunder) und krautigen Pflanzen (z.B. Rainfarn, Johanniskraut, Brennnessel) bestehen. Insbesondere für Vögel und Insekten stellen Hecken einen wertvollen Lebensraum dar (z.B. Neuntöter, Goldammer, Admiral, Tagpfauenauge). Genauso sind hier Amphibien, Reptilien und Säugetiere anzutreffen (z.B. Grasfrosch, Zauneidechse, Igel). Die verschiedenen Tierarten finden hier vor allem Schutz, Nahrung und Möglichkeiten zur Fortpflanzung. Hecken verbinden gleichzeitig isoliert voneinander gelegene **Biotope.**

1 Klimaeinflüsse an einer Hecke

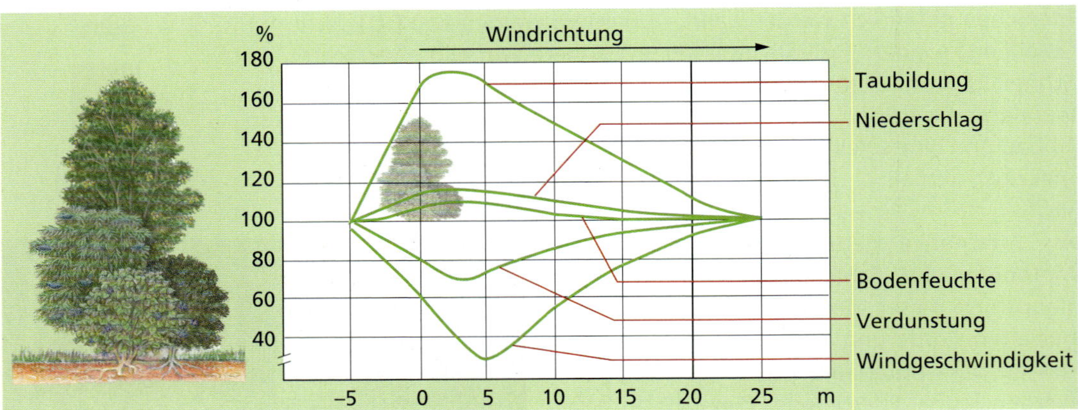

Die ersten Hecken in Deutschland wurden vermutlich schon vor ca. 3 000 Jahren angelegt.
Viele Hecken wurden geschaffen, als Busch- und Waldflächen vor 250 bis 300 Jahren gerodet und an neue Siedler verteilt. Damals dienten die Hecken vor allem der Brenn- und Nutzholzgewinnung.

Im offenen Agrarland reduzieren Hecken vor allem die Windgeschwindigkeit und somit die Winderosion, durch die fruchtbarer Boden abgetragen wird. Weiterhin vermindert der geringere Wind an der Bodenoberfläche die Verdunstung und es kommt häufiger zur Taubildung, wodurch die oberste Bodenschicht nicht so schnell austrocknet. Diese Faktoren führen zur Kostensenkung von bewirtschafteten Flächen, die sonst in größerem Umfang zusätzlich bewässert und gedüngt werden müssten.
Außer den ökologischen Gesichtspunkten haben die Hecken eine Vielzahl weiterer **Vorteile:**

- Sie dienen als Sicht- und Lärmschutz sowie als Schadstofffilter in Siedlungen.
- Sie schützen Gebäude vor Schlagregen und somit vor der Durchfeuchtung der Gebäudewände.

Den Vorteilen stehen verschiedene **Nachteile** gegenüber, wie Flächenbedarf, Zergliederung des Agrarlandes, Behinderung der mechanisierten Landwirtschaft, sodass durch Flurbereinigung und Straßenbau viele Hecken vernichtet wurden.

Praktikum: Schnecken in Hecken

Die meisten Tiere halten sich immer in einem bestimmten, verhältnismäßig eng umgrenzten Gebiet auf. Hier, in ihrem Lebensraum, finden sie alles, was sie brauchen: Nahrung, Schutz und die notwendigen, passenden Umweltbedingungen. In einer Agrarlandschaft mit großen einheitlichen Anbauflächen sind Hecken für viele Lebewesen besonders wichtig. Auch, weil sie eine Verbindung verschiedener Biotope herstellen. Werden die Hecken entfernt, verschwinden damit auch viele Arten.
In Hecken kann man eine ganze Reihe verschiedener Gehäuseschnecken finden (vgl. Bestimmungsbuch), z. B. Schnirkelschnecken, Buschschnecken und Baumschnecken (↗ Abb.). Gehäuseschnecken besitzen einen muskulösen Fuß mit Kopf und Fühlern sowie einen Eingeweidesack, der in dem Gehäuse liegt. Die meisten Arten können sich bei Gefahr und bei Trockenheit ganz in das Gehäuse zurückziehen.

Aufgabe:
Finden Sie heraus, welches die bevorzugten Lebensräume einer Schneckenart sind. Wie groß ist der Aktionsradius der Schnecken und wie schnell können sie wandern?

Um die Aktivitäten von Lebewesen in einem Gebiet verfolgen zu können, kann man sie markieren. Bei Gehäuseschnecken ist dies einfach, denn auf den Schneckenhäusern lassen sich ohne Beeinträchtigung für die Tiere kleine Farbmarkierungen anbringen.

Vorbereitung:
Für jede Arbeitsgruppe (3–4 Personen)
1 Fläschchen Nagellack kräftiger Farbe (z. B. rot, gold oder silber; unterschiedliche Farben für verschiedene Arbeitsgruppen), Plastikeimer zum Einsammeln der Schnecken, Markierungfähnchen zum Kennzeichnen des Entlassungsortes der markierten Schnecken, Zollstock oder Maßband

Für die ganze Klasse
4 Markierungsfähnchen zur Abgrenzung des Untersuchungsgebietes, große Notiztafel mit Karte des Untersuchungsgebietes, Rolle Papiertücher zum Abtrocknen der Schneckenhäuser vor dem Markieren, Filzstifte (möglichst Farben wie Nagellack)

Durchführung:
1. Markieren Sie das Untersuchungsgebiet, z. B. den 30 bis 50 m langen Abschnitt einer Feldhecke, die möglichst von Osten nach Westen verlaufen sollte. Beziehen Sie auf der Nord- und Südseite einen 10 bis 20 m breiten Streifen in das Untersuchungsgebiet ein.
2. Jede Arbeitsgruppe sammelt nun etwa 20 Individuen einer Schneckenart. Jedes Häuschen wird dann mit einem kleinen Nagellackpunkt markiert. Achten Sie darauf, dass der Lack nicht in die Nähe der Schalenöffnung gelangt. Der Lack benötigt einige Minuten zum Trocknen.
3. Jede Gruppe sucht dann eine andere Stelle im Untersuchungsgebiet, an dem sie ihre Schnecken entlässt (z. B. auf der Südseite der Hecke, auf der Nordseite der Hecke, 5 oder 10 m außerhalb der Hecke). Tragen sie den Entlassungspunkt in die Karte ein und markieren Sie ihn mit einem Fähnchen.
4. Einen Tag später wird das Untersuchungsgebiet nach den markierten Schnecken abgesucht. Jeder Wiederfund wird vermessen und in die Karte eingetragen.

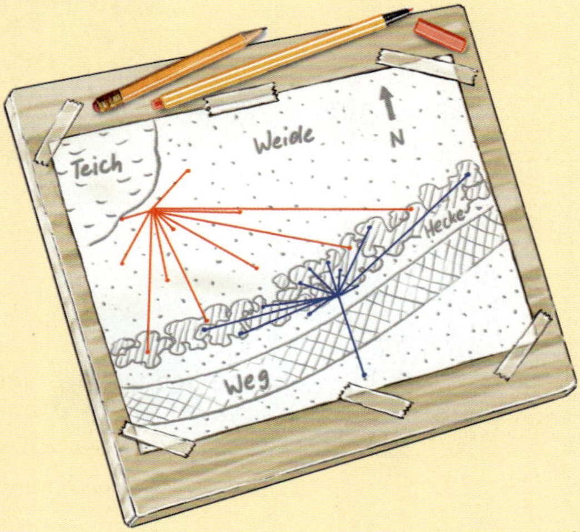

Auswertung:
Überlegen Sie: Hatten die unterschiedlichen Entlassungspunkte einen Einfluss auf Richtung und Entfernung der Wanderungen? Lassen sich dafür Erklärungen geben? Gab es Unterschiede zwischen verschiedenen Arten? Was könnte mit markierten Schnecken passiert sein, die nicht wiedergefunden wurden?

Wiese

Wiesen sind Ökosysteme, die zur landwirtschaftlichen Nutzung oder aus Naturschutzgründen regelmäßig gemäht werden. Durch die regelmäßige Mahd wird die Ansiedelung von Gehölzen und die allmähliche Verbuschung und Waldbildung verhindert. Dies gilt auch für Weiden, doch schaffen das regelmäßige, oft auch selektive Abfressen und der Vertritt durch das Weidevieh etwas andere Bedingungen. Nach der **Nutzungsform** unterscheidet man ein- oder mehrschürige Mähwiesen, nach dem Mineralstoffgehalt und den Feuchtigkeitsverhältnissen Fett- und Magerwiesen, Trocken- und Feuchtwiesen.

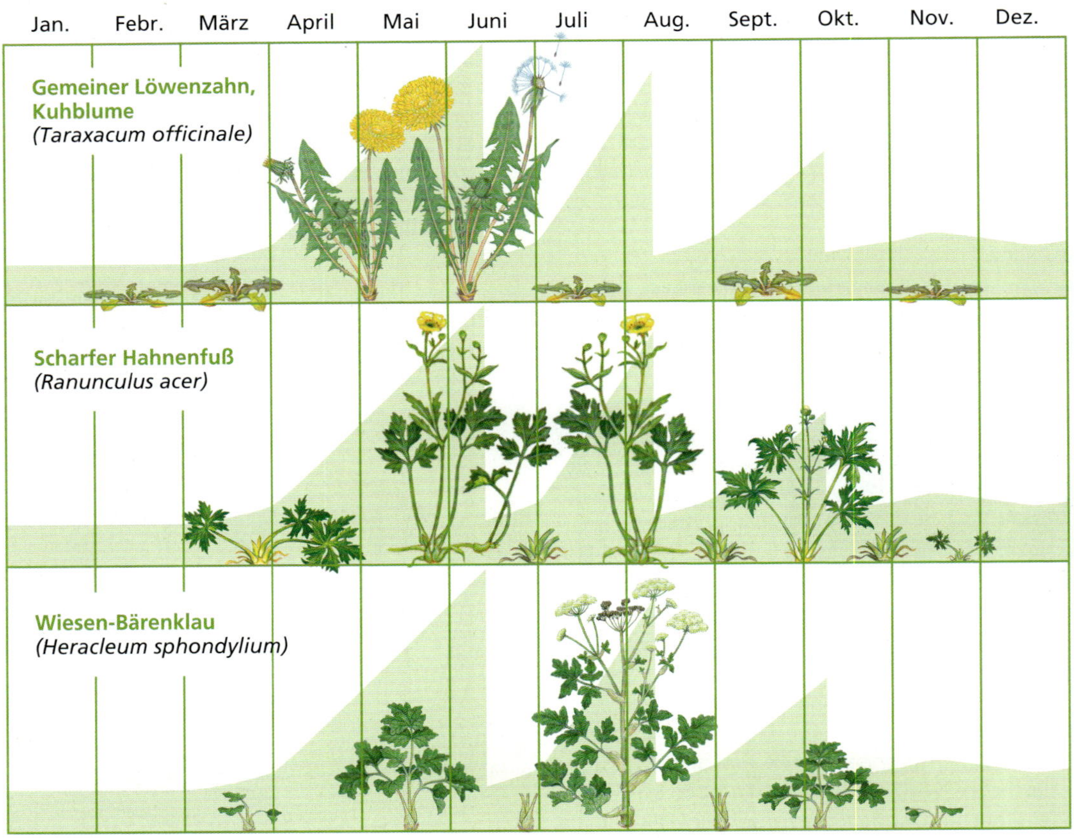

1 Einpassung von Wiesenpflanzen in die Rhythmik des Mähens

Für die **Artenzusammensetzung** sind die Wasserverhältnisse und der Düngungszustand aber auch die Anzahl der Mahden (Schnitte) entscheidend. Auf feuchten Wiesen gedeihen vermehrt Seggen (Sauergräser) und das Mähgut eignet sich weniger gut als Futter und wurde früher vor allem als Einstreu in den Ställen verwendet („Streuwiese"). Auf trockenen Berghängen ist die Wuchsleistung viel geringer als in feuchten Talauen. Dort kann deshalb meist nur einmal gemäht werden, während auf Fettwiesen der Tallagen drei Schnitte pro Vegetationsperiode möglich sind.

Praktikum: Schichten einer Wiese

Während der Winterruhe haben die Pflanzen einer Wiese ihre oberirdischen Teile mehr oder weniger stark „eingezogen" und das Wachstum eingestellt. Häufig bleiben Blattrosetten erhalten oder – wie bei den Gräsern – stark gestauchte, dicht beblätterte Sprosse. Wenn im April die Temperaturen ansteigen (ca. 10 °C), beginnen auch die Gräser neu auszutreiben und im Mai streben die Wiesen schnell ihrem Hochstand entgegen: Zuerst erstrahlen sie im Gelb des Löwenzahns *(Taraxacum officinale)*, dann folgt das Wiesenschaumkraut *(Cardamine pratensis)* mit seinen blassvioletten Blüten, das Gelb des Hahnenfußes *(Ranunculus acer)* und das Weiß des Wiesenkerbels *(Anthriscus sylvestris)*. Bis Mai und Juni blühen auch die übrigen Wiesenblumen zusammen mit den Gräsern. Dieser erste Hochstand der Wiese ist zugleich der üppigste, und das Gemisch der blühenden Arten ist jetzt am buntesten.
Noch während der Hauptblütezeit, bevor die Mehrzahl der Wiesenpflanzen Früchte auszubilden vermag, wird gemäht. Damit sind die Pflanzen auf eine vegetative Fortpflanzung angewiesen. Unter günstigen Voraussetzungen regenerieren sie schnell, sodass der zweite Hochstand dann Mitte August erreicht ist.

Kräftig gedüngte Fettwiesen werden zwei- bis dreimal gemäht und sind deshalb recht artenarm. Viel artenreicher und deshalb interessanter sind die ungedüngten Magerwiesen, die meist nur einmal im Hochsommer gemäht werden können. Am geringfügigsten ist der Einfluss der Mahd auf die ungedüngten Streuwiesen, die erst gemäht werden, wenn die Pflanzen im Herbst strohig geworden sind.

Aufgabe:
Innerhalb einer gut entwickelten Wiese lassen sich mehrere Pflanzenschichten unterscheiden. Zeichnen Sie ein Profildiagramm einer Wiese vor dem ersten bzw. zweiten Schnitt.
Bei Arbeitsteilung können von verschiedenen Arbeitsgruppen unterschiedliche Wiesentypen aufgenommen werden.

Vorbereitung:
Sichel, großer Pappkarton oder Laken, 2 Stöcke (z. B. Bambus ca. 1,50 m lang), Zeichenbrett mit Papier und Bleistift, Zollstock (zur besseren Abschätzung der Größenverhältnisse), Bestimmungsbuch

Durchführung:
Es wird eine Fläche von ca. 2 m x 30 cm abgesteckt. Vor der Längsseite wird mit der Sichel tief abgemäht, dahinter wird ein großer Pappkarton bzw. das Laken mit Stöcken befestigt. Nun lässt sich bei horizontalem Einblick recht gut eine maßstabsgetreue Skizze des Wiesen-Aufbaus anfertigen. Die einzelnen Arten können schematisch dargestellt werden. Bestimmen Sie die Arten und beschriften sie das Profildiagramm.

Auswertung:
Beschreiben Sie die Anpassung der Arten aus verschiedenen Schichten an ihren Lebensraum. Überlegen Sie, welche Folgen ein häufigerer Schnitt hätte und was passieren würde, wenn nicht mehr gemäht werden würde. Vergleichen sie die Arten einer Rasenfläche mit der untersuchten Wiese. Gibt es gemeinsame Arten? Welcher Wiesenschicht gehören die Rasenarten an?

Natur- und Landschaftsschutz

Durch moderne Landbewirtschaftung, Verkehrswege und sich ständig vergrößernde Siedlungsräume wurden und werden naturnahe Landschaftstypen in Europa immer seltener. Die biologische Vielfalt ist jedoch eng mit dem **Erhalt naturnaher Lebensräume** verknüpft. Der Natur- und Landschaftsschutz bemüht sich, auf wissenschaftlicher Grundlage einen gesetzlichen Rahmen zu schaffen, um den Erhalt der biologischen Vielfalt **nachhaltig** zu gewährleisten. Hierzu dienen Vereinbarungen im Rahmen der Vereinten Nationen, wie die Konvention über die Biologische Vielfalt *(Convention on Biological Diversity,* CBD), EU-Richtlinien und Gesetze wie Natura 2000, die staatliche Naturschutzgesetzgebung und schließlich in Deutschland die Naturschutzgesetzgebung der einzelnen Bundesländer.

Natura 2000 ist ein Schutzgebietssystem in der EU, das die Schutzgebiete nach der Fauna-Flora-Habitat-Richtlinie (FFH-Richtlinie) von 1992 und die Schutzgebiete gemäß der Vogelschutzrichtlinie von 1979 umfasst.

Ziel des Natura 2000-Programms der Europäischen Union ist der **Erhalt der biologischen Vielfalt** mithilfe eines zusammenhängenden ökologischen Netzes. Wichtige, gefährdete Lebensräume und Tierarten sollen dadurch besser geschützt werden. Das sächsische Landesamt für Umwelt und Geologie bemüht sich, die notwendigen Grundlagen zu erarbeiten, um dieses Programm im Freistaat Sachsen zu verwirklichen. Die Arbeitsschwerpunkte sind:
- Landschaftsökologie (z. B. Ausgleichsmaßnahmen),
- Flächennaturschutz (z. B. Ausweisen und Managen von Schutzgebieten),
- Landschaftspflege und Artenschutz (Naturschutzkonzepte, z. B. zur naturschutzkonformen Bewirtschaftung; Artenschutzprogramme, z. B. Rote Listen).

Im Sächsischen Naturschutzgesetz werden folgende Schutzgebiete ausgewiesen:
- Nationalparks
- Biosphärenreservate
- Naturparks
- Naturschutzgebiete
- Landschaftsschutzgebiete
- Naturdenkmale
- Geschützte Landschaftsbestandteile

Der Nationalpark (NP) „Sächsische Schweiz" bildet mit dem tschechischen NP „Böhmische Schweiz" (Českè Švýcarsko) ein einmaliges länderübergreifendes Schutzgebiet.

1 Schutzgebiete im Land Sachsen

Praktikum: Kartierung und Bewertung einer Landschaft

Eine Landschaft setzt sich aus einzelnen Elementen zusammen wie Acker, Wiese, Weide, Bach, Wald, Hecke, Gebäude, Straße, Weg. Einige dieser **Biotoptypen** sind flächig, andere – wie Hecken und Mauern – linienförmig. Wieder andere – wie Steinhaufen, Solitärbäume oder kleine Weidetümpel – kann man als punktförmig bezeichnen. Einige dieser Einheiten werden regelmäßig bearbeitet, Äcker werden abgeerntet und gepflügt, Wiesen gemäht, Hecken geschnitten oder „auf den Stock gesetzt", Wege betreten. Bei anderen ist nicht leicht zu entscheiden, ob oder in welcher Weise sie von Menschen beeinflusst werden (z. B. Wälder, Röhrichte). Zwischen einigen Landschaftselementen gibt es fließende Übergänge, z. B. an Ufern, häufig sind die Übergänge in unserer Kulturlandschaft aber relativ abrupt.

Aufgabe:
Kartieren und bewerten Sie einige ausgewählte Landschaftselemente.

Vorbereitung:

1. Zunächst wird der zu kartierende Landschaftsausschnitt festgelegt. Kartiert werden sollen die Landschaftselemente einer Fläche von ca. 1 km^2. Sie kann in 4–6 Teilflächen aufgeteilt werden, die von verschiedenen Gruppen bearbeitet werden.
2. Als Kartengrundlage dient der vergrößerte Ausschnitt aus einer Topografischen Karte 1 : 25 000. In der Schwarz-Weiß-Kopie werden flächige Elemente mit Buntstiften ausgemalt, linienförmige Elemente mit Markern gekennzeichnet und punktuelle Elemente mit farbigen Klebepunkten markiert.
3. Die Kartengrundlagen werden für jede Arbeitsgruppe getrennt auf ein Klemmbrett geheftet, Stifte und Klebepunkte werden mitgenommen, eventuell hilft zur besseren Orientierung ein Kompass.
4. Nach einer gemeinsamen Begehung wird eine Legende festgelegt (z. B. Ackerfläche: braun, Grünland: gelb, Wald: grün, Bach: blauer Marker, Hecke: grüner Marker, Steinhaufen: grauer Klebepunkt, etc.).

Durchführung:

1. Jede Gruppe führt nun die Kartierung ihres Gebietes durch. Es sollten einige „Ersatzkarten" bereitgehalten werden, damit Fehler korrigiert werden können.
2. Für jedes kartierte Landschaftselement werden bis zu drei charakteristische Pflanzenarten bestimmt bzw. eingesteckt oder fotografiert.

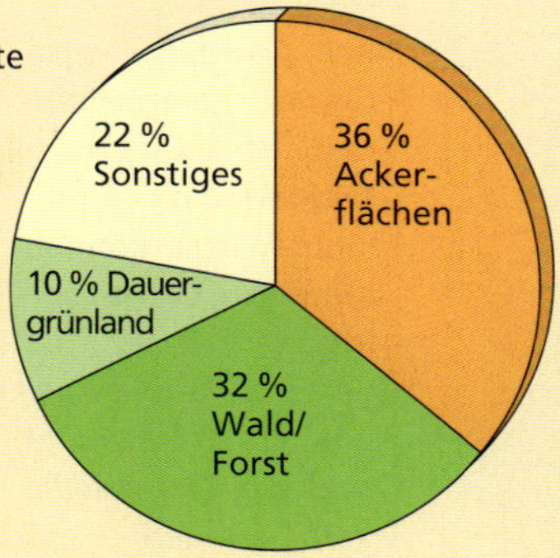

1 Landschaftsanteile in Deutschland

Auswertung:

1. Geben Sie eine knappe Beschreibung der verschiedenen Landschaftselemente und schätzen Sie den jeweiligen Flächenanteil.
2. Bewerten Sie die Gesamtfläche hinsichtlich Naturschutz und Ökologie. Welche Biotoptypen kann man als „naturnah" bezeichnen?
3. Machen Sie Vorschläge, z. B. die Erweiterung naturnaher Elemente, die Verbesserung der Vernetzung oder das Einbringen punktueller Elemente, zur Verbesserung des ökologischen Werts des kartierten Gebietes.
4. Diskutieren Sie mit anderen Mitschülern die unterschiedlichen Vorschläge und deren Funktion konkret im Untersuchungsgebiet und generell.

2 Biotopbrücke

Ökosysteme

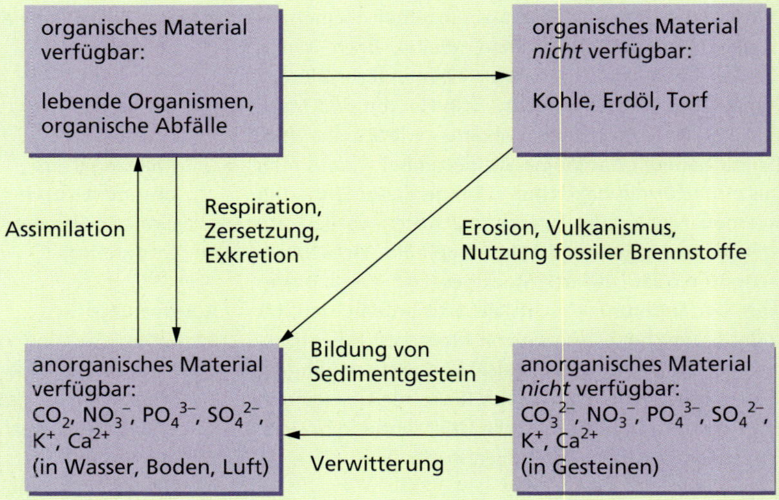

Bei weitem wichtigster **Energielieferant** ist die Sonne. Mithilfe ihrer Strahlungsenergie können **Primärproduzenten** (grüne Pflanzen, Algen und einige Bakterien, v. a. Cyanobakterien) organische Verbindungen aus anorganischen Verbindungen aufbauen. Die von Primärproduzenten gebildete Biomasse wird von **Konsumenten** und **Destruenten** aufgenommen. Ihr Abbau, der letztlich wieder zu anorganischen Stoffen wie H_2O, CO_2, NO_3^-, PO_4^{3-} führt, dient der Bereitstellung von Stoffwechselenergie für alle Lebensvorgänge. Die Schritte von der Primärproduktion bis zur Aufnahme werden „Trophiestufen" genannt.

Räumlich begrenzte Ausschnitte der Biosphäre, deren Organismen untereinander und mit dem Lebensraum besonders enge Beziehungen haben, werden **Ökosysteme** genannt.

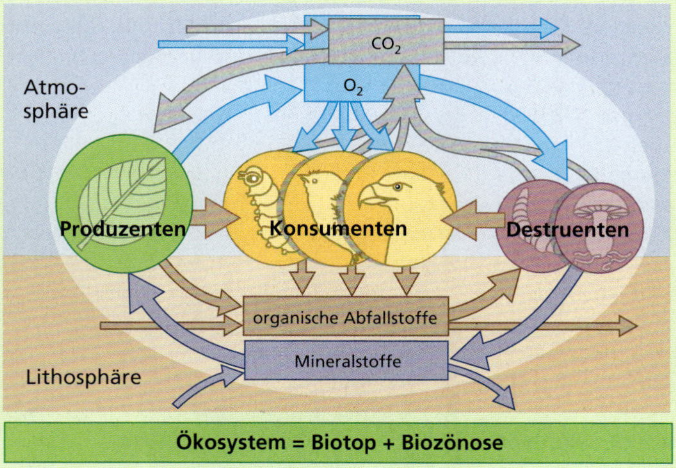

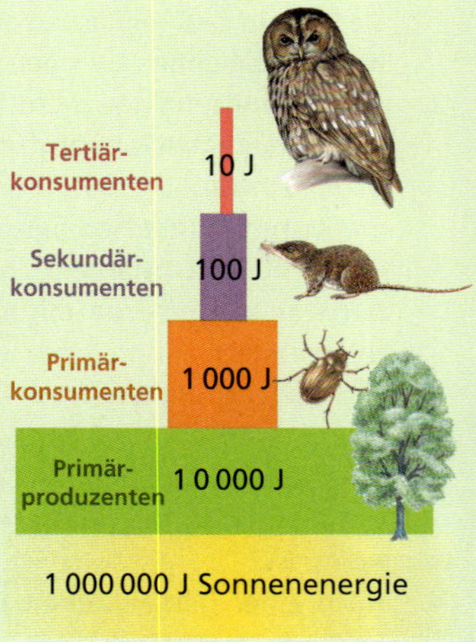

In einem Ökosystem wird die Biomasse über **Nahrungsketten** weitergegeben, die untereinander zu einem **Nahrungsnetz** verbunden sind. Mit einer **Energiepyramide** lässt sich darstellen, welche auf die Biomasse bezogene Energiemenge auf jeder Trophiestufe zur Verfügung steht. Die starke Abnahme von Stufe zu Stufe führt dazu, dass es bei geringer Primärproduktion meist nur zu kurzen Nahrungsketten kommt.

Durch moderne Landbewirtschaftung, Verkehrswege und sich ständig vergrößernde Siedlungsflächen werden Landschaften mit naturnahen, artenreichen Ökosystemen immer seltener. Für den Erhalt der **biologischen Vielfalt** sind solche **naturnahen Ökosysteme** jedoch von großer Bedeutung.

Aufgaben

1. Nehmen Sie in Ihr Glossar folgende Begriffe auf: abiotische Umweltfaktoren, Hygrophyten, Xerophyten, Mesophyten, Feuchtlufttiere, Trockenlufttiere, Lichtintensität, Lichtverhältnisse, poikilotherm, homoiotherm, Klimaregeln, Population, Gradation, Kalamität, Volterra-Regeln, Ökosystem, Biotop, Biozönose, Energiefluss, Stoffkreislauf, Energiepyramide, Produzent, Konsument, Destruent, Trophiestufe, Monokultur, Hecke, Wiese, biologische Vielfalt, Naturschutzgesetz, Nachhaltigkeit.

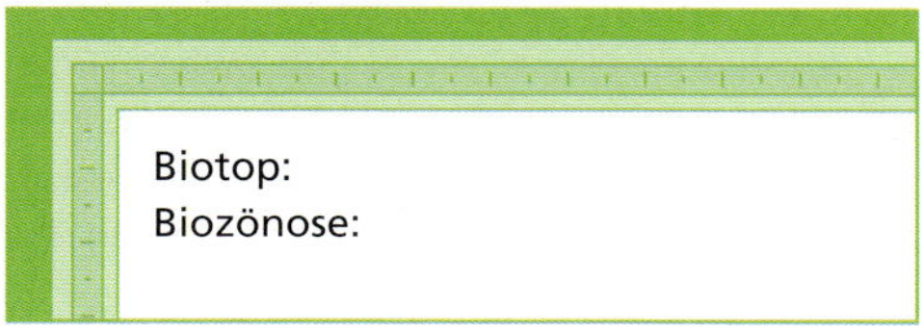

Lebewesen in Ökosystemen

2. Verschiedene Wasser- und Sumpfpflanzen zeigen einen deutlichen Dimorphismus ihrer Blattorgane, je nachdem, ob es sich um Unterwasserblätter, Schwimmblätter oder Luftblätter handelt (↗ Abb. 1).
   a) Charakterisieren Sie die verschiedenen Blatttypen.
   b) Erklären Sie die Angepasstheit an die jeweiligen Standortansprüche.

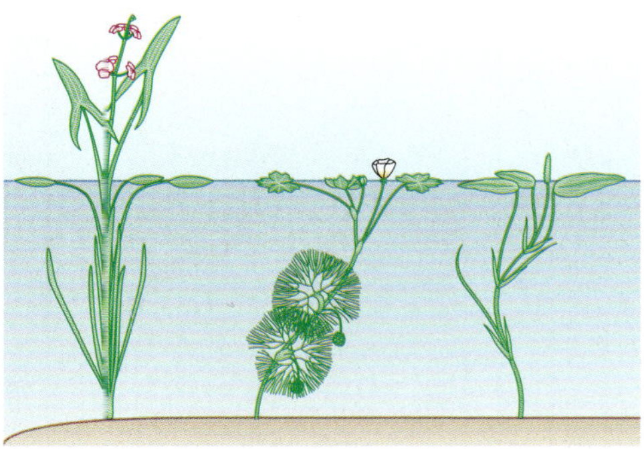

1 Wasser- und Sumpfpflanzen

3. Definieren Sie die Begriffe „ökologische Nische" und „Konkurrenzausschlussprinzip" und setzen Sie die beiden Sachverhalte zueinander in Beziehung.

4. In der Abbildung sind die Fotosyntheseraten verschiedener Pflanzenarten in Abhängigkeit von der Lichtstärke dargestellt. Interpretieren Sie die Kurven im Hinblick auf die Angepasstheit der berücksichtigten Pflanzen an ihre natürlichen Standorte.

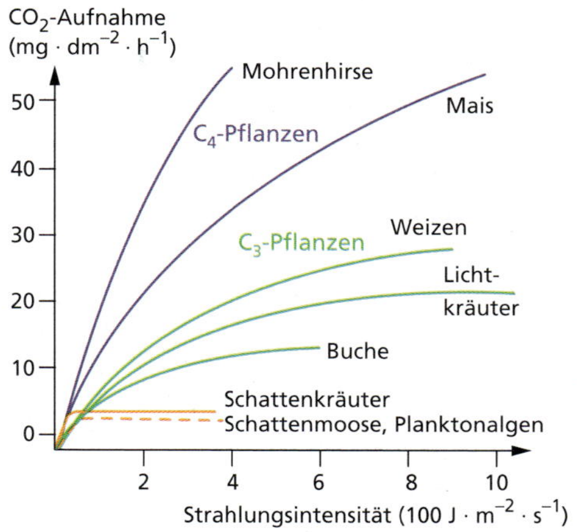

2 Fotosynthesereaktion verschiedener Pflanzen

5. Garten-Kresse *(Lepidium sativum)* wird häufig von dem Algenpilz *Pythium irregulare* befallen. In dem Diagramm ist die Entwicklung dieses Befalls für unterschiedliche Pflanzdichten dargestellt.
   a) Erläutern Sie den Zusammenhang zwischen Befall und Pflanzdichte.
   b) Nennen Sie Faktoren, die für dieses Phänomen verantwortlich sein könnten.
   c) Garten-Kresse wird meistens im Keimlingsstadium geerntet, deshalb ist der Pilzbefall nicht von großer Bedeutung. Gehen Sie einmal davon aus, dass man größere Kressepflanzen ziehen wollte. Welche Maßnahmen könnte man ergreifen, um den Pilzbefall geringer zu halten?

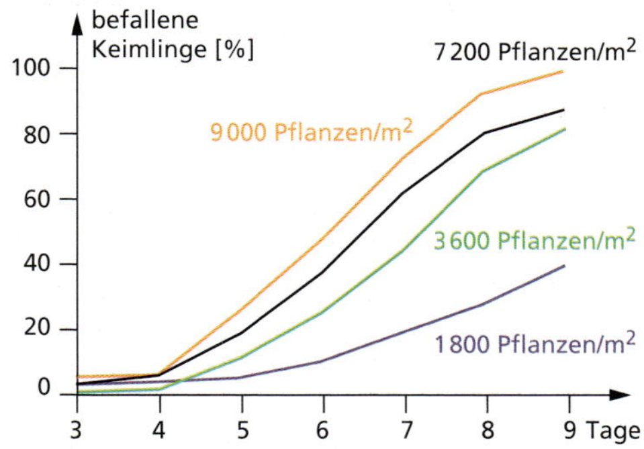

3 Befallsrate von Keimlingen der Garten-Kresse

6. Populationsbiologen unterscheiden zwei verschiedene Strategien von Lebewesen, die sie mit *r*- und *K*-Strategie kennzeichnen.

a) Woher leiten sich diese Begriffe ab?

b) Charakterisieren Sie die beiden Strategien.

c) Ordnen Sie die folgenden Arten einer der beiden Strategien zu und begründen Sie. Wanderheuschrecke – Stechmücke – Gorilla – Grasfrosch – Alpen-Salamander – Wale – Kaninchen – Riesenkänguru – Kuckuck – Stichling – Schwan – Ameise – Elefant.
Nutzen Sie für Informationen zu den genannten Tierarten z.B. Tierlexika und das Internet.

7. Die Abbildung zeigt zwei Alterspyramiden der Bevölkerung in Deutschland von 1910 und von 2025 (Prognose).
Vergleichen und interpretieren Sie diese beiden Darstellungen.

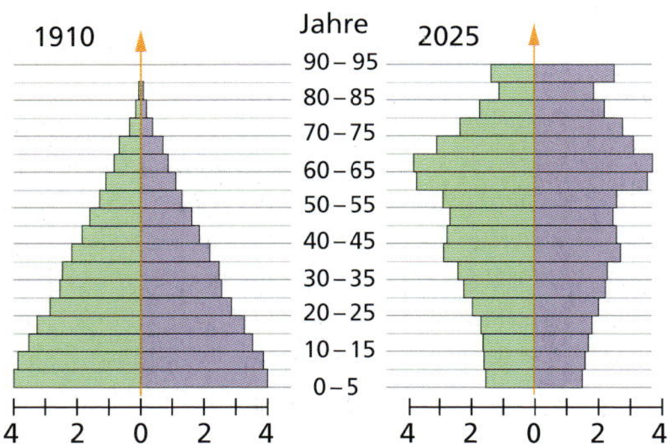

1 Alterspyramiden von Deutschland

8. Erläutern Sie die Bedeutung der dritten Volterra-Regel für die Schädlingsbekämpfung.

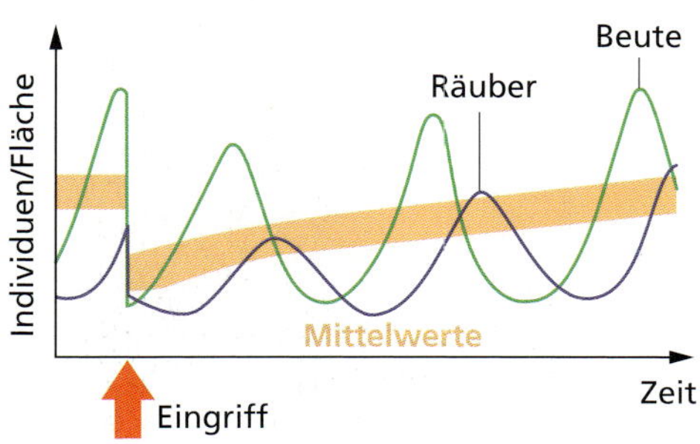

2 Die 3. Volterra-Regel

9. Migranten, also Pflanzen und Tiere, die in einen geografischen Raum eingeschleppt wurden oder eingewandert sind, indem sie von Natur aus nicht verbreitet waren, führen häufig zu Störungen im Gefüge der Lebensgemeinschaften.
Geben Sie je ein Beispiel für ein Neozoon (neu eingebürgertes Tier) und einen Neophyten (neu eingebürgerte Pflanze) und beschreiben Sie die (möglichen) ökologischen Auswirkungen, die sich aus der Einbürgerung dieser Arten in ihren neuen Lebensräumen ergeben könnten.

Ökosysteme

10. Der Zweifarbige Lacktrichterling *(Laccaria bicolor)* hat an seinem Mycel „Tierfallen". Tiere, wie kleine Springschwänze, verfangen sich in Mycelschlingen. Sie werden vom Pilz zunächst immobilisiert, dann dringt das Mycel in den Tierkörper ein und verdaut ihn.

a) Interpretieren Sie den in der Abbildung 3 dargestellten Sachverhalt.

b) Überlegen Sie, wie man nachweisen konnte, dass Stickstoff aus den Proteinen der Springschwänze zunächst vom Pilz und dann von den Waldbäumen aufgenommen wurde.

c) In von Menschen wenig beeinflussten Regenwäldern Südamerikas (Südchile) ist der Austrag von anorganischem Stickstoff viel geringer als in den bewirtschafteten nordamerikanischen Wäldern. Deuten Sie diesen Sachverhalt.

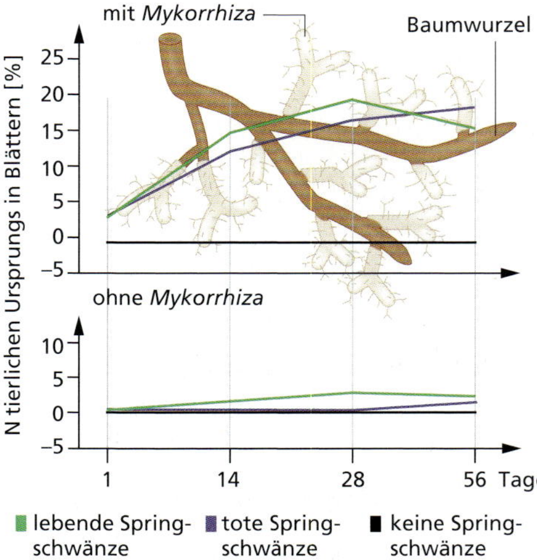

3 Tierischer Stickstoff in Waldbäumen

11. Nehmen Sie Stellung zu der Aussage eines Jagdpächters: „Jäger sind wichtige Naturschützer". Diskutieren Sie in diesem Zusammenhang die Versuche, Luchs, Wolf, Seeadler und Uhu in Mitteleuropa wieder heimisch zu machen.

1 Modell einer Nahrungspyramide für einen „Naturwald" (links) und einen „Kulturwald" (rechts)

12. Kiefern-dominierte Wälder und Fichten-dominierte Wälder bilden in den borrealen Nadelwäldern Skandinaviens keine klimatisch bedingten Waldzonen, sie sind mosaikartig verteilt. Dies hat etwas mit der Waldverjüngung zu tun, die dort vorwiegend durch großflächigen Windbruch oder Waldbrand zustande kommt. Deuten Sie dies mithilfe der Standortansprüche und der Ökogramme für Wald-Kiefer und Rot-Fichte.

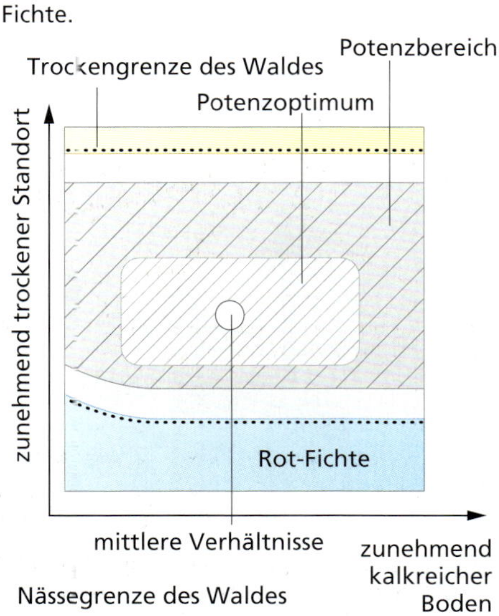

2a Ökogramm der Rot-Fichte

13. Stickstoffhaltige Mineralstoffe wie Nitrate sind für das Pflanzenwachstum von großer Bedeutung. Hohe Nitratwerte in Gewässern führen allerdings zur „Eutrophierung". Beschreiben Sie diesen Sachverhalt sowie seine möglichen Folgen und gehen Sie auch hier auf Maßnahmen ein, die den Stickstoffeintrag in Gewässer vermindern können.

14. Das Diagramm zeigt den CO_2-Gehalt der Atmosphäre im Verlauf der letzten 1 000 Jahre.

a) Interpretieren Sie den Kurvenverlauf.

b) Erklären Sie den „Treibhauseffekt".

c) Erläutern Sie den Begriff „Klimaschutzmaßnahmen".

d) Welche Rolle könnten Primärproduzenten (Pflanzen, Algen, Cyanobakterien) spielen?

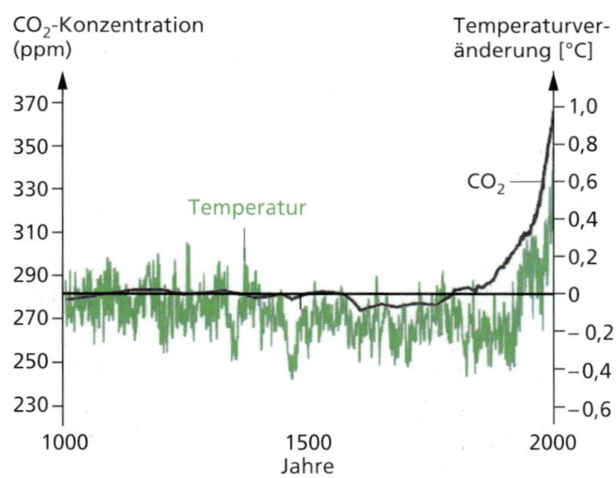

3 CO_2-Gehalt der Atmosphäre

15. Stellen Sie an einem Beispiel aus Ihrer näheren Umgebung dar, wie sich ein Eingriff in die Natur ausgewirkt hat, und bewerten Sie diese Maßnahme.

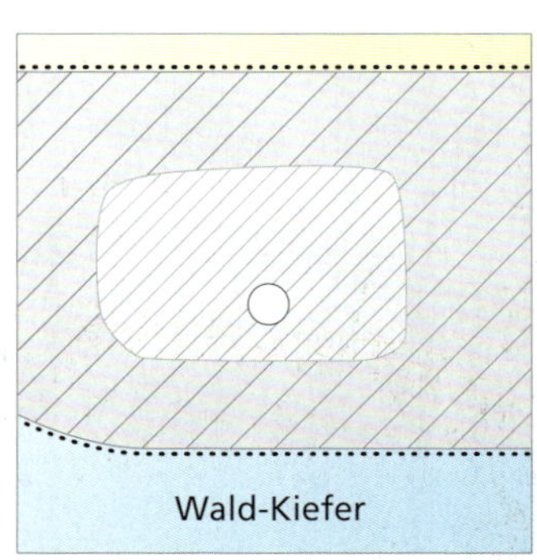

2b Ökogramm der Wald-Kiefer

Erschließungsfelder

Der heute in der gesamten Gesellschaft etablierte Begriff „Ökologie" stammt ursprünglich von dem deutschen Zoologen und Phylogenetiker Ernst Haeckel (1834–1919). Er definierte 1866 **Ökologie** als die Wissenschaft von den Beziehungen der Organismen untereinander und zu ihrer abiotischen Außenwelt. Inzwischen entwickelte sie sich zu einem eigenständigen Bereich der Biologie, der neben Grundlagenwissen auch eine sehr hohe Anwendungsrelevanz in unserem eigenen Leben besitzt.

Auf der **Ebene** des Organismus wird in der Ökologie die **Angepasstheit** der Arten an ihre Lebensräume untersucht. Ihr liegt die Veränderung von **Strukturen** und eine damit verbundene Optimierung von **Funktionen** zugrunde. In Abhängigkeit der Umweltfaktoren findet die **Regulation** der Populationsgrößen statt. Ökosysteme werden durch die **Wechselwirkung** zwischen Lebensgemeinschaft und Lebensraum charakterisiert. Diese verändern sich ständig in der **Zeit.**

Ein besonderer Wald

Der immergrüne tropische Regenwald ist typisch für die äquatoriale Klimazone. Charakteristische Merkmale sind ganzjährig ausgeglichene Temperaturen, die in der Regel nicht unter 20 °C sinken, und hohe Niederschlagsmengen. Über alle Monate des Jahres verteilt fallen mindestens 150 cm Regen. In den verschiedenen Höhen des Waldes herrschen unterschiedliche mikroklimatische Bedingungen. Die Vielfalt (Artendiversität) im tropischen Regenwald ist sehr hoch: auf einer Fläche von 1 ha findet man bis zu 500 verschiedene Baumarten, hinzu kommen zahllose kleinere Pflanzenarten und Tiere. Zu den im Kronenbereich häufig vorkommenden Pflanzen gehören die Epiphyten. Stämme und Äste der Regenwaldbäume dienen ihnen nur als Wuchsunterlage. Epiphyten sind durch zahlreiche anatomisch-morphologische Besonderheiten an ihren Wuchsort angepasst. Dazu gehören unter anderem Luftwurzeln, Saugschuppen, Wasserspeicherknollen u. Ä.

Im Zuge der Sukzession entstehen lokal immer wieder Bestandslücken im Regenwald, nämlich genau dann, wenn große Bäume aus Altersgründen umfallen. Diese werden nach einer Weile durch Pionierpflanzen besiedelt. Die Samen der Pionierpflanzen brauchen ganz spezielle Lichtverhältnisse zum Keimen und die Pflanzen selbst zeigen in vieler Hinsicht andere Bau- und Lebensmerkmale als die Arten, welche sonst im Regenwald vorherrschen (sogenannte Klimaxarten; griech.: *klimax* = Höhepunkt).

1. **Struktur und Funktion**
   Beschreiben Sie anhand der Abbildung 1 die vertikale Zonierung des Regenwaldes und vergleichen Sie diese mit der eines mitteleuropäischen Laubwaldes.

2. **Wechselwirkung**
   Leiten Sie aus der Abbildung 2 die veränderten abiotische Bedingungen in einer Bestandslücke im Regenwald ab. Begründen Sie ihre Angaben.

3. **Angepasstheit, Zeit**
   Begründen Sie die besondere Anpassung der Pionierpflanzen an den Standort „Bestandslücke".

1 Vertikale Zonierung des Regenwaldes

2 Bestandslücke im Regenwald

Eigenschaften von Pionier- und Klimaxarten		
	Pionierarten	**Klimaxarten**
Keimung	nur in Bestandslücken	unter der Baumschicht
Sämlinge	überleben nicht im Schatten unter der Baumschicht	überleben unter der Baumschicht, bilden „Sämlingsbank"
Samen	klein, i.d.R. kontinuierliche Bildung in großer Anzahl (auch Jungpflanzen)	meist groß, Bildung kleiner Mengen bei fast ausgewachsenen Bäumen, oft nur ein Mal pro Jahr oder seltener
Samenverbreitung	durch Wind oder Tiere, über große Entfernungen	verschieden, meist durch Schwerkraft, nur kurze Entfernungen
Höhenwachstum	schnell	meist langsam
Verzweigung	gering	meist reichlich
Blätter (Schutzeinrichtungen vor Fressfeinden)	wenig Schutz vor Fressfeinden	durch mechanische Stabilität oder Gifte widerstandsfähiger
Lebensdauer	oft kurz	manchmal sehr lang

4. Struktur und Funktion, Angepasstheit
Beschriften Sie den Blattquerschnitt der Abbildung 1. Nennen Sie die Funktionen der einzelnen Teile bzw. Gewebe. Erklären Sie die Angepasstheit von Epiphytenblättern an ihre Umwelt.

5. Struktur und Funktion, Angepasstheit
Erläutern Sie die Angepasstheit eines anderen Epiphytenorgans an seine Umwelt.

6. Regulation, Zeit
Erläutern Sie die dichteabhängige und dichteunabhängige Regulation der Populationsgröße einer Epiphytenart.

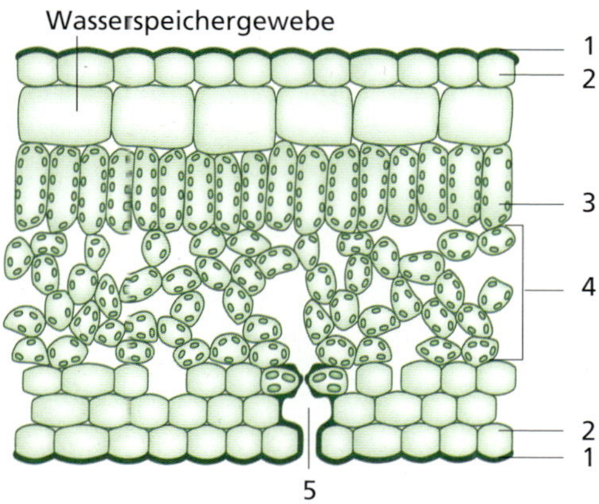

1 Blattquerschnitt eines Epiphytenblattes

7. Ebene, Wechselwirkung
Nennen Sie möglichst viele Ebenen lebender Systeme (von der molekularen Struktur bis zum Ökosystem tropischer Regenwald). Beschreiben Sie kurz einzelne Wechselwirkungen auf den jeweiligen Ebenen.

8. Wechselwirkung
Werten Sie die Diagramme aus. Beachten Sie dabei die kausalen Zusammenhänge.

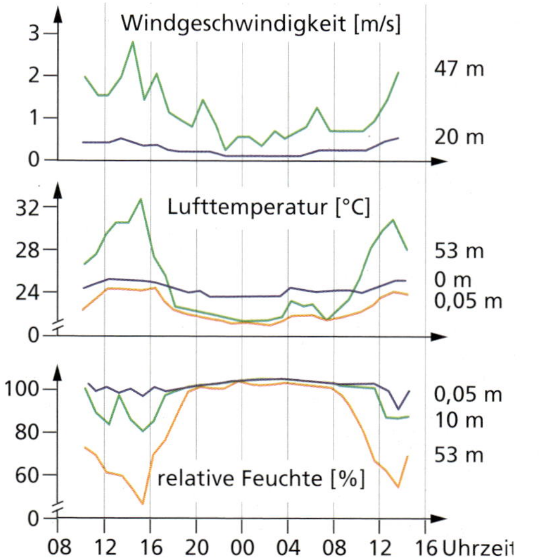

2 „Normal"-Mikroklima in verschiedenen Höhen

Methode: Planung und Durchführung einer Exkursion

In den Naturwissenschaften, insbesondere in der Biologie, werden auf einer Exkursion meist Beobachtungen und verschiedene Messungen durchgeführt. In der Regel werden auch Pflanzen und Tiere bestimmt. Alle Exkursionen weisen eine gemeinsame Struktur auf. Das Wort „Exkursion" stammt aus dem Lateinischen und kann mit Ausflug oder Streifzug übersetzt werden (lat.: *excursio* = das Hervorlaufen, Ausflug).

Planung und Vorbereitung:
Eine Exkursion sollte detailliert geplant und vorbereitet werden. Dazu
- muss das Exkursionsziel festgelegt werden. Danach richtet sich die Ausrüstung (z. B. Fanggeräte, Sammelbehälter, Messgeräte, Bestimmungsbücher und Kleidung).
- dient eine Karte des Exkursionsgeländes zur Orientierung, zum Eintragen der Fundorte von Pflanzen und Tieren oder von Geländeeigenschaften. Ein satellitengestütztes Navigationssystem zur genaueren Ortsbestimmung (z. B. GPS) kann dabei vorteilhaft sein.

Durchführung:
Zu Beginn wird das Exkursionsgebiet betrachtet. Dabei wird in der Arbeitsgruppe besprochen, welche Untersuchungen wo und von wem durchgeführt werden.
Weitere wichtige biologische Tätigkeiten im Exkursionsgebiet sind das Messen (z. B. Temperatur, Luftfeuchtigkeit, Helligkeit) und das Beobachten, Sammeln und Bestimmen von Pflanzen und Tieren. Die Messergebnisse müssen genau protokolliert und Fundorte eingetragen werden.
Bei der Geländearbeit ist die Beachtung der Naturschutzbestimmungen vom Bundesland Sachsen unbedingt notwendig!

Auswertung:
Nach der Exkursion kann man mit der Auswertung beginnen. Dazu zählt u. a. das
- Herbarisieren mitgebrachter Pflanzen.
- Aufnehmen der bestimmten Tiere und Pflanzen mit ihrem Fundort in Listen. Geschützte Pflanzen dürfen nicht für ein Herbar gepflückt und geschützte Tiere nicht gefangen werden. Tiere müssen generell nach ihrer Bestimmung wieder freigelassen werden.

Manche Fragestellungen, wie z. B. die Klärung bestimmter Bodeneigenschaften wie Kalkgehalt und pH-Wert, sind allerdings nur durch das Experiment zu lösen. Die mitgebrachten und beschrifteten Bodenproben werden dann in der Schule untersucht und ausgewertet.

Aufgabe:
Planen Sie in der Klasse eine Exkursion in ein nahe gelegenes Waldgebiet.

a) Überlegen Sie, welche Untersuchungen sinnvoll wären.

b) Erstellen Sie eine Checkliste der Ausrüstungsgegenstände, die dafür benötigt werden.

Praktikum: Ökologische Exkursion

Um in das Wirkungsgefüge eines Ökosystems Einblick zu gewinnen, kann man unterschiedliche Untersuchungen durchführen. Im Folgenden sind einige Beispiele zusammengestellt, die sich nicht nur für die Erforschung eines Wald-Ökosystems eignen.

Licht und Schatten

Die Helligkeit eines Standorts wird in der Regel als Beleuchtungsstärke mit einem Luxmeter gemessen und in Lux angegeben.
Dabei kann die Beleuchtungsstärke an ein und demselben Standort sowohl über den Tag als auch im Jahresverlauf stark schwanken. Dafür sind der wechselnde Sonnenstand, das Wetter und die Belaubung der Bäume verantwortlich.
Das Lichtbedürfnis einer Pflanzenart gibt man wegen der starken Schwankungen in der Regel als relativen Lichtgenuss an. Darunter versteht man den Anteil (Prozentanteil) des vollen Tageslichtes, der an einem bestimmten Standort herrscht.

Untersuchung 1: Messen der Beleuchtungsstärke in Abhängigkeit der Zeit

Vorbereitung:
Luxmeter

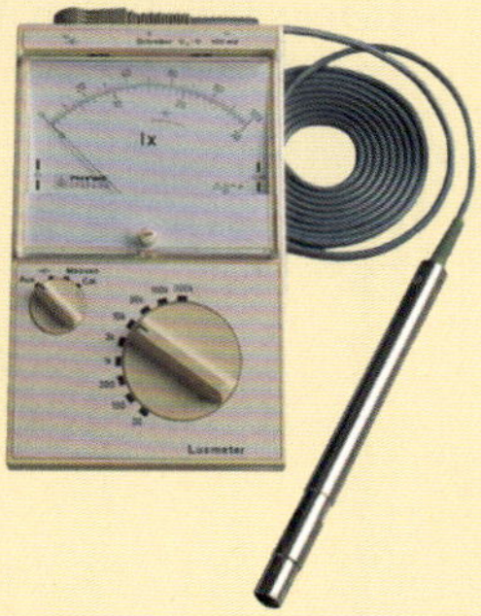

Durchführung:
Suchen Sie sich im Wald einen Standort mit Wald-Sauerklee. Messen Sie die Beleuchtungsstärke in Höhe der Sauerkleeblättchen. Führen Sie über ca. 2 Stunden wiederholte Messungen im Abstand von 10 min durch und notieren Sie die Ergebnisse. Diese Untersuchungen gelingen an sonnigen Tagen besonders gut.

Auswertung:
1. Stellen Sie die Messergebnisse in einem Liniendiagramm dar (Beleuchtungsstärke und Zeit).
2. Sie erhalten mit Ihrem Diagramm ein Bild der Helligkeitsschwankungen.
   Überlegen Sie, welche Fehler bei einer solchen Darstellung auftreten können.

Untersuchung 2: Messen der Beleuchtungsstärke in Abhängigkeit des Pflanzenvorkommens

Vorbereitung:
Luxmeter; Maßband oder markierte Wäscheleine; 1 m breiter, in zehn 10 x 10 cm-Quadrate unterteilter Holzrahmen

Durchführung:
1. Suchen Sie einen Waldstandort auf, an dem die Beleuchtungsstärke in einer Richtung stark zu- bzw. abnimmt (z. B. an einem Waldrand oder an einem Übergang von dichtem Fichtenforst in einen offenen Laubwald).
2. Stecken Sie mit einem Maßband eine Strecke von ca. 20 m ab und messen Sie im Abstand von 1 m die Beleuchtungsstärke.
3. Legen Sie nun im Abstand von 1 m, wie in der Abbildung dargestellt, den Holzrahmen mit den 10 Kästchen aus und notieren Sie für jede Pflanzenart die Zahl der Kästchen, in denen sie vorkommt.

Auswertung:
1. Rechnen Sie die Messwerte in relativen Lichtgenuss (%) um.
2. Ordnen Sie jeder vorkommenden Pflanzenart (artgenau bestimmen!) ein bestimmtes Lichtbedürfnis zu (Schattenpflanze, Halbschattenpflanze, Sonnenpflanze).
3. Stellen Sie die Ergebnisse in einem Diagramm dar.

Standortklima

Das kleinräumige Klima an einem bestimmten Standort kann sich schon auf wenigen Metern stark verändern. Um das Standortklima zu erfassen, muss man die Werte über den Tag (und auch zu verschiedenen Jahreszeiten) messen. Neben der Beleuchtungsstärke sind Lufttemperatur, relative Luftfeuchtigkeit und Verdunstungskraft (Evaporation) wichtige Kenngrößen.

Untersuchung 3: Einrichten einer Messstelle für das Standortklima

Vorbereitung:
2 Luxmeter, 2 Thermometer, 2 Hygrometer (Günstig sind elektrische Hygrometer mit digitaler Anzeige, die gleichzeitig auch die Temperatur messen und anzeigen.), 6 Piche-Evaporimeter (kalibriertes Glasröhrchen mit grüner Filtrierpapierscheibe)

Durchführung:

1. Richten Sie in einem Waldökosystem und auf einer Wiese einen Messplatz für das Standortklima ein (↗ Abb. 1).
   - **a)** Die Messungen werden jeweils in 5 cm, 50 cm und 150 cm Höhe über der Bodenoberfläche durchgeführt.
   - **b)** In diesen drei Höhen sollten an beiden Messstellen die Piche-Evaporimeter fest installiert werden. Es wird die zwischen zwei Messungen verdunstete Wassermenge gemessen und auf ml/h umgerechnet.

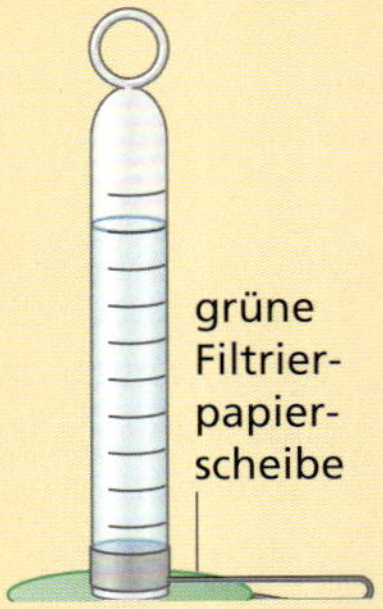

   - **c)** Die Thermometer, Hygrometer und Luxmeter werden in den drei Höhen kurzzeitig gehalten und abgelesen.
   - **d)** Beim Ablesen der Thermometer muss darauf geachtet werden, dass diese nicht direkt von der Sonnenstrahlung getroffen werden.
2. Führen Sie über den Tagesverlauf möglichst zahlreiche Messungen durch, mindestens aber drei Messungen (kurz nach Sonnenaufgang, um die Mittagszeit, kurz vor Sonnenuntergang).

Auswertung:

1. Stellen Sie für jeden der beiden Messpunkte den Tagesgang von relativem Lichtgenuss, Temperatur, relativer Luftfeuchte und Evaporation dar.
2. Vergleichen Sie die Ergebnisse beider Standorte. Beachten Sie dabei besonders die Werte in den verschiedenen Höhen. Was stellen Sie fest?

1 So kann der Messplatz zur Kennzeichnung des Standortklimas eines Ökosystems eingerichtet werden.

Boden

Für ein Ökosystem sind u.a. folgende Bodeneigenschaften wichtig:
- Bodenreaktion (pH-Wert)
- Kalkgehalt (steht mit dem pH-Wert in Verbindung)
- Speicherkapazität für Wasser und Mineralstoffe (hängt z.B. mit der Korngröße der Bodenbestandteile zusammen)

Untersuchung 4: Messen des pH-Werts des Bodens

Der pH-Wert ist ein Maß für die Stärke der sauren bzw. basischen Wirkung einer wässrigen Lösung, die sich aus der H^+ (bzw. H_3O^+)-Konzentration ergibt.

Vorbereitung:
elektrisches Boden-pH-Meter oder pH-Messstäbchen (Bereich 4–7), kleines Einmachglas oder Filmdose

Durchführung:
Einige elektrische pH-Meter mit einer Messelektrode sind für die direkte Messung von Böden geeignet. Eine andere Möglichkeit besteht darin, den Boden mit möglichst neutralem Leitungswasser (pH = 7) oder destilliertem Wasser in einem Einmachglas aufzuschwemmen. Der pH-Wert kann dann mit einem pH-Messstäbchen gemessen werden.

Auswertung:
Überlegen Sie sich eine geeignete Darstellung Ihrer Messwerte.

Untersuchung 5: Schätzen des Kalkgehalts

Vorbereitung:
10 %ige Salzsäure ☒, Porzellanschale oder Petrischale, Tropfpipette, Teelöffel, Schutzbrille

Durchführung:
Geben Sie jeweils zu einem Teelöffel Bodenprobe in der Petrischale vorsichtig 10 Tropfen Salzsäure. Tragen Sie dazu eine Schutzbrille.

Auswertung:
Den Kalkgehalt kann man am Aufbrausen erkennen. Schätzen Sie nach der Tabelle in Abhängigkeit der Reaktion mit Salzsäure den Kalkgehalt der Bodenprobe. Beschreiben Sie die chemische Reaktion, die dem Aufbrausen zugrunde liegt.

Reaktion	Kalkgehalt
stark, langanhaltend:	> 5%
deutlich, aber nicht anhaltend:	3 – 4%
schwach, kurz:	1 – 2%
keine Reaktion:	< 1%

Können Sie einen Zusammenhang zwischen pH-Wert und Kalkgehalt verschiedener Bodenproben feststellen? Setzen Sie diese mit den vorkommenden Pflanzenarten in Beziehung.

Untersuchung 6: Ermitteln der Bodenart mit der Handprobe

Die Korngröße der Bodenbestandteile ist entscheidend für die Wasser- und Mineralstoff-Speicherfähigkeit eines Bodens. Während Sand keine Bestandteile von < 0,01 mm Durchmesser enthält, besteht Ton zu mehr als 60 % aus solchen kleinsten Teilchen. Sandboden hält nur wenig Wasser zurück, während Lehm- oder Tonböden regelrecht aufquellen können.

Durchführung:
Ermitteln Sie die Bodenart mit folgendem Bestimmungsschlüssel:

1 Bodenprobe lässt sich zwischen Handflächen zu Kugel formen 2
– nicht formbar .... **Sand**

2 Bodenprobe lässt sich zwischen Handflächen zu bleistiftdicker Wurst ausrollen 3
– nicht so dünn ausrollbar ..... **lehmiger Sand**

3 Bei Quetschen der Probe zwischen Daumen und Zeigefinger in Ohrnähe
– kein starkes Knirschen 4
– starkes Knirschen .... **sandiger Lehm**

4 Gleitfläche der Quetschprobe glänzend 5
– nicht glänzend, stumpf .... **Lehm**

5 Knirscht bei Prüfung dünn ausgestrichen zwischen Objektträgern .... **lehmiger Ton**
– knirscht nicht .... **Ton**

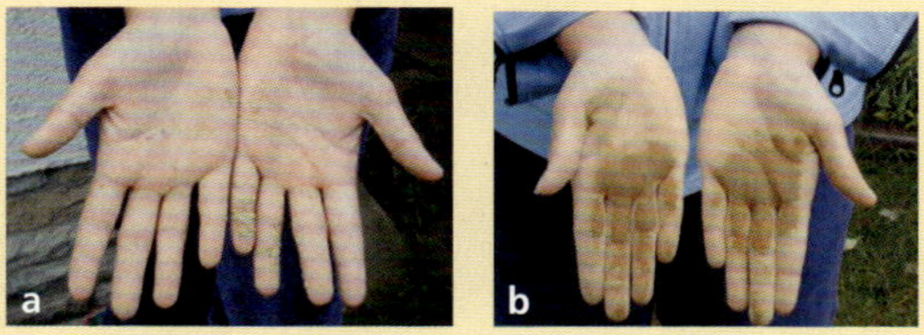

1 Fingerprobe mit Sand (a) und mit Lehm (b)

Baumzählung

In Deutschland kommen meistens nur relativ wenige verschiedene Baum- und Gehölzarten in einem Gebiet vor. Um ihre Häufigkeit festzustellen, kann man sie auszählen. Eine wichtige Methode beruht darauf, Pflanzenindividuen entlang einer zufällig oder willkürlich festgelegten Linie, z. B. einer Geraden, zu zählen (Linientransekt-Methode). Mehrere solcher Stichproben geben dann einen zuverlässigen Schätzwert für die Artenzusammensetzung der gesamten Untersuchungsfläche.

Untersuchung 7: Feststellen der Häufigkeit von Gehölzarten in einem Gebiet

Vorbereitung:
Bestimmungsschlüssel für Bäume (nach Blättern); 1 Betttuch; für jede Arbeitsgruppe: 1 Wäscheleine oder Seil (mindestens 25 m lang), 1 Sammelbeutel

Durchführung:
1. Legen Sie zuerst eine Basislinie (z. B. an einem Waldweg) fest, von der aus die Linientransekte gelegt werden sollen.
2. Die Arbeitsgruppen verteilen sich im Abstand von mindestens 15 m an der Basislinie. Dann befestigt jede Gruppe das Seil am nächsten Baum.
3. Von dort wird das Seil senkrecht zur Basislinie von Baum zu Baum in den Wald gespannt. Eine leichte Zickzacklinie, die dabei entstehen kann, ist erlaubt.
4. Von jedem berührten Stamm wird ein Blatt als Beleg eingesammelt. Bei Nadelgehölzen kann man statt Blättern (Nadeln) kurze Zweige einstecken. Sind die Blätter zu hoch, muss ein entsprechendes Blatt von einem anderen Baum derselben Art oder vom Boden eingesteckt werden.
5. Alle Gruppen legen die Blätter einer Art auf einen Haufen – das kann der untere Rand des Lakens sein.
6. Die Blätter werden auf dem Laken so zu Säulen angeordnet, dass für jedes Blatt – unabhängig von seiner Größe – derselbe Platz zur Verfügung steht. So erhält man ein Säulendiagramm, das die Häufigkeit der einzelnen Gehölzarten wiedergibt (↗ Abb. 1).

Auswertung:
1. Stellen Sie fest, ob die Arten gleichmäßig über das Untersuchungsgebiet verteilt sind.
2. Erläutern Sie, woran es liegen könnte, dass bestimmte Baumarten besonders häufig vorkommen.
3. Überlegen Sie sich eine Möglichkeit, wie man mithilfe von Linientransekten die Verteilung von Baumarten in der Fläche darstellen kann.

1 So kann ein gelegtes Säulendiagramm aussehen.

Tierarten

Klima, Boden und Vegetation bestimmen die Tierarten, die an einem Ort vorkommen. Andersherum können diese Aufschluss über die Eigenschaften des Standorts liefern, z. B. die Beschaffenheit des Bodens oder die Vielfalt an Pflanzenarten.

Je nach Tiergruppe gibt es unterschiedliche Erfassungsmethoden. Vögel werden vor allem beobachtet, wirbellose Tiere mithilfe von speziellen Fanggeräten, z. B. Keschern, gefangen. Die beste Zeit dafür ist ein trockener und warmer Frühlingstag.

Wichtig:
Setzen Sie alle gefangenen Tiere sofort nach Abschluss der Arbeiten wieder in die Natur zurück!

Untersuchung 8: Analyse und Vergleich der Tierarten in einem Wald und auf einer Wiese

Vorbereitung:
je Gruppe: 1 Fernglas, 4 Lupen (z. B. Becherlupen), 1 Bestimmungsschlüssel für Vögel und 4 für wirbellose Tiere, 2 Kescher, 1 Schaufel oder Spaten, 2 große Fotoschalen, 2 Betttücher, Sammelgefäße (durchsichtige Plastikbecher oder Gläser mit Deckel, Tüten)

Durchführung:
Bilden Sie zwei Gruppen:
eine untersucht die Tierwelt des Waldes, die zweite die Tiere einer Wiese. Im Frühjahr sollte man am frühen Morgen mit der Erfassung der Vögel beginnen.

1. Nehmen Sie alle Hinweise über im Gebiet vorkommende Tiere auf, z. B. Maulwurfshügel und Trittsiegel, sammeln Sie Federn, Fraßspuren und Schneckengehäuse etc.
2. Nutzen Sie das Fernglas, um Vögel zu beobachten. Beschreiben Sie sie und lassen Sie sich bei der Bestimmung helfen. Auch der Gesang ist ein gutes Erkennungsmerkmal.
3. In der Krautschicht werden wirbellose Tiere mit dem Kescher gefangen (nach Anleitung durch eine kundige Begleitperson). Überführen Sie die gefangenen Tiere vorsichtig in die mitgebrachten Gefäße und bestimmen Sie sie. Nutzen Sie dazu Bestimmungsschlüssel und Lupen.
4. Von Büschen und Bäumen werden Wirbellose mit einem Stock „abgeschlagen“. Legen sie dazu Betttücher unter das Gebüsch. Herabgefallene Tiere absammeln und bestimmen.
5. Heben Sie eine ca. 10 cm tiefe Bodenprobe aus. Breiten Sie die Probe vorsichtig in einer Fotoschale aus. Durchsuchen Sie sie nach Tieren und bestimmen Sie diese.

Auswertung:

1. Stellen Sie Artenlisten für die Wiese und den Wald zusammen.
2. Informieren Sie sich in der Bibliothek oder über das Internet über Lebensweise und Ansprüche der gefundenen Arten.
3. Begründen Sie die Tatsache, dass bestimmte Arten nur auf der Wiese und andere nur im Wald vorkommen.
4. Stellen Sie mögliche Nahrungsnetze der gefundenen Arten zusammen. Gibt es Lücken? Nennen Sie Arten, die diese füllen könnten.
5. Überlegen Sie, welche Tiergruppen man mit diesen Methoden nicht erfassen kann. Beschreiben Sie weitere Methoden zur Erfassung dieser Tiergruppen.

1 Mit viel Ruhe lassen sich Tiere gut beobachten.

Ein Tag im Forst

Meist sind es persönliche Erlebnisse, die uns Denkanstöße geben und uns über unser Handeln nachdenken lassen.
So vermittelt ein Tag im Wald unter Leitung eines sächsischen Försters oder Waldarbeiters ein ganz persönliches Bild über den Wald als Ökosystem bzw. als Lebensgemeinschaft, aber auch vom Wirtschaften im Wald und den vielfältigen Schutz- und Erholungswirkungen des Waldes. Bei einem Praktikum im Wald werden in der Regel zwei Waldarbeitern ca. fünf bis sechs Schülerinnen und Schüler zugewiesen, die dann durch individuelle Tätigkeiten einen Einblick in die forstliche Arbeit erhalten.
Die Jahreszeit bestimmt hierbei überwiegend die Arbeit im Wald. Das Verschneiden und Ausholzen von Waldparzellen im Frühjahr stellt die anstrengendste Aufgabe dar. Viel beliebter sind meist leichtere Tätigkeiten wie Anpflanzen einer Baumschule (↗ Abb. 1) oder das Anfertigen von Nistkästen. Aber auch im Bau von Waldbänken, Schutzhütten, Hochsitzen und im Einzäunen von Schonungen können praktische Erfahrungen gesammelt werden. Das Praktikum kann darüber hinaus eine Vielzahl von weiteren Arbeiten umfassen.

Untersuchung 9: Organisation eines ökologischen Waldpraktikums

1. Organisieren Sie in Arbeitsgruppen die Planung und Durchführung eines eintägigen Waldpraktikums. Machen Sie sich dabei Gedanken über folgende Aspekte:
   - Zeitpunkt des Praktikums (Jahreszeit),
   - Kontaktaufnahme zu einer Försterei,
   - Vor- und Nachbereitung,
   - Beschaffung und Sichtung notwendiger Materialien (z. B. waldpädagogischer Leitfaden).
2. Schildern Sie Ihre eigenen persönlichen Erlebnisse an diesem Tag. Beschreiben Sie, was für Sie das Eindrucksvollste oder Beeindruckendste war.
3. Überlegen Sie, wie weit dieser Tag im Wald Ihr eigenes Wertverständnis beeinflusst hat. Hat das Auswirkungen auf Ihr eigenes Verhalten im Wald?
4. Häufig wird vom harmonischen Dreiklang der ökologischen, ökonomischen und sozialen Funktionen (Schutz-, Nutz- und Erholungsfunktion) des Waldes gesprochen. Tragen Sie in einzelnen Gruppen Ihre Erkenntnisse dieses Praktikumstages zusammen und erarbeiten Sie gemeinsam eine Präsentation dazu.

1 Ein Praktikum im Wald ist eine ganz besondere Erfahrung.

4 Wahlthemen

Wahlthema: Leben in der Wüste

griech.: *edaphos* = Erdboden, den Boden betreffend

Stufen der Aridität:
hyperarid: potenzielle Verdunstung > 20 Mal höher als mittlere Niederschläge

arid: potenzielle Verdunstung >5–20 Mal höher als mittlere Niederschläge

semiarid: potenzielle Verdunstung 2–5 Mal höher als mittlere Niederschläge

Wassermangel herrscht auch dann, wenn Wasser nur als Eis und damit für Lebewesen in einer nicht nutzbaren Form vorhanden ist (**Kälte- und Eiswüsten** der Antarktis).

In der *Takla Makan*, der zweitgrößten Sandwüste der Erde, liegen die durchschnittlichen Temperaturen im Januar bei –8 °C, im Juli bei 25 °C.

Wüsten zählen zu den lebensfeindlichsten Gebieten unseres Planeten. Dennoch gelingt es nicht wenigen Organismen, Hitze und Trockenheit, Sandstürmen und Salzböden zu trotzen. Leben in Wüsten ist jedoch Leben an seinen Grenzen.
Wüsten werden durch Mangel beschrieben:
– klimatisch durch den Mangel an Wasser,
– edaphisch durch den Mangel an Bodenbildung,
– biologisch durch den Mangel an Lebewesen.

Dabei ist **Wassermangel** der entscheidende Faktor, von dem die anderen Mangelerscheinungen direkt oder indirekt abhängen. Für Wüsten ist typisch, dass die Verdunstung die jährlichen Niederschläge um ein Mehrfaches übersteigt. Ein solches Klima wird als **arid** bezeichnet. Typisch für aride Gebiete sind Salzböden, abflusslose Salzseen und periodisch fließende Wasserläufe. Außerdem fallen Niederschläge sehr unregelmäßig und zeitlich begrenzt. In extremen Wüsten fällt manchmal mehrere Jahre hintereinander gar kein Regen.
Das Erscheinungsbild von Flora und Fauna ist deutlich von Wassermangel und hohen Temperaturen geprägt. Da ein mildernder Effekt durch Vegetation weitgehend entfällt, sind die Schwankungen der Temperatur und relativen Luftfeuchtigkeit – insbesondere zwischen Tag und Nacht – sehr ausgeprägt. Unter dem Einfluss der hohen **Temperaturgegensätze** zerspringen härteste Felsen, und es entstehen riesige Schuttfelder, die Wüstenstürme und weitere physikalische Verwitterungsprozesse schließlich im Laufe der Jahrtausende zu Sand zerfallen lassen.
Auch die hohe **Strahlungsintensität** kennzeichnet Wüstengebiete. Während im Schnitt nur 47 % der einfallenden Sonnenstrahlen die Erdoberfläche erreichen, können es in subtropischen Trockengebieten über 80 % sein.

Die potenzielle Wasserverdunstung einer heißen Wüste liegt bei über 4000 mm/Jahr, so z. B. im kalifornischen *Death Valley* bei 4262 mm/Jahr.

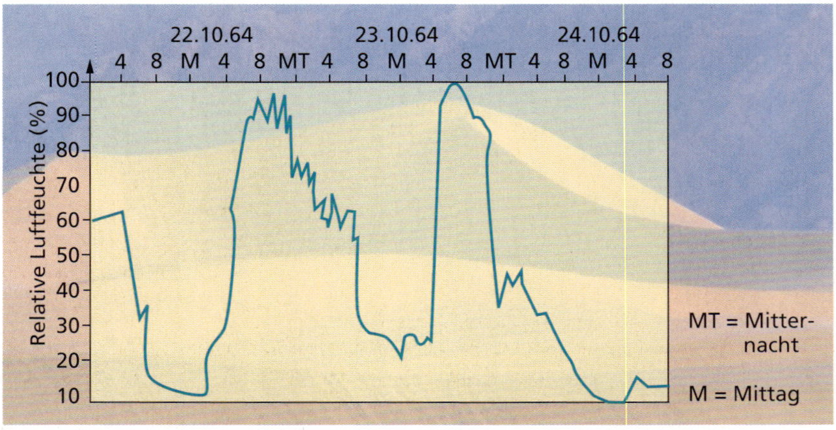

1 Schwankungen der relativen Luftfeuchte in der *Negev-Wüste* (Israel)

Leben unter Trockenstress

Vier Lebensstrategien helfen Lebewesen, der Wasserknappheit in Wüstenregionen zu begegnen:

1. Angleichung (Konformität): Fähigkeit, Austrocknungsphasen auszuhalten; „Wechselfeuchte“;
2. Unabhängigkeit (Emanzipation): Fähigkeit, ein lebensfreundliches inneres Milieu aufrechtzuerhalten;
3. Vermeidung (Deviation): Fähigkeit, Extrembedingungen auszuweichen;
4. Ruheperiode (Dormanz): Fähigkeit, lebensfeindliche Phasen in Trockenschlaf oder -starre zu überdauern.

Death Valley – Salzwüste in Kalifornien

Viele Bakterien, Luftalgen, Flechten, Moose und einige Gefäßpflanzen richten ihre Lebensaktivität nach den Feuchtigkeitsverhältnissen. Durch Reduktion aller Lebensfunktionen können sie weitgehend austrocknen ohne zu sterben. Dies gilt auch für manche wirbellose Tiere, wie Skorpione, Spinnen, Insekten und Bärtierchen, die während Trockenperioden keine oder nur wenig Nahrung aufnehmen. Bei neuerlicher Wasseraufnahme kommt der zelluläre Betriebsstoffwechsel allmählich wieder in Gang. Solche Lebewesen nennt man **„wechselfeucht“.**

Die Aufrechterhaltung eines günstigen inneren Milieus trotz Wassermangels gelingt durch geringe Wasserabgabe, sehr gute Wasseraufnahme und sparsamsten Verbrauch. Pflanzen trockener Standorte **(Xerophyten,** ↗ S. 99) vermindern ihre Wasserabgabe durch hohen Transpirationswiderstand und Verringerung der Oberfläche. Zur Überwindung von Trockenzeiten spielen auch die Wasserspeicherung und der sparsame Wasserverbrauch durch physiologische Anpassungen eine Rolle.

Bei austrocknungsresistenten Lebewesen helfen dürrestabile Proteine und besondere Zucker (Raffinose, Trehalose), die die Membranen stabilisieren, die Lebensvorgänge langsam herunterzufahren, ohne dass irreparable strukturelle Schäden entstehen.

Strategien zur „Emanzipation“ vom Wasser bei Pflanzen und Tieren

Ziel	Pflanzen	Tiere
hoher Übergangswiderstand für die Wasserabgabe	dicke Kutikula, Wachsüberzüge, Behaarung, Korkgewebe, eingesenkte Spaltöffnungen	wasserundurchlässige Körperdecke, Wasserrückgewinnung aus der Atemluft
kleine transpirierende Oberfläche	periodischer Blattabwurf, Reduktion der Blätter (Rutensträucher), Blatt-, Stammsukkulenz	Kugelform, Klumpenbildung aus vielen Einzelindividuen
Wasserspeicherung	Sukkulenz von Blättern, Sprossachsen und Wurzeln	Speicherung in roten Blutkörperchen (Kamele), Fettpolster (bei Abbau wird Wasser freigesetzt)
physiologische Wassersparеinrichtungen	CAM- und C_4-Mechanismus der Fotosynthese	starke Wasserrückresorption in Nieren und Darm, wasserfreie Exkrete (Harnsäure), Nutzung des Dissimilationswassers
effektive Wasseraufnahme	ausgedehntes bzw. tiefreichendes Wurzelsystem; Fähigkeit, Wasserdampf und Tau aufzunehmen	Fähigkeit, in kurzer Zeit große Wassermengen aufzunehmen, Nebeltrinken

Säugetiere der Wüste: Kamele und Kangururatten

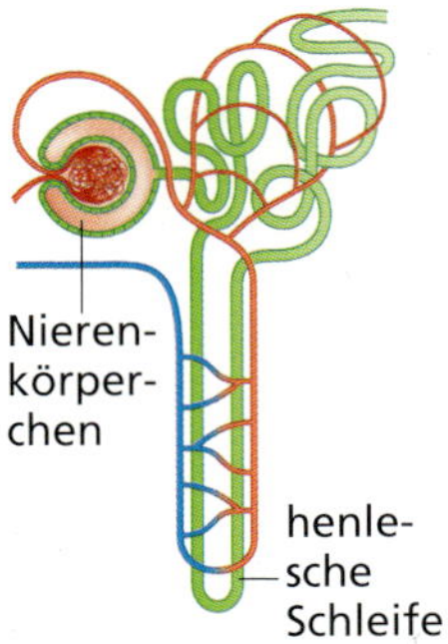

Die henlesche Schleife gehört zum tubulären System eines Nephrons, der funktionellen Einheit der Niere. Im Tubulussystem werden u. a. Wasser und Elektrolyte rückresorbiert.

Kamele *(Camelidae)* gehören zur Ordnung der Paarhufer. Zu ihnen zählen die sogenannten „Altweltkamele" Dromedar (mit einem Höcker) und Trampeltier (mit zwei Höckern) sowie die „Neuweltkamele" Lama und Vikunja. Sie kommen in Wüstenregionen Asiens (v. a. Trampeltier), Nordafrikas und Arabiens (v. a. Dromedar) sowie eingeführt auch Australiens vor. Sie zeigen als Wassersparer zahlreiche Anpassungen und typische Verhaltensweisen:
Sie besitzen einen langen, hochbeinigen und schmalen **Körperbau.** Ihre Nasenschleimhaut ist stark eingefaltet, sodass aufgrund der größeren Oberfläche eine große Menge an Wasser durch Rückkondensation im Körper bleibt. Kamele tragen ihr Fettpolster in großen Vorräten auf dem Rücken. Durch diese Höcker ist ihr Körper nicht nur vor der extremen Sonneneinstrahlung während der Mittagszeit geschützt. Sie sind auch in der Lage, Stoffwechselwasser bei der Zellatmung aus diesen Fettreserven zu gewinnen. Kamele können mit ihrer stark verlängerten henleschen Schleife das Wasser aus dem Urin in großem Maße resorbieren sowie ihre Körpertemperatur auf besondere Weise regulieren (↗ Abb. 1).

Unter Wassermangel können Dromedare ihre Körpertemperatur um bis zu 8 °C erhöhen (von 34 °C auf 42 °C). Dadurch spart ein 500 kg schweres Kamel nicht nur mehr als 10 000 kJ an Energie sondern auch 6 l Wasser, die es zur Temperaturregulation ausschwitzen müsste.

Kamele können bis zu 30 % der Körpermasse an Wasser verlieren und bis zu acht Tage ohne Wasser aushalten. Das Blut bleibt aber dennoch dünnflüssig, sodass alle Lebensprozesse ablaufen können. Wie viele Wüstenbewohner können sie durch **Trinken** sehr schnell viel Wasser aufnehmen. Kamele können in wenigen Minuten ca. 100 l trinken.

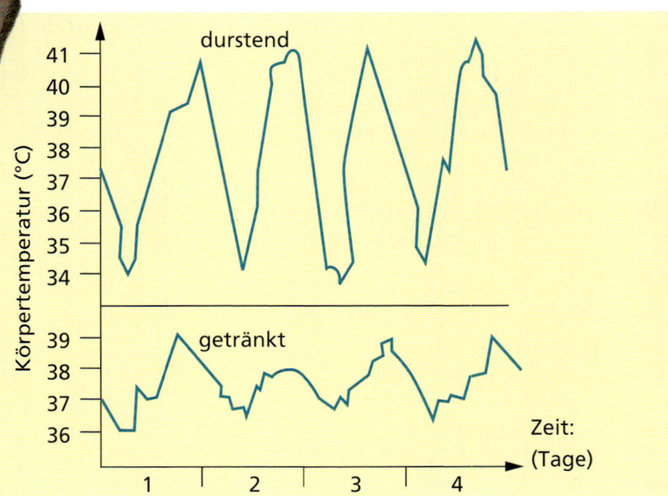

1 Temperaturregulation beim Kamel

Die **Kängururatten** gehören zur Ordnung der Nagetiere (Gattung: Taschenmäuse) und kommen v.a. in den Wüsten- und Halbwüstengebieten der südwestlichen USA und Mexikos vor. Ihren Namen verdankt sie der Fortbewegungsweise auf ihren zwei langen Hinterbeinen, die den Kängurus gleicht. So können sie sich bei der Nahrungssuche nicht nur energiesparend, sondern auch mit geringem Kontakt zum heißen Boden fortbewegen. Ihre Nahrung, fettreiche, trockene Samen, liegt oft weit verstreut. Den größten Teil des Jahres gibt es aufgrund der seltenen Niederschläge kein Trinkwasser und die Luftfeuchtigkeit schwankt im Verbreitungsgebiet (Arizona) zwischen 3 % und 50 %.

1 Wasserkonservierende Strategien der Kängururatte

Kängururatten leben in Kolonien und graben Erdhöhlen, aus denen sie nur nachts zur Nahrungssuche hervorkommen. Vergleicht man die Temperatur in den Nasengängen mit anderen gleichgroßen Säugetierarten, so ist diese auffallend niedrig. Die Nase wird schlechter durchblutet, was beim Ausatmen die Bildung von Kondenswasser ermöglicht.
Die Kängururatten trinken nicht. Sie verlieren so wenig Wasser, dass ihnen das Stoffwechselwasser zu 90 % ausreicht (↗ Abb. 2). Die übrigen 10 % gewinnen sie aus der geringen Wassermenge ihrer Nahrung.

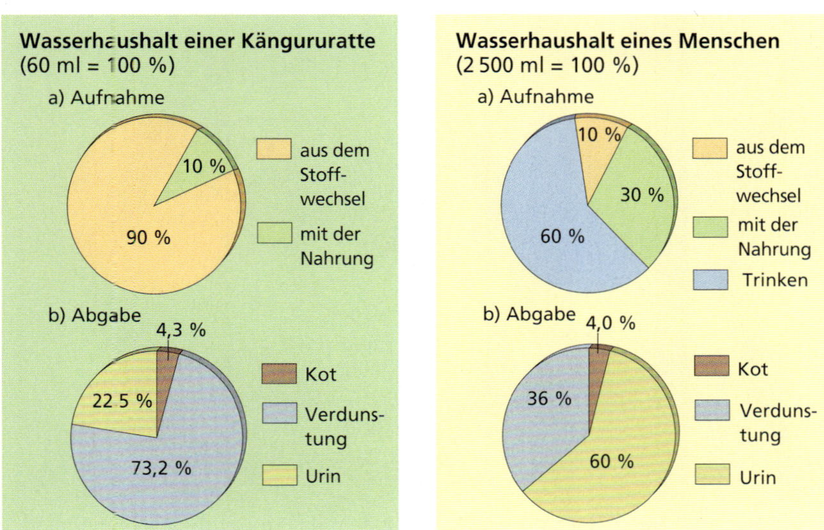

2 Vergleich des Wasserhaushalts der Kängururatte mit dem des Menschen

Der Engländer ERNST HEYNE (1825–1881) zerbiss am Morgen und am Abend desselben Tages ein paar Blätter einer Zimmerpflanze namens Brutblatt *(Bryophyllum)*. Er stellte dabei fest, dass sie morgens sehr sauer, abends dagegen kaum säuerlich schmeckte.

Pflanzen, die „sauer" werden

Fleischige Pflanzen mit Wasserspeichergewebe, wie Kakteen, Lebende Steine, Dickblattgewächse und Wolfsmilchgewächse, nennt man **Sukkulente.** Neben ihren Fähigkeiten zur Wasserspeicherung sind sie durch eine besondere physiologische Anpassung in der Lage, die Spaltöffnungen tagsüber geschlossen zu halten und nur nachts – bei geringen Transpirationsverlusten – Kohlenstoffdioxid aufzunehmen.

Bei der Untersuchung des Brutblattes und anderer sukkulenter Arten stellte man fest, dass der Gehalt an organischen Säuren (z.B. Apfelsäure) in den chlorophyllhaltigen Teilen morgens am höchsten ist, über den Tag abnimmt und nachts wieder ansteigt. Man bezeichnet dies als diurnalen Säurezyklus und die Pflanzen mit diesem *„**C**rassulaceae **A**cid **M**etabolism"* (Crassulaceen-Säurestoffwechsel) als **CAM-Pflanzen.** CAM-Pflanzen nehmen nachts Kohlenstoffdioxid über die Spaltöffnungen auf, welches dann mithilfe eines speziellen Enzyms an Phosphoenolpyruvat (PEP) gebunden wird. Die so entstehende Äpfelsäure wird in die Vakuole eingelagert. Sie ist für den Säuregehalt am Ende der Nacht verantwortlich. Im Laufe des Tages oder bei Belichtung fehlt aufgrund geschlossener Spaltöffnungen der CO_2-Nachschub. Nun wird Äpfelsäure wieder in Pyruvat und CO_2 gespalten und weitere Äpfelsäure diffundiert aus der Vakuole zurück ins Cytoplasma. Das CO_2 wird in den Calvin-Zyklus eingeschleust und zu Glucose assimiliert. Dadurch steigt der pH-Wert im Laufe des Tages kontinuierlich an.

Die CAM-Pflanzen sind durch diese Art der Kohlenstoffdioxidaufnahme und -speicherung an extrem trockene Standorte angepasst, da sie tagsüber die Spaltöffnungen völlig geschlossen halten können ohne „zu verhungern". Sie benötigen nur gelegentliche Niederschläge, um ihren Wasserspeicher aufzufüllen.

Sogenannte C_4-Pflanzen binden CO_2 über denselben Weg, hier findet aber keine zeitliche sondern eine räumliche Trennung der CO_2-Bindung als Äpfelsäure und dem Calvin-Zyklus statt (↗ S. 143).

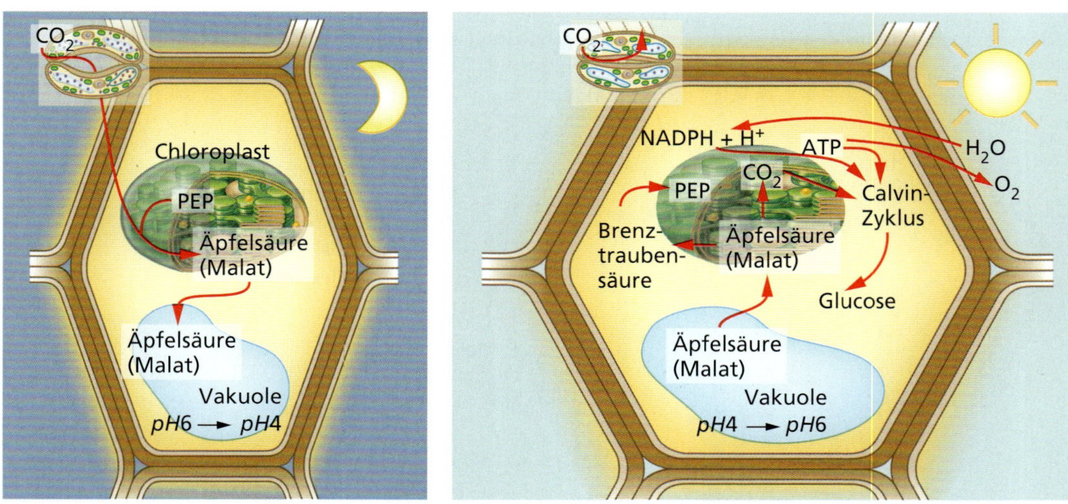

1 Sukkulente können auch Wasser sparen, indem sie nur nachts CO_2 aufnehmen.

Thema

Fotosynthese-Spezialisten

Mais *(Zea mais)*

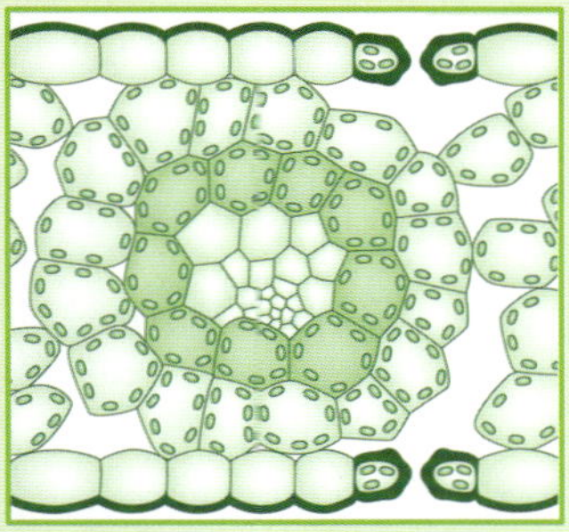

Blattquerschnitt von Mais *(Zea mais)* – eine C_4-Pflanze

CAM-Pflanzen wie Kakteen sind an extreme Trockenheit angepasst.

Einige Pflanzenarten binden Kohlenstoffdioxid an einen besonderen Akzeptor und sind dadurch an sonnige und trockene Standorte auf eine besonders effektive Art angepasst.
Dies zeigt sich z. B. bei folgendem Experiment:
Mais- und Weizenpflanzen werden in einem belichteten, aber von Kohlenstoffdioxid abgeschlossenen Raum aufgezogen. Nach einigen Wochen kommt man zu folgendem Ergebnis: der Weizen geht erwartungsgemäß nach einiger Zeit zugrunde, die Maispflanzen jedoch gedeihen sehr gut. Worin liegen die Ursachen für das Ergebnis des Experimentes?

Mais gehört wie Zuckerrohr, verschiedene Hirsearten, einige Fuchsschwanz- und Gänsefußgewächse zu den sogenannten **C_4-Pflanzen** und Weizen zur Gruppe der **C_3-Pflanzen.**
Die Begriffe werden vom ersten stabilen Produkt nach der Kohlenstoffdioxidfixierung abgeleitet. Bei den C_3-Pflanzen, wozu der größte Anteil der Pflanzen gehört, wird Kohlenstoffdioxid im Calvin-Zyklus an den Akzeptor Ribulose-1,5-diphosphat gebunden. Die danach entstehende instabile Zwischenverbindung zerfällt sofort in das erste stabile Produkt Glycerinsäure-3-phosphat, ein Molekül mit drei Kohlenstoffatomen. Im Gegensatz zu den C_3-Pflanzen wird bei den C_4-Pflanzen Kohlenstoffdioxid zunächst an den Akzeptor Phosphoenolpyruvat (PEP) gebunden und es entsteht als erste Verbindung Oxalessigsäure, eine Dicarbonsäure mit vier Kohlenstoffatomen im Molekül.

C_4-Pflanzen wachsen im Vergleich zu den C_3-Pflanzen bei sonnigen und trockenen Umweltbedingungen u. a. deswegen besser, weil das Kohlenstoffdioxid besonders wirksam gebunden wird. Das Enzym Phosphoenolpyruvat-Carboxylase, welches die Kohlenstoffdioxidfixierung an den Akzeptor (hier Phosphoenolpyruvat (PEP) anstatt Ribulose-1,5-diphosphat) katalysiert, arbeitet auch bei außerordentlich niedrigen Kohlenstoffdioxidkonzentrationen effektiv (0,0001 Vol.% im Vergleich zu C_3-Pflanzen 0,005 Vol.%). Somit ist für die Fotosyntheseleistung der Kohlenstoffdioxid-Anteil der Luft kein begrenzender Faktor mehr.

... und mehr

Informieren Sie sich auch unter: *Fotosynthese, Stoffwechselwege, Calvin-Zyklus – genauer betrachtet, Stoff- und Energiewechselprozesse, Leben in der Wüste, Transpiration, Meilenstein der Molekularbiologie*

100 g Fett liefern etwa 3900 kJ, ausreichend für:
1 h Fußballspiel,
2,4 h Radfahren oder
9,7 h Sitzen.

Wahlthema: Energiehaushalt von Mensch und Tier

Bedeutung der Nährstoffe

Zur ausgewogenen Ernährung gehören die Nährstoffgruppen Kohlenhydrate, Proteine (Eiweiße) und Lipide (Fette). **Kohlenhydrate** können Monosaccharide (Einfachzucker) wie Glucose und Fructose, Disaccharide (Zweifachzucker) wie Saccharose und Maltose oder Polysaccharide (Mehrfachzucker) wie Stärke sein.

Vereinfachte Strukturformel

Glucose

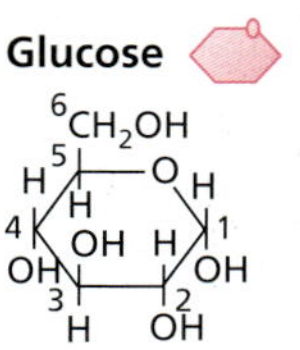

Fructose

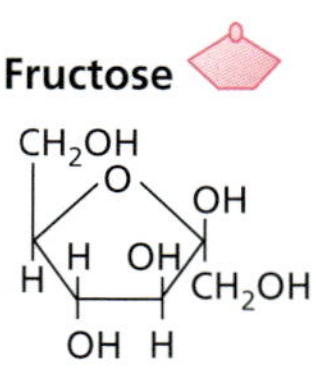

Lipid (Fett)

$CH_2-O-CO-(CH_2)_{14}-CH_3$
$|$
$CH-O-CO-(CH_2)_{14}-CH_3$
$|$
$CH_2-O-CO-(CH_2)_{14}-CH_3$

Aminosäure Alanin

NH_2
$|$
$CH_3-CH-COOH$

Lipide bestehen aus Glycerol und Fettsäuren. Feste Fette enthalten gesättigte Fettsäuren, wie z. B. Palmitinsäure: $CH_3\text{-}(CH_2)_{14}\text{-}COOH$.
In Ölen sind vorwiegend ungesättigte Fettsäuren, die gesünder sind, wie z. B. Linolsäure: $CH_3\text{-}(CH_2)_4\text{-}CH = CH\text{-}CH_2\text{-}CH = CH\text{-}(CH_2)_7\text{-}COOH$.
Hauptsächlich liefern Kohlenhydrate und Lipide dem Organismus Energie (Betriebsstoffwechsel). Die freigesetzte Energie dient der Zelle zur Verrichtung von Arbeit. Zellarbeit kann sein:
- mechanische Arbeit (z. B. Kontraktion von Muskelzellen),
- Transportarbeit (z. B. Transport von Molekülen entgegen dem Konzentrationsgefälle),
- chemische Arbeit (z. B. Bildung von Makromolekülen aus kleineren Molekülen).

Proteine sind vorrangig für den Baustoffwechsel, also zur Herstellung körpereigener Stoffe, unerlässlich. Ihre Grundbausteine sind die Aminosäuren (AS). Nur 20 verschiedene AS werden genetisch kodiert, alle weiteren entstehen durch deren Modifikationen. Acht AS sind essenziell. Das bedeutet, sie müssen mit der Nahrung aufgenommen werden, weil der Körper sie nicht selbst herstellen kann.

Vitamine und Mineralsalze sind wichtige **Ergänzungsstoffe.** Es gibt 20 **Vitamine,** von denen 13 als lebensnotwendig gelten. Sie sind schon in geringsten Mengen hochwirksam. Einige sind Cofaktoren von Enzymen, wie Vitamin B_2-Riboflavin. Sie müssen regelmäßig mit der Nahrung zugeführt werden.
Mineralsalze sind in den Körperflüssigkeiten gelöst. Als Ionen ermöglichen z. B. Natrium (Na^+) und Kalium (K^+) die Weiterleitung von Impulsen an der Nervenzellmembran.
Um genügend Flüssigkeit im Körper zu haben, sind täglich mindestens 2 l **Trinkwasser** nötig. So werden Ionenkonzentration, Blutdruck und Kreislauf im günstigen Bereich gehalten.

Verdauungssystem und Wirkung der Enzymgruppen

Organ	Drüse	Enzym/Saft	enzymatische Reaktion
Mund	Speicheldrüsen	Amylase (Ptyalin) in 1,5 l Speichel/Tag	Stärke → Maltose
Magen	Haupt-, Belegzellen	Protease (Pepsin) in 1,5 – 2 l Magensaft/Tag	Protein → Peptide
Dünndarm	Bauchspeicheldrüse, Dünndarmzotten	Proteasen (Trypsin), Peptidasen, Amylasen, Maltase Lipasen (in 4 l Darmsaft/Tag)	Protein → Peptide Peptide → Aminosäuren Stärke → Maltose → Glucose Lipid → Glycerol + Fettsäuren

Die **menschliche Verdauung** beginnt in der **Mundhöhle.** Die im Speichel enthaltene **Amylase** baut einen Teil der Stärke (Polysaccharid) zu Maltose (Disaccharid) ab.

Der **Magen** des Menschen fasst 1,5 bis 2 l Nahrung. Er hat die Funktion eines Vorratsbehälters, der die Nahrung durch kräftige Muskelkontraktionen vermischt und portionsweise in den Darm drückt. Von den Belegzellen der Magengruben werden Protonen und aus dem Blut stammende Chlorid-Ionen getrennt abgegeben, was zur Bildung einer etwa 0,5 %igen **Salzsäure** im Magensaft führt, die einen pH-Wert von 1,5 zur Folge hat. Die Salzsäure wirkt keimtötend, außerdem aktiviert sie das Eiweiß verdauende Enzym **Pepsin** im Magensaft.

Die Hauptzellen bilden Pepsinogen, eine Vorstufe des Pepsins. Die Salzsäure wandelt Pepsinogen in Pepsin um, indem sie ein kurzkettiges Peptidmolekül abspaltet. Außerdem aktiviert das neu gebildete Pepsin die Umwandlung von Pepsinogen in Pepsin.

Da die Magenwand ebenfalls Proteine enthält, besteht die Gefahr der Selbstverdauung. Dem wirkt der von den Nebenzellen gebildete Magenschleim entgegen. Er kleidet die Mageninnenwand aus.

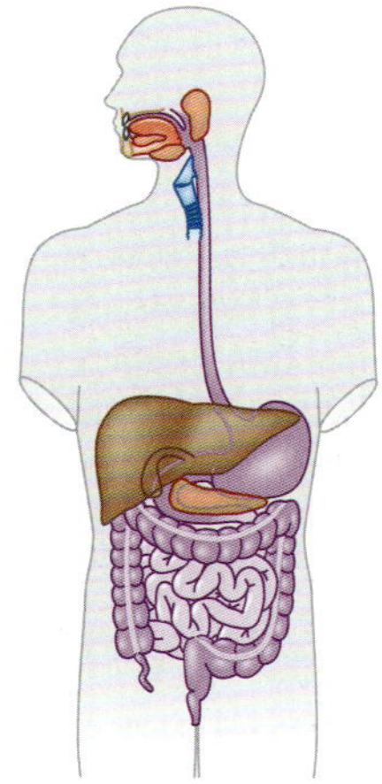

Die Verdauungsorgane des Menschen

Verletzungen der Magenschleimhaut können mitunter zu Magengeschwüren führen. Magengeschwüre werden u. a. durch das Bakterium *Helicobacter pylori* verursacht.

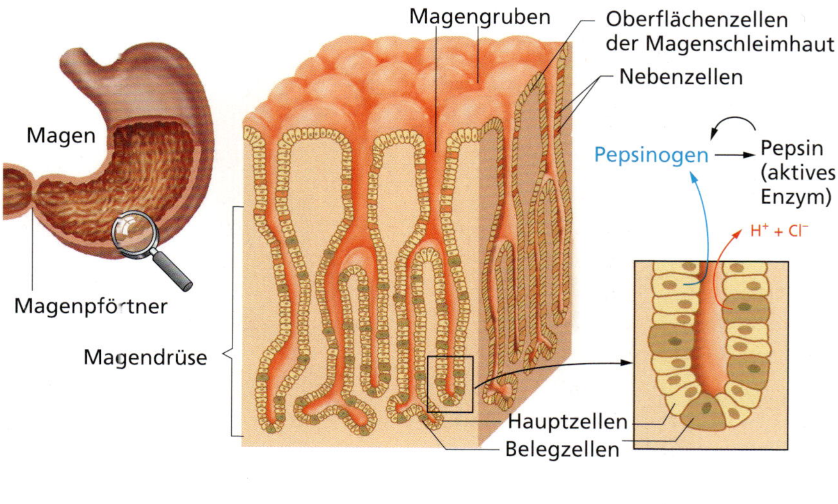

1 Magen und Magendrüsen

Der 3 m lange **Dünndarm** beginnt mit dem 25 cm langen **Zwölffingerdarm.** In den Zwölffingerdarm münden der Gallengang und der Gang der **Bauchspeicheldrüse.** Durch den Gallengang gelangt Gallensaft, der in der Leber gebildet wird. Die Leber ist ein wichtiges Stoffwechselorgan und die größte Drüse des Körpers.
Im Dünndarm finden die Verdauungsprozesse von Proteinen, Lipiden und Kohlenhydraten statt. Daran beteiligt sind Enzyme der Bauchspeicheldrüse, der Darmwand und der Gallensaft der Leber. **Gallensaft** enthält Gallensäure. Durch sie werden **Lipide** in Fetttröpfchen emulgiert. **Lipasen** spalten die Lipide in Fettsäuren und Glycerol. Alle im Zwölffingerdarm ankommenden **Kohlenhydrate** werden durch die in der Bauchspeicheldrüse gebildete **α-Amylase** in Disaccharide zerlegt. Im Bürstensaum der Dünndarmzotten werden sie weiter in Monosaccharide gespalten.
Im Dünndarm wird die im Magen begonnene **Proteinverdauung** abgeschlossen. An der Spaltung der Proteine sind die Enzyme Carboxypeptidase, Chymotrypsin und Trypsin beteiligt, die aus der Bauchspeicheldrüse stammen. Langkettige Polypeptide werden in kürzere Peptidmoleküle oder in Aminosäuren zerlegt. Unterstützt werden diese Vorgänge durch **Dipeptidasen** aus dem Bürstensaum der Epithelzellen.

Täglich gelangen ca. 10 l Wasser aus dem Blut und aus der Nahrung in den Darm. Davon werden ca. 100 ml mit dem Kot abgegeben.

Im Dünndarm werden die zerlegten Nährstoffe mit dem Wasser ins Blut oder in die Lymphe aufgenommen. **Dickdarm** und **Mastdarm** bilden den Abschluss des Verdauungssystems. Hierher gelangen alle unverdauten Stoffe. Hauptaufgabe des Dünndarms ist die Rückresorption des Wassers, dort findet auch die bakterielle Zersetzung einiger noch nicht verdauter Stoffe und die Bildung von Vitaminen durch Darmbakterien statt.

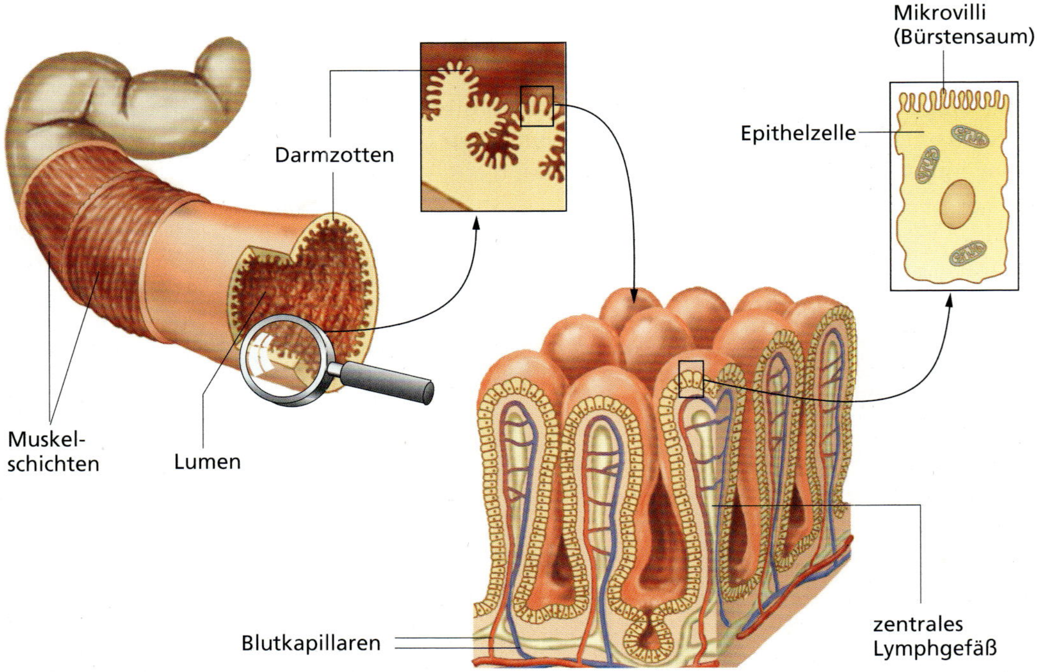

1 Dünndarm, Zotten, Epithelzellen

Resorption und Transport

Während ein großer Teil der Nährstoffspaltung bereits im Zwölffingerdarm abgeschlossen wird, dient der **Dünndarm** hauptsächlich der **Resorption.** Schleimhautfalten, fingerförmige Darmzotten und Bürstensaum bewirken eine enorme Vergrößerung der Oberfläche im Dünndarm. Fructose wird passiv über das Konzentrationsgefälle aufgenommen. Glucose, Aminosäuren und Vitamine gelangen über die Dünndarmzotten durch **aktive (ATP-verbrauchende) Transportvorgänge** ins Blut. Bei der Glucose ist hierfür ein Na^+-abhängiger **Carrier-Transport** verantwortlich. Die Na^+-Ionen werden unter ATP-Verbrauch in das Darmlumen gepumpt, bei ihrer **passiven Rückdiffusion** nehmen sie im **Cotransport** Glucosemoleküle mit.

Nachdem Glycerol und Fettsäuren von den Epithelzellen **resorbiert** wurden, werden sie zu körpereigenen Lipiden zusammengefügt. Gemeinsam mit Proteinen bilden sich kugelige Lipoproteine (Micellen), die über Blut und Lymphe zu Orten des Verbrauchs oder der Speicherung transportiert werden. Wichtiger Bestandteil dieser Lipoproteine ist auch das Cholesterin (Cholesterol).

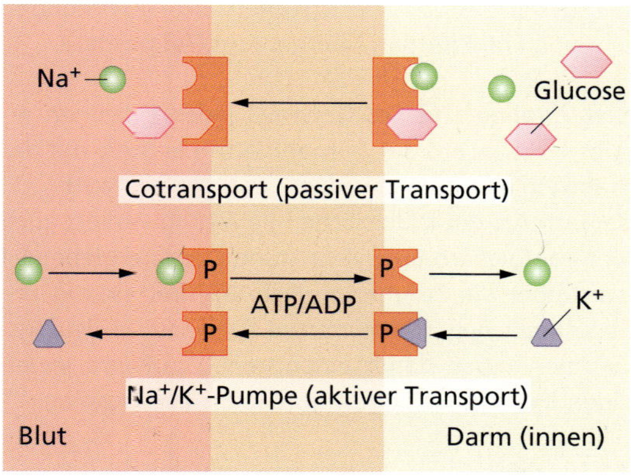

1 Resorption von Glucose durch passiven Cotransport

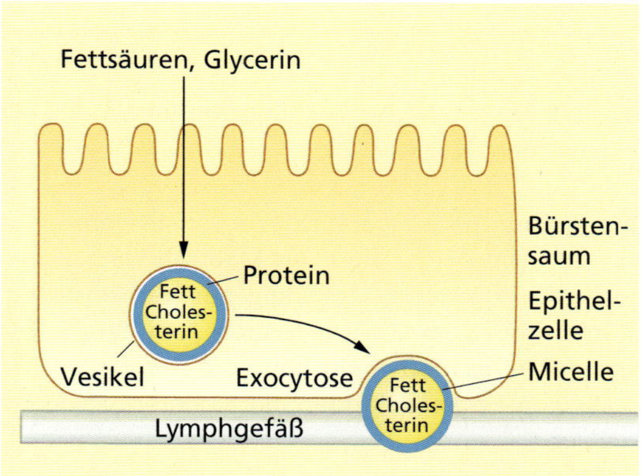

2 Resorption von Fettsäuren und Glycerin

Verdauungsvorgänge im Tierreich

Die einfachsten Verdauungsvorgänge finden bei Einzellern statt. Das Pantoffeltierchen *(Paramecium)* nimmt Nahrung durch die Zellmembran des Zellmundes auf. In Nahrungsvakuolen befinden sich die Verdauungsenzyme, die die Nährstoffe zerlegen und der Zelle zur Verfügung stellen. Man nennt diese Form intrazellulär (in der Zelle). Würmer, Gliedertiere (Insekten, Krebse) und Wirbeltiere haben ein Darmsystem, in dem die Zerlegung der Nährstoffe stattfindet (extrazelluläre Verdauung).

Nahrung, Körpermasse und Darmlänge im Tierreich

	Nahrung	Körpermasse	Darmlänge
Blauwahl	Plankton, Fisch	136 000 kg	120 m
Rind	Gras	800 kg	51 m
Kaninchen	Pflanzen	2 kg	5,6 m
Katze	Säugetiere, Vögel	6 kg	2,1 m

Praktikum: Nahrung und Energie

Die Frage nach dem richtigen Gewicht ist allerdings nicht ganz einfach zu beantworten. Es ist individuell unterschiedlich. Daher ist man auf Richtwerte angewiesen. Der BMI (Body-Mass-Index) ist ein Richtwert zur Beurteilung der Körpermasse:

$$\text{BMI} = \frac{\text{Körpermasse in kg}}{(\text{Körpergröße in m})^2}$$

	BMI Frauen	BMI Männer
Untergewicht	unter 19	unter 20
Normalgewicht	19–24,9	20–25,9
Übergewicht	25–29,9	26–29,9
Fettsucht	über 30	über 30

1. Ermitteln Sie Ihren BMI und vergleichen Sie ihn mit der Tabelle.

Für Kinder und Jugendliche unter 14 Jahren ist dieser Richtwert zu starr. Als Maßstab wird in diesem Alter geschlechtsabhängig das Verhältnis von Körpergröße zum Gewicht genutzt. Für Übergewicht gilt der Bereich oberhalb der 90. Prozentteile (d.h. 90 % vergleichbarer Kinder und Jugendliche wiegen weniger).

2. Erläutern Sie, warum insbesondere bei Kindern und Jugendlichen unter 14 Jahren eine Anwendung des BMI ungeeignet ist.

In den Medien wird in der letzten Zeit häufig das Thema gesunde Ernährung diskutiert. Nicht von ungefähr. Unsere Lebensbedingungen, die körperliche Aktivität und unsere Ernährungsweisen haben sich in den letzten 20 bis 30 Jahren dramatisch geändert. Darauf verweist die Deutsche Adipositas-Gesellschaft in ihrem Nationalen Aktionsplan gegen Übergewicht (Mai 2007), der der Bundesregierung vorgestellt worden ist.

3. Werten Sie das Kreisdiagramm aus. Interpretieren Sie die Daten ebenfalls hinsichtlich der Energiezufuhr und des Energieverbrauchs.

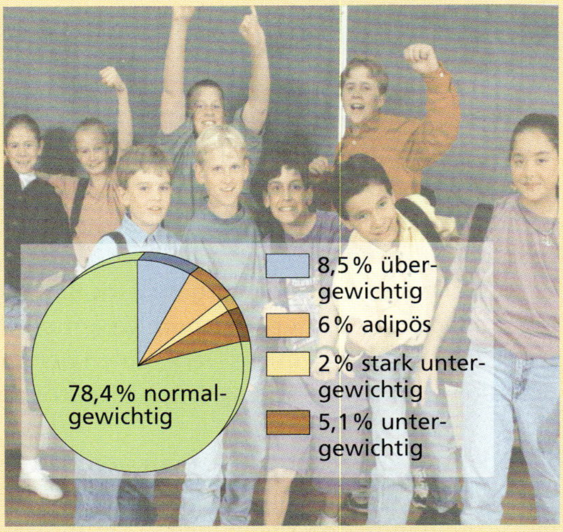

1 Gewichtsverteilung bei 1- bis 18-Jährigen (2006 in Deutschland)

4. Informieren Sie sich z.B. unter www.adipositas-gesellschaft.de über Ursachen und Auswirkungen von krankhaftem Übergewicht (Adipositas).

Die Veränderung des Gewichts jedes Einzelnen ergibt sich u.a. aus der Aufnahme von Energie mit der Nahrung und dem jeweiligen Energieverbrauch.
Je nach Art der körperlichen Belastung variiert auch der Energieverbrauch sehr stark. Der Energiebedarf wird über die Zufuhr von Nahrungsmitteln mit unterschiedlichen Brennwerten gedeckt. Leistungssportler haben daher einen genau auf ihre jeweiligen Bedürfnisse abgestimmten Ernährungsplan.

5. Recherchieren Sie für zwei verschiedene Sportarten mit unterschiedlichen Belastungsschwerpunkten (z.B. Kraft, Ausdauer) den Speiseplan eines Leistungssportlers und vergleichen Sie ihn mit Ihrem eigenen.

Die Werbung suggeriert oft, dass bestimmte Lebensmittel eine gesunde Lebensweise fördern. Allerdings erweisen sich einige Lebensmittel nach Prüfung der Inhaltsstoffe nicht als Grundnahrungsmittel sondern als Süßigkeit und sind somit wahre Kalorienbomben. Darum wird von Verbraucherschützern eine Kennzeichnung nach Ampelsystem gefordert.

6. Wählen Sie verschiedene Milchprodukte aus und erarbeiten Sie eine entsprechende Kennzeichnung nach dem Ampelsystem. Diskutieren Sie in der Gruppe, ob solche Kennzeichnung sinnvoll ist.

Praktikum: Essstörungen

Besonders Jugendliche betrachten ihren Körper und ihr Gewicht sehr kritisch (↗ Abb. 1) und messen ihr Aussehen am gängigen Schönheitsideal.

1. Analysieren Sie unterschiedliche Schönheitsideale (bezogen auf die Figur) in Europa anhand von Gemälden aus unterschiedlichen Zeiten. Diskutieren Sie das heutige Schönheitsideal.

Angeregt durch Tipps in verschiedenen Medien hat heutzutage fast jeder Jugendliche in Deutschland schon mindestens eine Diät versucht. Die Liste der unterschiedlichen Möglichkeiten ist lang.

2. Recherchieren Sie drei unterschiedliche Diäten zur Gewichtsreduktion. Setzen Sie sich mit diesen Diäten auseinander. Führen sie zu einer langfristigen Gewichtsreduktion? Ist die jeweilige Diät empfehlenswert oder gibt es Bedenken aus medizinischer Sicht?

Von der Diät bis zur Essstörung ist es manchmal nicht weit. Essstörungen sind längerfristige Verhaltensauffälligkeiten im Zusammenhang mit der Nahrungsaufnahme. Sie beeinflussen und belasten den Betroffenen in seinem normalen Tagesablauf stark. Die bekanntesten Essstörungen sind Magersucht *(Anorexia nervosa)*, Ess-Brech-Sucht *(Bulimia nervosa)* und Ess-Sucht *(Binge Eating)*.

3. Informieren Sie sich über die drei genannten Essstörungen. Recherchieren Sie jeweils Ursachen, Symptome und körperliche Folgen. Bereiten Sie einen Vortrag vor.

4. Im Zusammenhang mit Essstörungen wird häufig von „Sucht" gesprochen. Handelt es sich wirklich um Süchte? Diskutieren Sie diese Frage in der Gruppe.

Essstörungen sind schwerwiegende, psychisch bedingte **Erkrankungen,** die im Allgemeinen mit einer gestörten Wahrnehmung des eigenen Körpers einhergehen. So sehen Betroffene ihren Körper beispielsweise als zu dick an, obwohl dies gar nicht der Realität entspricht (Körperschemastörung). Auch Hunger- und Sättigungsgefühl werden nicht mehr richtig wahrgenommen. Oft empfinden die Erkrankten sich selbst als unzulänglich, sind mit ihrem Aussehen und mit ihren Leistungen unzufrieden.

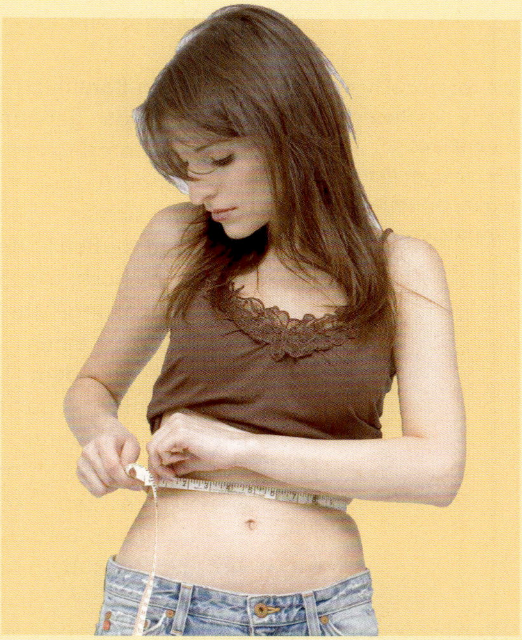

1 Zu dick oder zu dünn? Der kritische Blick auf das Maßband hilft nicht immer weiter: Wie das Ergebnis bewertet wird, hängt auch von der eigenen Vorstellung über die Idealfigur ab.

Bei allen langfristig bestehenden Essstörungen sind lebensgefährliche körperliche Schäden möglich. Daher benötigen die Erkrankten **unbedingt ärztliche und psychotherapeutische Hilfe.** Selbsthilfegruppen können Unterstützung geben.

5. Haben Sie eine gute Vorstellung von Ihrem Körper? Stimmt Ihr Körperschema? Wie gut können Sie sich einschätzen. Testen Sie es, indem Sie Ihre Taillenweite abschätzen. Legen Sie dazu einen entsprechend langen Wollfaden (ohne auszumessen) so hin, dass er Ihrer Meinung nach Ihrem Taillenumfang entspricht. Messen Sie nun mit einem Maßband nach und vergleichen Sie die Fadenlänge mit dem real gemessenen Taillenumfang. Was stellen Sie fest?

Wann ist das eigene Verhalten noch „normal" und wann ist man gefährdet, eine Essstörung auszubilden? Die Grenzen sind fließend. Wenn die Gedanken an Essen jedoch alles andere verdrängen, den Tagesablauf bestimmen, Freunde keine Rolle mehr spielen, jemand sich mehr und mehr in sich zurückzieht, kann dieses Verhalten auf eine Gefährdung deuten. Spätestens dann sollte man Hilfe suchen.

Wahlthema: Neophyten und andere Einwanderer

Die fototoxischen Stoffe des Riesen-Bärenklaus *(Heracleum mantegazzianum)* sind Furanocumarine.

Der **Riesen-Bärenklau** – auch Herkulesstaude genannt – ist eine imposante Erscheinung. An Straßenrändern und in Gräben entwickeln sich seine Stängel mit den großen weißen Blütendolden oft über 3 m hoch. Die Pflanze ist jedoch nicht ungefährlich. Alle Teile enthalten einen Stoff, der zusammen mit dem UV-Anteil des Sonnenlichts zu blasenartigen Ekzemen führen kann, die an Verbrennungen erinnern. Bei Sonnenschein kann schon die Berührung eines Blattes unangenehme Folgen haben.

1 Riesen-Bärenklau – ein Neophyt

Neophhyt bedeutet „Neupflanze" (griech.: *néos* = neu, jung; *phytón* = Pflanze)

Die Herkulesstaude ist ein typischer **Neophyt** oder Neubürger. So bezeichnet man Pflanzenarten, die nicht ursprünglich in einem Gebiet vorkommen, sondern erst durch den Einfluss des Menschen dort eingeführt wurden. Der Riesen-Bärenklau ist im Kaukasus zu Hause. In Mitteleuropa wurde er als Garten- und Parkpflanze schon im 19. Jahrhundert eingeführt. Eine weitere Verbreitung gelang ihm aber erst in der zweiten Hälfte des 20. Jahrhunderts. Begünstigt wurde seine Ausbreitung vermutlich durch die starke Zunahme nitratreicher Standorte, denn die Pflanze hat einen sehr hohen Stickstoffbedarf.

Bereits sechs Pollen des Traubenkrautes pro Kubikmeter Luft können bei empfindlichen Personen Allergien auslösen (bei Gräsern erst bei mehr als 50 Pollen/m^3).

Zunächst wurde der Einwanderer durchaus geschätzt. Imker sahen in ihm eine gute Bienenweide, Förster erhofften sich zusätzliche Deckungsmöglichkeiten für das Wild. Heute zählt man die Art jedoch zu den **„invasiven Neophyten"**. So werden im Naturschutz gebietsfremde Pflanzenarten bezeichnet, die unerwünschte Auswirkungen auf andere Arten, Lebensgemeinschaften oder Biotope haben. So können sie z. B. andere schwachwüchsigere Arten verdrängen, die Erosion begünstigen, als „Unkräuter" Kulturpflanzen schädigen oder auch – wie der Riesen-Bärenklau – gesundheitliche Schäden bewirken.

Andere invasive Neophyten sind z. B. der Japanische Staudenknöterich, das Indische Springkraut, die Kanadische Goldrute und die Kartoffel-Rose. Das Beifußblättrige Traubenkraut *(Ambrosia artemisiifolia)* hat sich erst in den letzten Jahrzehnten stark ausgebreitet und ist vor allem wegen seines sehr allergenen Pollens in Verruf geraten.

In Europa bezeichnet man Arten, die seit dem Ende der Kaltzeiten vor ca. 12 000 Jahren heimisch sind, als **einheimisch** oder indigen.

Neophyten werden Pflanzen genannt, die nach der Entdeckung Amerikas 1492 bei uns eingewandert sind. Aber auch schon in früheren Zeiten kam es zur Einwanderung gebietsfremder Arten in Mitteleuropa, insbesondere mit der Einführung des Ackerbaus in der Jungsteinzeit. Mit den Getreidepflanzen wurden viele „Unkräuter" eingeschleppt, die sich auf den offen gehaltenen Ackerflächen gut ausbreiten konnten. Diese Alteinwanderer nennt man **„Archäophyten"**. Typische Beispiele sind Kornrade, Klatsch-Mohn, Kornblume oder Echte Kamille.

1 Klatsch-Mohn – ein Archäophyt

Auf der ganzen Erde heimische Arten nennt man **Kosmopoliten** (z. B. Adlerfarn), Arten mit sehr engem Verbreitungsgebiet **Endemiten** (z. B. die Dolomiten-Glockenblume in den Dolomiten oder der Drachenbaum auf den Kanaren).

Wie die Pflanzen benennt man eingewanderte Tiere als **Neozoen** oder **Archäozoen**. Für alle Lebewesen verwendet man den allgemeinen Begriff **Neobiota** bzw. **Archäobiota.**

<table>
<tr><td colspan="6">Flora und Fauna
alle Tier- und Pflanzenarten, die wild wachsend in einem bestimmten Gebiet vorkommen</td></tr>
<tr><td rowspan="4"></td><td rowspan="4">einheimische Arten
von Natur aus vorkommende oder ohne Mitwirkung des Menschen eingewanderte Arten oder aus einheimischen Arten evolutionär entstandene Arten</td><td colspan="4">gebietsfremde Arten
durch menschlichen Einfluss beabsichtigt oder unbeabsichtigt eingebrachte Arten oder unter Beteiligung gebietsfremder Arten evolutionär entstandene Arten</td></tr>
<tr><td rowspan="3">Archäozoen und Archäophyten
vor 1492 eingebrachte und inzwischen etablierte Tier- und Pflanzenarten</td><td colspan="3">Neozoen und Neophyten
nach 1492 eingebrachte Arten</td></tr>
<tr><td colspan="2">etablierte Arten
über mehere Generationen und/oder lange Zeit sich ohne Zutun des Menschen vermehrende Arten</td><td rowspan="2">unbeständige Arten
nur gelegentlich und zerstreut auftretende Arten</td></tr>
<tr><td>nicht invasiv
keine unerwünschten Auswirkungen verursachende Arten</td><td>invasiv
unerwünschte Auswirkungen verursachende Arten</td></tr>
<tr><td>Beispiel Flora</td><td>Wiesen-Kerbel</td><td>Kornblume</td><td>Mauer-Zimbelkraut</td><td>Indisches Springkraut</td><td>Koriander</td></tr>
<tr><td>Beispiel Fauna</td><td>Reh</td><td>Hausmaus</td><td>Fasan</td><td>Bisamratte</td><td>Alexandersittich</td></tr>
</table>

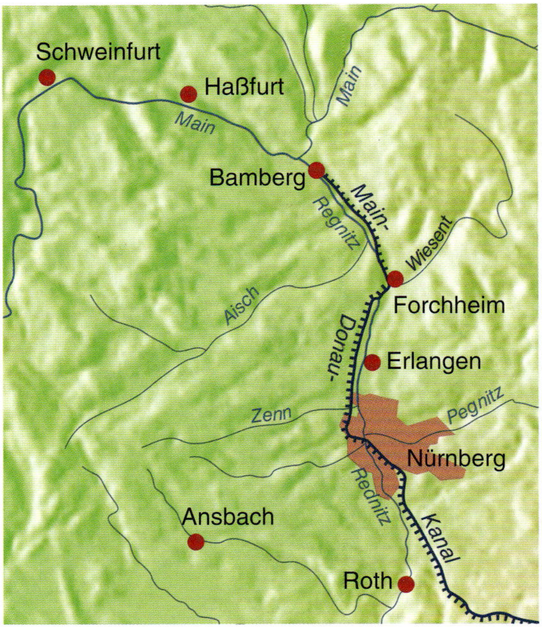

1 Teil des Rhein-Main-Donau-Kanals

Verschiedene **menschliche Aktivitäten** begünstigten die Einwanderung von Tier- und Pflanzenarten. Insbesondere der Ausbau des Handels und der **Verkehrswege** sind hier zu nennen. Nicht selten tauchen Einwanderer zuerst an Hafenanlagen, Bahnhöfen oder entlang von Autobahnen auf. Aber auch die Einschleppung mit bestimmten Waren (z. B. Wolle, in der sich Klettsamen verfangen haben) und mit Kulturpflanzen kam häufig vor.

Bekannte Beispiele, die mit Kulturpflanzen eingeschleppt wurden, sind der Kartoffelkäfer *(Leptinotarsa decemlineata)* oder der Falsche Mehltau des Weinstocks *(Plasmopara viticola)*, die beide aus Nordamerika stammen.

Mit dem Ballastwasser von Schiffen kam z. B. die Wollhandkrabbe *(Eriocheir sinensis)* aus Ostasien nach Mitteleuropa, ebenso hat sich die Amerikanische Scheiden- oder Schwertmuschel *(Ensis directus)* im Nordfriesischen Wattenmeer eingebürgert. Mit Holzfrachtern gelangte die Dreikantmuschel *(Dreissena polymorpha)* zunächst vom Schwarzen Meer nach Mitteleuropa, in den 1980er-Jahren dann auch nach Nordamerika. Dort hat sie sich v. a. im Gebiet der Großen Seen explosionsartig ausgebreitet.

Der Nilbarsch wurde 1962 von einem britischen Kolonialbeamten als Speisefisch in den Victoriasee eingesetzt. Dort hat er seither fast alle der ursprünglich sehr zahlreichen endemischen Buntbarscharten ausgerottet.

Die **selbstständige Einwanderung** wird oft durch Kanalbauten begünstigt. Bereits 70 Jahre nach dem Bau des Suez-Kanals (1870) waren mindestens 24 Fisch- und 7 Krebsarten vom Roten Meer ins Mittelmeer eingewandert. Der Rhein-Main-Donau-Kanal (↗ Abb. 1) sorgt seit ungefähr 1990 für eine Ausbreitung von Arten aus dem Einzugsgebiet der Donau in den Rhein [Weißflossen-Gründling *(Gobio albipinnatus)*, Marmorgrundel *(Proterorhinus marmoratus)*] und aus dem Rhein in die Donau [Aal (*Anguilla anguilla)*, Meerneunauge *(Petromyzon marinus)*].

Früher hat man auch immer wieder mit Absicht fremdländische Arten eingeführt, um sie **wirtschaftlich zu nutzen.** Hierzu gehört die zuletzt oft als Befestigung von Bahndämmen angepflanzte Robinie *(Robinia pseudo-acacia)* oder die Späte Traubenkirsche *(Prunus serotina)*, beide aus Nordamerika. Zur Verbesserung des Küstenschutzes und zur Landgewinnung wurde die Kartoffel- oder Kamtschatka-Rose *(Rosa rugosa)* von der Halbinsel Kamtschatka bei uns eingeführt und hat sich mittlerweile sehr verbreitet. Auch das Schlickgras *(Spartina anglica)* ist ein Neophyt des Norddeutschen Wattenmeeres, der zunächst zur Landgewinnung angesiedelt wurde, aber eher erosionsfördernd wirkt.

Auch **Jäger und Angler** sind für die Einbürgerung verschiedener Exoten verantwortlich. Zur Bereicherung des jagdbaren Wildbestandes wurden Mufflon *(Ovis ammon musimon)*, Damwild *(Dama dama)* und Sikawild *(Cervus nippon nippon)* meistens von einzelnen Revierinhabern oder Jagdgemeinschaften eingeführt. Anglervereine sorgten und sorgen dafür, dass in vielen Gewässern Regenbogenforellen *(Oncorhynchus mykiss)*, Zander *(Stizostedion lucioperca)* und Amerikanischer Flusskrebs *(Cambarus affinis)* eingesetzt werden. Um das Nahrungsspektrum für kommerziell genutzte Fischarten zu ergänzen, wurde der Tiger-Flohkrebs *(Gammarus tigrinus)* in mitteleuropäische Gewässer eingesetzt.

Der nordamerikanische Waschbär *(Procyon lotor,* ↗ Abb.) und die südamerikanische Nutria („Sumpfbiber" oder „Biberratte", *Myocastor coypus*) entkamen aus **Pelztierfarmen.** Der Halsbandsittich *(Psittacula krameri)*, ein beliebtes **Haustier** Mitteleuropas, bildet mittlerweile im Ruhrgebiet, vor allem in Köln, große Wildpopulationen.

Waschbär

Gut 10 % der in Mitteleuropa heimischen Pflanzenarten sind Neophyten. Bei Tierarten sind es vermutlich weniger als 2 %, doch liegen hier wenig genaue Daten vor. Mittlerweile wird dies vom **Naturschutz** sehr kritisch gesehen. Weltweit gelten Neobiota als zweitwichtigster Grund für den Artenschwund nach der Landbewirtschaftung. Eine noch größere Gefährdung der heimischen Fauna und Flora durch Neobiota besteht in überseeischen Gebieten, wo im Rahmen des Kolonialismus viele Pflanzen und Tiere in diese Gebiete eingeführt wurden. Große Schäden haben Neubürger z. B. in Australien und auf Neuseeland bewirkt. Aber auch im südlichen Südamerika sind viele mitteleuropäische Arten anzutreffen. Die ursprüngliche Fauna und Flora von Südseeinseln wurde schon früh durch verwilderte Ratten, Schweine und Ziegen dezimiert, die die europäischen Entdecker dort zurückließen.

In der Folge des **Übereinkommens über die Biologische Vielfalt** (1992) wurden erstmals Vorsorge, Kontrolle und Bekämpfung invasiver Arten als Ziel und Aufgabe des Naturschutzes völkerrechtlich festgeschrieben. Dazu wurde auf der 6. Vertragsstaatenkonferenz 2002 auf Grundlage des Vorsorgeprinzips ein umfangreicher Maßnahmenkatalog als Muster für nationale Umsetzungsstrategien verabschiedet.

Die CBD *(Convention on Biological Diversity)* wurde auf dem Erdgipfel von Rio 1992 von 150 Nationen unterzeichnet.

1 Der Breit-Wegerich kam mit den europäischen Siedlern nach Nordamerika und breitete sich mit ihnen aus. Er wurde von den Indianern „Fußstapfen des weißen Mannes" genannt.

Wahlthema: Ökosystem Fließgewässer

Elbe

In den hochindustrialisierten und besiedelten Landschaften Mitteleuropas haben Fließgewässer durch menschliche Aktivitäten zahllose Veränderungen erfahren. Die von Aufstau, Begradigung, Einleitung von Abwässern, Abholzung von begleitenden Auwäldern und Vertiefung bis zur Verrohrung führten. Auch wenn man sich in den letzten Jahrzehnten verstärkt um Gewässerschutz bemüht, so wären – auch unter Berücksichtigung verschiedenster Nutzungsansprüche – immer noch viele Verbesserungen des ökologischen Zustands der Fließgewässer möglich.

Gewässergüte von Fließgewässern

Die Wasserqualität eines Gewässers, die **Gewässergüte,** hängt in erster Linie von seinem Gehalt an abbaubaren organischen Substanzen und Nährmineralien ab. Während eine hohe Mineralstoffkonzentration die Produktion und Anreicherung von organischen Stoffen im Wasser steigert, setzt der Abbau organischer Substanzen Nährmineralien frei. Kolkwitz und Marsson fanden 1902 (ausgehend von der Beobachtung der Selbstreinigung von Fließgewässern) heraus, dass sich in belasteten Fließgewässern andere Tierarten aufhalten als in sauberen bzw. unbelasteten Gewässern. Grundlage für ihre Ergebnisse war die Tatsache, dass sowohl der Sauerstoffgehalt des Wassers als auch die Konzentrationen biologisch abbaubarer bzw. zur Fäulnis fähiger Substanzen variieren können.
Um die Situation des ökologischen Zustands der Fließgewässer verbessern zu können, ist zunächst eine Bestandsaufnahme nötig.
Da in Deutschland jedes Bundesland gesetzlich verpflichtet ist, die Qualität seiner Bäche, Flüsse und Seen regelmäßig zu kontrollieren, ist mittlerweile ein umfangreiches Instrumentarium zur Gütebeurteilung von Gewässern erarbeitet worden. Auch werden alle fünf Jahre bundesweit Gewässergütekarten veröffentlicht. Darin wird insbesondere die Belastungssituation der Fließgewässer in vier Güteklassen mit drei Zwischenstufen dargestellt.

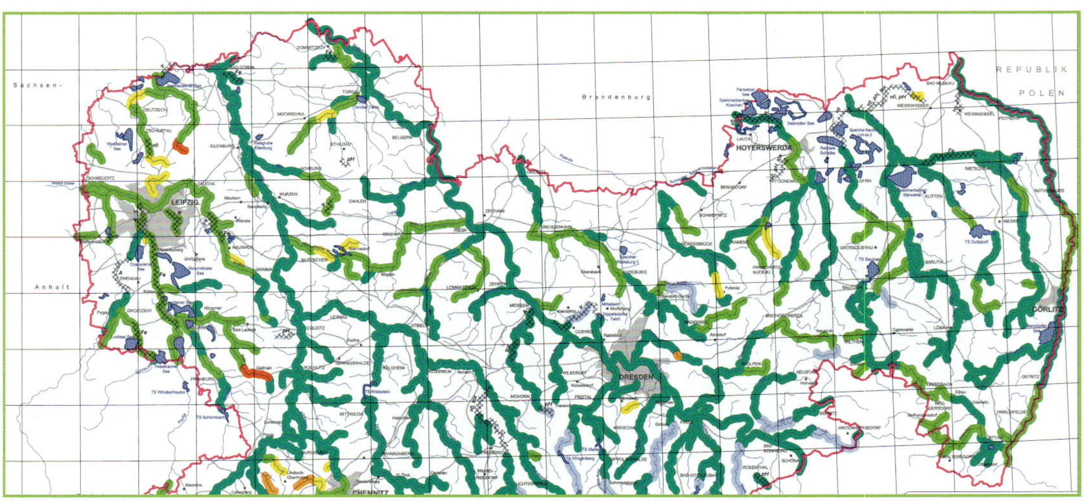

1 Ausschnitt der Gewässergütekarte des Freistaates Sachsen von 2003

Güteklasse (Liebmann)/ Kartenfarbe	**Grad der Belastung (Pantle & Buck)**	**Saprobienstufe (Kolkwitz & Marsson)**	**Saprobiewert**	**Saprobienindex (Pantle & Buck)**
I	unbelastet bis sehr gering belastet	oligosaprob	1	1,0 ≤ 1,5
I – II	gering belastet	oligo- bis beta-mesosaprob	1,5	1,5 ≤ 1,8
II	mäßig belastet	beta-mesosaprob	2	1,8 ≤ 2,3
II – III	kritisch belastet	beta- bis alpha-mesosaprob	2,5	2,3 ≤ 2,7
III	stark verschmutzt	alpha-mesosaprob	3	2,7 ≤ 3,2
III – IV	sehr stark verschmutzt	alpha-meso- bis polysaprob	3,5	3,2 ≤ 3,5
IV	übermäßig verschmutzt	polysaprob	4	3,5 ≤ 4,0

Für die **Beschreibung des ökologischen Zustandes** eines Gewässers müssen folgende Aspekte berücksichtigt werden:
- Gewässerstruktur und Wasserhaushalt (hydromorphologischer Aspekt),
- Wasserbeschaffenheit (chemischer Aspekt),
- Lebensgemeinschaften (biologischer Aspekt).

Dabei gilt bei all diesen ökologischen Bewertungskriterien, dass ein Zustand, wie er ohne menschliche Eingriffe unter natürlichen Bedingungen existieren würde, die beste Bewertung erhält. Da jedes Gewässer auch zahlreiche individuelle Eigenschaften hat, ist es nicht einfach, für diese Bewertung allgemeine Kriterien zu entwickeln. Ein Bergbach muss ganz anders bewertet werden als ein Flachlandgewässer, ein Oberlauf anders als ein Unterlauf.

Parameter zur Bewertung von Fließgewässern nach der EU-Wasserrahmenrichtlinie		
Biologische Komponenten: Lebensgemeinschaften	**Hydromorphologische Komponenten:** Wasserhaushalt und Gewässerstruktur	**Chemische und physikalische Komponenten:** Wasserbeschaffenheit
Gewässerflora/Gewässerfauna – Wasserpflanzen und Algen – Wirbellose, insbesondere der Gewässersohle – Fische	– Abfluss und Abflussdynamik – Verbindung zu Grundwasserkörpern – Durchgängigkeit – Tiefen- und Breitenvariationen – Struktur und Substrat des Flussbettes/Bachbettes – Struktur der Uferzonen	– Wassertemperatur – Sauerstoffgehalt – Salzgehalt – Versauerungszustand – Nährmineralien – spezifische Schadstoffe – biologischer Sauerstoffbedarf (BSB) – chemischer Sauerstoffbedarf (CSB)

Allgemeine Vorgaben und Begriffsbestimmungen für die ökologische Bewertung von Fließgewässern nach der EU-Wasserrahmenrichtlinie	
Sehr gut (1)	Lebensgemeinschaften, Wasserqualität und Hydromorphologie des Gewässers weisen keine oder nur geringfügige Abweichungen von einem Zustand auf, der ohne störende menschliche Einflüsse zu erwarten wäre (Leitbild).
Gut (2)	Die Lebensgemeinschaften weisen oft geringe, vom Menschen verursachte Störungen auf, weichen aber nur geringfügig vom sehr guten Zustand ab (Qualitätsziel).
Mäßig (3)	Die Lebensgemeinschaften weisen auf signifikant stärkere Störungen hin und weichen mäßig von einem sehr guten Zustand ab.
Unbefriedigend (4)	Die Lebensgemeinschaften weichen erheblich vom Zustand ohne menschliche Störungen ab.
Schlecht (5)	Große Teile der Lebensgemeinschaften, die bei sehr gutem Zustand vorhanden wären, fehlen.

Bewertung der Gewässerstruktur

Hier geht es vor allem um das äußere Erscheinungsbild eines Gewässers. Von der Landesarbeitsgemeinschaft Wasser wurde im Jahr 2000 ein Bewertungsrahmen mit sechs Hauptparametern erarbeitet, denen 27 Einzelparameter zugeordnet sind.

Eine entsprechende Aufgabenstellung im Rahmen eines Projektes könnte sein, zu überlegen, wie der entsprechende Bach in einer von Menschen unberührten Landschaft aussehen und verlaufen würde.

Bewertung der Wasserqualität

Die chemische und physikalische Wasserbeschaffenheit weist auch unter natürlichen Bedingungen erhebliche Schwankungen auf (bei Regenwetter ist die Stoffkonzentration und die Trübung eine völlig andere als bei trockenem Wetter). Im Rahmen eines Praktikums oder eines Projektes könnten z. B. folgende Parameter gemessen werden:
Abflussmenge, pH-Wert, Leitfähigkeit, Sauerstoff, Gesamtphosphor, Gesamtstickstoff, Nitrat, Nitrit, Ammonium, biologischer Sauerstoffbedarf (BSB) und chemischer Sauerstoffbedarf (CSB).

Wegen der möglichen Schwankungen müssen die Messungen mehrfach zu verschiedenen Zeiten durchgeführt werden, wenn man sichere Aussagen machen will.

Für die Gewässerqualität sind natürlich weitere Inhaltsstoffe, wie spezielle Industriechemikalien oder Schwermetalle, von großer Bedeutung.
Solche Inhaltsstoffe lassen sich zwar im Rahmen von Unterrichtsprojekten meist nicht nachweisen. Auskunft über mögliche Belastungen kann man aber über Wasserwirtschaftsämter und Naturschutzbehörden erhalten.

Bewertung der Lebensgemeinschaften

Ein seit Langem bewährtes standardisiertes Verfahren zur biologischen Gewässergütebewertung ist das **Saprobiensystem.**

Aufgrund einer Zusammenstellung von ausgewählten Zeigerorganismen, insbesondere wirbellosen Tierarten und Mikroorganismen, deren Vorkommen und Häufigkeit festgestellt wird, kann auf die Belastung eines Fließgewässers mit organischen, biologisch leicht abbaubaren Stoffen geschlossen werden („Saprobie“ = Intensität der sauerstoffzehrenden Stoffumsetzung im Gewässer). Dabei werden jedem Organismus zwei Werte zugeordnet, der **Saprobiewert (s)** und das **Indikationsgewicht (G).** Dieses ist umso höher, je enger die Toleranz des entsprechenden Organismus gegenüber bestimmten Belastungen ist. Aus dem Vorkommen und der Häufigkeit der Zeigerorganismen (↗S. 158) kann man den Saprobienindex S berechnen:

$$S = \frac{\sum_{i=1}^{n} s_i \cdot A_i \cdot G_i}{\sum_{i=1}^{n} A_i \cdot G_i}$$

Dabei bedeuten **A** Abundanz, ein Maß für die geschätzte Häufigkeit (1 bis 7), **s** Saprobiewert (1,0 – 4,0), **G** Indikationsgewicht (1, 2, 4, 8 oder 16), **i** laufende Nummer der Organismenart.

Dieses Bestimmungsverfahren ist seit 1990 als DIN-Norm eingeführt (DIN 38410), der eine Liste von Indikatorarten beigegeben ist. In der Praxis ist diese Liste jedoch schwierig zu handhaben, da die meisten „DIN-Arten“ nur von Spezialisten sicher bestimmt werden können.

1 Schüler beim Untersuchen eines Gewässers

Beispiele für Zeigerorganismen zur Bestimmung des Saprobienindexes
(1. Zahl: Saprobiewert s; 2. Zahl: Indikationsgewicht G)

Quellschnecke *(Bythinella spec.)*

1,0 16

Strudelwurm *(Crenobia alpina)*

1,1 16

Groppe *(Cottus gobio)*

1,5 8

Prachtlibelle (Larve) *(Calopterix splendens)*

2,0 8

Dreiecksmuschel *(Dreissenia polymorpha)*

2,2 4

Blasenschnecke *(Physa fontinalis)*

2,4 4

Wasserassel *(Asellus aquaticus)*

2,7 4

Wasser-Regenwurm *(Lumbriculus variegatus)*

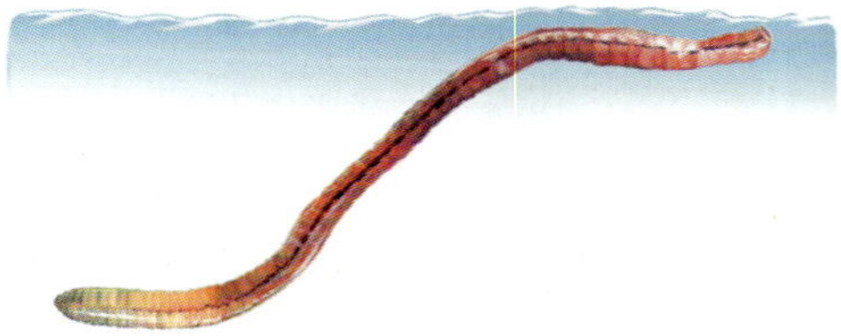

3,0 4

Bach-Röhrenwurm *(Tubifex spec.)*

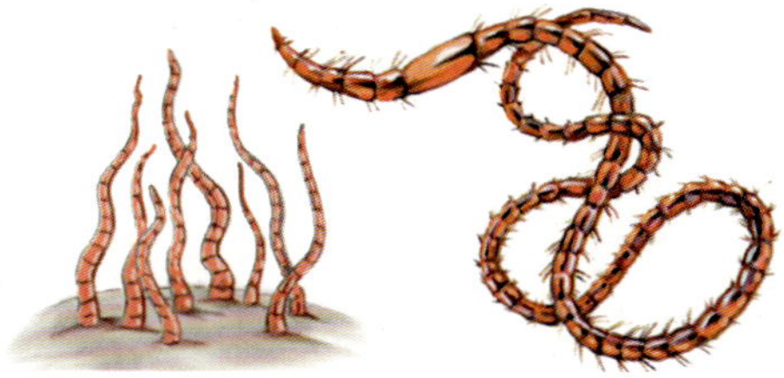

3,5 4

Rattenschwanzlarve der Mistbiene *(Eristalis spec.)*

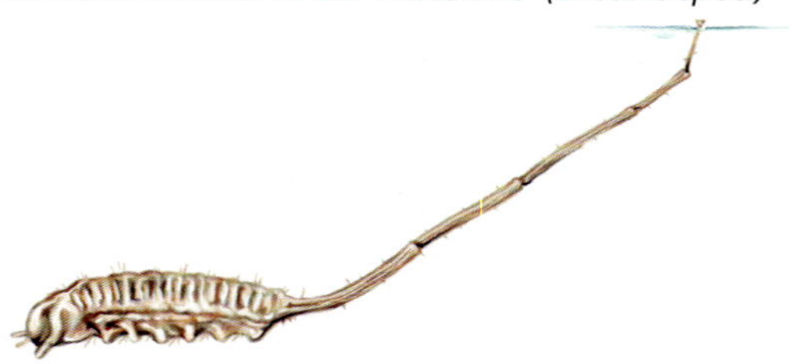

4,0 16

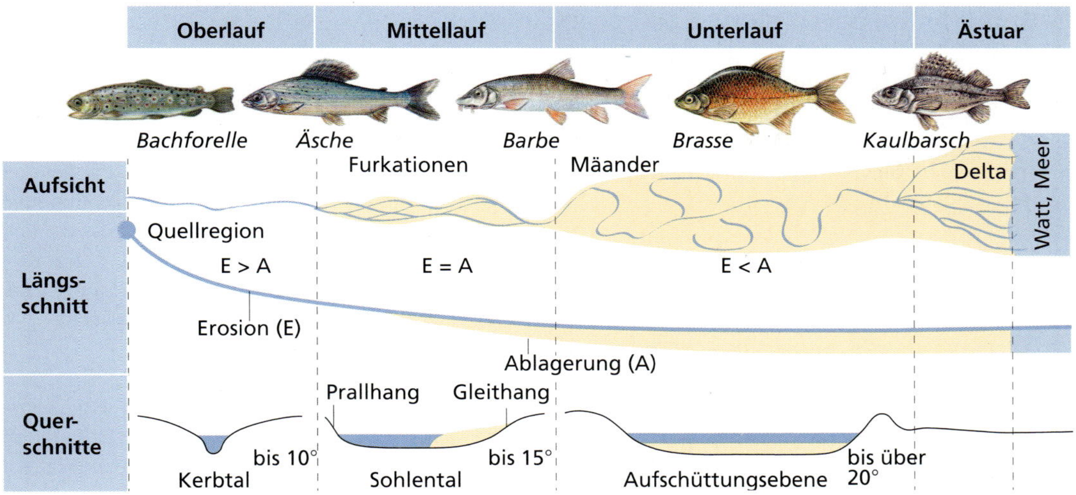

Fließgewässer lassen sich nach ihrem Gefälle und der damit zusammenhängenden Strömung in Oberlauf, Mittellauf, Unterlauf und Mündungsbereich einteilen (↗Abb. oben). Während im Oberlauf die Erosion überwiegt, werden im Unterlauf mehr Stoffe abgelagert. Für die Lebewesen bedeutet die stärkere Strömung, dass die Gefahr des Verdriftens groß ist, gleichzeitig ist die Sauerstoffversorgung in den schnell strömenden Oberläufen besser.

Die Abbildung 1 zeigt die natürliche Vegetationszonierung am Mittellauf eines größeren Flusses, z. B. der Donau zwischen Ulm und Regensburg. Von den ursprünglichen Auwäldern, die bei Hochwasser im Frühjahr und Frühsommer regelmäßig überflutet werden, sind an der Donau nur kleine Reste übrig geblieben. Der natürliche, mäandrierende Verlauf eines Flusses und die Auenvegetation sind nicht nur Lebensraum für viele gefährdete Tier- und Pflanzenarten, sie fördern auch die natürliche Selbstreinigung des Wassers. Der Erhaltung und wo möglich Wiederherstellung solcher Strukturen wird deshalb vom Natur- und Landschaftsschutz große Bedeutung zugemessen.

Die Begriffe „Mäander" und „mäandrieren" gehen auf einen Fluss Kleinasiens (griech. *Maeandros*) zurück, der einen sehr stark gewundenen Lauf hat.

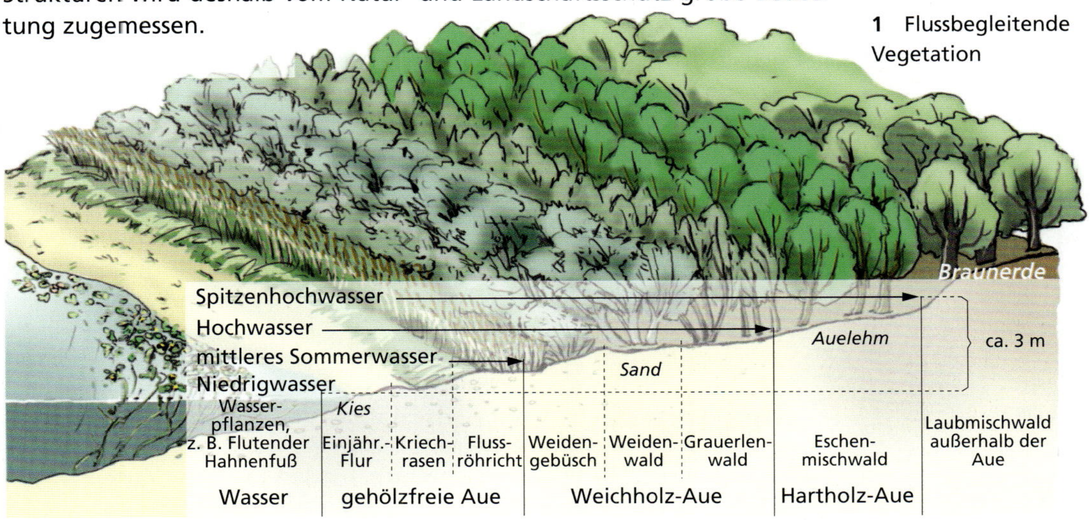

1 Flussbegleitende Vegetation

Praktikum: Kartieren eines Gewässers

Die Pflanzenbestände eines Gewässers eignen sich gut für eine einfache Kartierübung, da sie in der Regel eine sehr charakteristische Abfolge von Pflanzenarten zeigen. Dies gilt sowohl für kleine stehende Gewässer als auch für Fließgewässer.

Vorbereitung:
ca. 2 m selbstklebende Klarsichtfolie; Übersichtskarte des Gebietes, die sich aus so vielen Teilstücken zusammensetzt, wie Arbeitsgruppen kartieren sollen; Karteikärtchen zur Beschriftung der Pflanzenarten; Tabletts oder großes Laken zur Ausstellung der Pflanzenarten; Schalen mit Wasser für die Wasserpflanzen, da sie schnell austrocknen; Kompass; Bestimmungsbücher

Für jede Arbeitsgruppe
ein auf Pappe oder Styropor aufgezogenes, mit Klarsichtfolie überzogenes Teilstück der Übersichtskarte; Din-A4-Kopie der Gesamtkarte, in der das Teilstück eingetragen ist; Schachtel mit Haftetiketten zu verschiedenen Farben und Formen (Zahl ergibt sich aus der Zahl der zu kartierenden Pflanzenarten oder Pflanzentypen); Maßstabsskala aus Pappe; Legende; 2 Markierungsfähnchen zur Abgrenzung des Teilareals; Zollstock

Durchführung:
Übersichtskarte
Eventuell muss man sich zunächst die Erlaubnis einholen, an dem Gewässer kartieren zu dürfen. Als Kartengrundlage sollte man eine Übersichtskarte besitzen, die wenigstens die Umrisse des Gewässers bzw. ein Stück der Uferlinie erkennen lässt. Wichtige und markante Punkte, wie Gebäude oder große Bäume, sollten auf der Karte eingetragen sein.

Besonders gut eignen sich Katasterplankarten oder Baupläne. Diese Karte muss in so viele Teilstücke zerschnitten werden, wie nachher Teilgruppen kartieren sollen. Diese Teilstücke werden dann auf Pappe oder Styropor aufgeklebt und mit einer selbstklebenden Klarsichtfolie überzogen. Auf der Gesamtkarte und auf jeder Teilkarte wird mithilfe eines Kompasses ein Nordpfeil eingetragen. Außerdem sollte jede Gruppe eine Maßstabsskala aus Pappe besitzen.

Welche Arten sollen kartiert werden?
Zunächst werden alle vorkommenden Pflanzenarten gesammelt (evtl. reichen kleine Teilstücke) und an einem gemeinsamen Sammelplatz artenweise auf Tabletts oder auf einem großen Laken sortiert und beschriftet. Ermitteln Sie die richtigen Artnamen mithilfe von Bestimmungsbüchern bzw. Fachleuten. Legen Sie dann gemeinsam eine Legende für die Karte fest. Für etwa zehn ausgewählte Pflanzenarten oder Artengruppen (z. B. Seggen, Binsen, Tauchblattpflanzen) wird eine bestimmte Signatur (farbiger Klebepunkt) festgelegt. Es können auch Zeichen für Müll, Plastiktüten o. Ä. vereinbart werden. Für alle Kartiergruppen muss dieselbe Signatur gelten.

Kartieren
Jede Gruppe erhält nun ihre Teilkarte und soll zunächst ihren Uferabschnitt bzw. den Kartenausschnitt im Gelände finden und die Grenzen mit zwei Fähnchen markieren.
Dann beginnt die eigentliche Kartierarbeit. Dabei sollten Sie möglichst genau vorgehen (zum Abmessen evtl. Zollstock verwenden). Sie müssen jedoch beachten, dass es sich bei den Klebepunkten nicht um „Modelle" der einzelnen Pflanzenindividuen handelt, sondern um Signaturen, d. h., die gleichmäßige Verteilung von Klebepunkten auf einer Fläche bedeutet, dass diese Fläche von einer einheitlichen Pflanzenart bedeckt ist. Lediglich bei großen Pflanzen wie Bäumen kann ein Klebepunkt für einen Stamm stehen. Falsch gesetzte Punkte lassen sich auf der mit Folie überzogenen Karte leicht wieder entfernen und durch richtige ersetzen.

Zum Schluss können von allen Gruppen gemeinsam noch einige Verbesserungen vorgenommen werden, insbesondere an den Übergängen der verschiedenen Kartenteile müssen eventuelle Diskrepanzen ausgeglichen werden. Die Karte kann zur Auswertung in die Schule mitgenommen werden.

Auswertung:

1. Können Sie in der Verteilung der Pflanzenarten irgendwelche Regelmäßigkeiten erkennen oder handelt es sich mehr oder weniger um eine Zufallsverteilung? Erklären Sie die Strukturierung des Pflanzenbestandes.
2. Können Sie Stellen mit abweichendem Verteilungsmuster der Pflanzenarten feststellen? Versuchen Sie jeweils eine Erklärung zu finden.
3. Wählen Sie drei Beispielarten aus und zeigen Sie, dass die Pflanzengestalt und der innere Bau dieser Pflanzen eine deutliche Angepasstheit an ihren bevorzugten Lebensraum zeigen. (Es empfiehlt sich, hierzu auch mikroskopisch-anatomische Untersuchungen durchzuführen.)
4. Können Sie bestimmte Beziehungen zwischen Vegetationszonen (Vorkommen bestimmter Pflanzenarten) und dem Vorkommen bestimmter Tiere feststellen?
5. Prüfen Sie, inwieweit menschliche Einflüsse (Müll, Einleiten von Abwässern, Uferbefestigungen usw.) zu beobachten sind. Stellen Sie fest, welche Auswirkungen dies auf die Vegetation hat.
6. Überlegen Sie, wie sich das Gewässer in 10, 20, 50 Jahren verändern könnte.
7. Machen Sie Vorschläge für Maßnahmen, die die ökologische Situation des Biotops verbessern könnten. Wie lassen sich diese Vorschläge vor Ort tatsächlich in die Tat umsetzen?

Gefahrenhinweise

S **Schülerexperimente,**
bei denen keine Gefahrstoffe genutzt werden.

S **Schülerexperimente,**
bei denen Gefahrstoffe verwendet werden oder entstehen. Sie erkennen diese an den Piktogrammen (↗ unten).

Gefahrstoffsymbole

T
giftig
giftige Stoffe (T, T+)
krebserzeugende Stoffe (T, Xn)

Erhebliche Gesundheitsschäden durch Einatmen, Verschlucken oder Aufnahme durch die Haut, keine Schülerexperimente

Xn
gesundheitsschädlich
gesundheitsschädliche Stoffe (Xn, Xi)

Gesundheitsschäden durch Einatmen, Verschlucken oder Aufnahme durch die Haut

Xi
reizend
reizende Stoffe (Xn, Xi)

Reizwirkung auf die Haut, die Atmungsorgane und die Augen

E
explosionsgefährlich
explosionsgefährliche Stoffe

Explosion unter bestimmten Bedingungen möglich, keine Schülerexperimente

C
ätzend
ätzende Stoffe

Hautgewebe und Geräte werden nach Kontakt zerstört.

F
entzündlich
leicht- u. hochentzündliche Stoffe (F bzw. F+)

Entzünden sich selbst an heißen Gegenständen, mit Wasser entstehen leichtentzündliche Gase

O
brandfördernd
brandfördernde Stoffe

Andere brennbare Stoffe werden entzündet, ausgebrochene Brände gefördert.

N
umweltgefährlich
umweltgefährliche Stoffe

Sind sehr giftig, giftig oder schädlich für Wasserorganismen, Pflanzen, Tiere und Bodenorganismen; schädliche Wirkung auf die Umwelt

Bildquellenverzeichnis

Agentur FOCUS Foto- und Presseagentur GmbH; Hamburg: 89/1; akg-images: 7/1; Bayer AG: 72/1; Bibliographisches Institut & F. A. Brockhaus, Mannheim: 19/3, 61/2, 85/1; Humboldt-Universität zu Berlin: 54/1; blickwinkel/H. Schmidbauer: 140/2; Corel Photos Inc.: 103/1a, 103/1b, 103/2a, 107/1a ,107/2b, 108/1a, 116/1, 138/1; Cornelsen Experimenta: 16/1; DUDEN PAETEC GmbH: 15/3b,18/2, 20/2a, 20/2b, 55/2, hinteres Vorsatz/3; eye of science/ Meckes, Ottawa, Reutlingen: 5/1, 15/2; Dr. Elena Kiseleva/Science Photo Library: 19/1; Dr. Gopal Murti/Science Photo Library: 48/3; Martin Zitzlaff, Hamburg: 122/2; Fotolia/ZM Photography: 149/1; Fotolia/ A. Smirnov: 65/1; Dr. Tilo Geisel: 151/1; Griesche, C., Mekkenheim: 116/2b; R. Hooke: 10/2; Robert Hooke, Micrographia:10/3; Istockphoto: 91/4, 95/1; iStockphoto/Ai-Lan Lee: 135/1; iStockphoto/C. Gomez: 42/2; iStockphoto/D. Micka: 150/2; iStockphoto/Eric Delmar: 59/1; Jahn, Löther, Senglaub „Geschichte der Biologie" (Gustav Fischer Verlag,1982): 17/1; Kleinig/Sitte: Zellbiologie, 4.Auflage, 1999 Elsevier GmbH, Urban & Fischer Verlag München: 13/2, 14/1b, 16/2, 17/3, 17/4, 18/3, 23/1, 23/2; Gebhard Krewitt/VISUM - Fotoagentur: 123/2; Landesamt für Umweltschutz, Halle: 154/2; Lawrence Berkeley National Laboratory, Berkely, Kalifornien: 77/1; J. Lieder, Ludwigsburg: 18/1b; G. Liesenberg: 101/2, 107/1b; M. Liesenberg: 122/1, 152/1; H. Mahler, Fotograf, Berlin: 131/1; mauritius images/John Warburton-Lee: 152/1; mauritius images/Photononstop: 71/2; Nature: 44/1; Naturfotografie Frank Hecker: 117/1, 153/1; Z. Neuls, Berlin: 13/1; panthermedia/Armin Opherden: 97/1; Photo Disc Inc: 104/2, 130/1, 148/1,153/2, hinteres Vorsatz/1, 5; picture-alliance: 42/2, 45/2; picture-alliance/OKAPIA Foto: Hans Reinhard: 40/1; picture-alliance/ZB: 73/1, 136/1, hinteres Vorsatz/4; picture-alliance/OKAPIA KG, Foto: B. Brosette:103/3; picture-alliance/dpa: 45/1; picture-alliance/dpa/dpaweb: 51/1; picture-alliance/dpa/kina: 103/2b, 108/1b; picture-alliance/OKAPIA KG, Germany: 107/2a; Francisco Welter-Schultes/Planetposter editions: 110/2; W. Probst, Flensburg: 15/3a, 18/1a, 41/2, 64/, 102/, 116/2a, 119/1, 142/2, 150/1; Raum, B., Neuenhagen: 143/1, 133/1a, 133/1b; A. Mühlberg, Reichenbach: 157/1, 160/1; S. Ruhmke, Berlin: hinteres Vorsatz/2; Sächsisches Landesamt für Umwelt und Geologieabt.3 Ref.33: 154/1; Schulte, P.J., University of Washington: 36/1; Dr. Jeremy Burgess/SPL/Agentur Focus: 12/1; Stampfl, Jürgen, Wien: 139/1; SUPERBILD: 137/1; Theuerkauf, H., Gotha: 20/1, 41/0; Tierbildarchiv Angermayer Foto: Hans Pfletschinger: 99/2; Tierbildarchiv Angermayer, Holzkirchen: 89/2, 99/1; UC IMP online: 72/2; 113/2; 113/3; ullstein - Camera Press Ltd: 45/3; Prof. Dr. E. Zabel, Güstrow: 39/1a, 71/1

Was bedeutet eigentlich ...

Voraussagen

Formulieren Sie auf der Grundlage von Fakten, Erkenntnissen, Gesetzen und Modellen eine Aussage über ein wahrscheinlich auftretendes Ereignis, einen Zustand oder eine Entwicklung. Berücksichtigen Sie dabei die konkreten Bedingungen.

Interpretieren

Finden Sie grundlegende Zusammenhänge, um Aussagen, Beobachtungsergebnissen, Messwerten oder grafischen Darstellungen eine auf die Natur oder Gesellschaft bezogene inhaltliche Bedeutung zu geben. Legen Sie diese Zusammenhänge sprachlich geordnet dar.

Experimentieren

Untersuchen Sie ein Phänomen der Natur unter ausgewählten, kontrollierten und veränderbaren Bedingungen und werten Sie die Beobachtungsergebnisse aus. Dabei muss sich das Experiment unter gleichen Bedingungen wiederholen lassen.

Beobachten

Ermitteln Sie mithilfe von Sinnesorganen oder Hilfsmitteln (z. B. Mikroskop, Indikatorpapier) Eigenschaften und Merkmale, Beziehungen und Abfolgen von Objekten oder Prozessen.

Ableiten

Formulieren Sie auf der Grundlage eines allgemeinen Sachverhaltes, Gesetzes oder Modells konkrete Aussagen zu einem Beispiel.

Bewerten

Geben Sie zu einem Gegenstand oder Sachverhalt ein begründetes Urteil ab. Nutzen Sie für die kritische Prüfung Ihr Fach- und Methodenwissen.